TABLAS LOGARITMICAS

PARA

QUÍMICOS, FARMACÉUTICOS, MÉDICOS
Y FÍSICOS

TABLAS LOGARÍTMICAS

PARA

QUÍMICOS, FARMACÉUTICOS, MÉDICOS Y FÍSICOS

ASÍ COMO PARA LABORATORIOS DE ENSEÑANZA
Y PARA LOS INDUSTRIALES

POR EL

Prof. Dr. F. W. KÜSTER †

ADAPTADAS AL ESTADO ACTUAL DE LA CIENCIA
POR EL

Dr. A. THIEL

Profesor de Química-física y Director del
Instituto Químico-físico de la Universidad de Marburg

SEGUNDA EDICIÓN ESPAÑOLA

TRADUCIDA DE LA 51ª A 55ª EDICION ALEMANA
POR

JUAN MERCADAL
Ingeniero químico

MANUEL MARIN, EDITOR
PROVENZA, 273. — BARCELONA
1943

PRINTED IN SPAIN

Tipografía SANTIAGO VIVES—Casanova, 55 y 57—BARCELONA

DEL PRÓLOGO
DE LA EDICIÓN 51.ª A 55.ª ALEMANA

En un lapso extraordinariamente breve, poco más de un año, se agotaron las ediciones 46.ª a 50.ª, lo que patentiza el inusitado desarrollo adquirido por la Química en las actuales circunstancias y, de una manera especial, el aumento del número de laboratorios químicos en Alemania, que ha compensado con creces el efecto retrógrado producido por la incorporación al Ejército de muchos de los estudiantes que concurrían a los laboratorios de las Escuelas Superiores.

En esta nueva edición se han tenido en cuenta algunas de las sugestiones que nos habían sido hechas; hemos introducido además diversos cambios, pero por razones de índole diversa, nos hemos abstenido de hacer lo mismo con otras ideas que serían muy atendibles y perfectamente realizables en circunstancias distintas de las que hoy desgraciadamente imperan.

Con respecto a la última edición, las modificaciones más importantes que hemos hecho son las siguientes:

La Tabla I contiene una nueva columna en la que se da la "frecuencia" de los elementos en la corteza terrestre (incluyendo él agua y el aire). De los pesos atómicos correspondientes al año 1941 hemos variado solamente el del hidrógeno, el cual es ahora 1,0080 en vez de 1,0081, pero esta diferencia no tiene ninguna importancia en la práctica y sólo influye en grado algo considerable especialmente en la Tabla II.

Han sido completadas las Tablas III, IV y V y a seguido de la Tabla VI (de Análisis indirectos), damos una Tabla adicional, VI *a* dedicada al nuevo método de análisis basado en las medidas crioscópicas.

En la Tabla XI, nueva, se dan datos importantes para el sector de protección contra los gases. Los valores numéricos de la Tabla XXII *b* (potenciales) necesitan una revisión cuidadosa que ciertamente no tardará en hacerse, pero de momento hay que conformarse con estos datos. La Tabla XXV (que antes era la XXIII) ha sido muy modificada, completada y modernizada para ponerla al día.

A la Tabla XXVI, que reproduce, en una forma distinta y ampliada, la Tabla XXVII de la edición anterior, se acompaña una pequeña tabla de conversión de unidades de energía.

La actual Tabla XXVII, contiene el "museo de antigüedades". Aunque con seguridad no está lejos el día en que los países anglosajones se decidirán a adoptar definitivamente las unidades del sistema métrico decimal, esta Tabla será bien acogida por los que leen la bibliografía antigua. Actualmente también en Inglaterra y los Estados Unidos de América se usan, exclusivamente en algunas obras científicas, dichas unidades métricas.

La Tabla XXVIII contiene la nueva nomenclatura de algunas combinaciones inorgánicas más importantes y será un valioso auxiliar a los muchos que quieren familiarizarse con esta novedad.

Como nuevo auxiliar de cálculo se ha agregado a la Tabla XXXI la Regla conjunta, y la Tabla XXXII, última de la obra, está dedicada al análisis de las estructuras mediante las radiografías. Dada la importancia actual de esta clase de investigaciones, es de creér que la nueva Tabla tendrá un verdadero interés para los muchos que, en número siempre creciente, las utilizan.

A las Tablas de logaritmos de cinco cifras decimales hemos añadido una nueva breve Tabla con mantisas de cuatro cifras, pero se ha suprimido la de Antilogaritmos por considerarla superflua.

Al publicar la edición 51.ª a 55.ª de las Tablas Logarítmicas, vuelvo a dirigirme a todos los amigos de la obra para rogarles me secunden en mis esfuerzos encaminados a conseguir que cada nueva edición sea más práctica y útil que las anteriores, no solamente con el fin de ganar nuevos adeptos, sino también para inducir a los antiguos amigos de la misma que conservan en su biblioteca alguna de las pasadas ediciones, a que en vez de su libro predilecto, se sirvan cotidianamente del nuevo miembro de la numerosa familia integrada por las cincuenta y cinco ediciones de la presente obra.

A. THIEL

PRÓLOGO DEL TRADUCTOR

En el tiempo transcurrido desde que apareció la primera edición española de estas excelentes Tablas Logarítmicas, hasta hoy, en que ve la luz esta segunda, se han publicado en Alemania nada menos que veintiséis ediciones, lo que dice bien a las claras la aceptación que goza en el país de origen.

Lo difícil que resulta la composición tipográfica de obras como ésta, aun en tiempos normales, y los innumerables inconvenientes contra los que se viene luchando desde ocho años a esta parte, han hecho que la actual segunda edición española quedara un poco postergada, en espera de ocasión mejor, que ahora se ha presentado. Con ello la obra ha salido ganando por todos conceptos, ya que ha podido ser traducida de la última edición alemana (la 51.ª a 55.ª) y gozar de todas las ventajas de modernidad y extensión que ésta posee, al punto que esta edición española en nada se parece a la anterior, pudiendo considerarse como obra completamente distinta y nueva.

Esta edición, por ejemplo, trata entre otras novedades, de interesantes materias relativas a la Electroquímica, a la Colorimetría y la Batmometria óptica, a los indicadores y a la Termoquímica, sin olvidar la exposición de la nueva nomenclatura de las combinaciones inorgánicas; contiene, además, una tabla relativa a las radiografías. Todo ello demuestra que la obra está completamente al día.

A pesar de que es costumbre en España emplear como unidad de volumen el "centímetro cúbico" y todos los recipientes de medida están aforados y graduados con relación a esta unidad, hemos adoptado el "mililitro", unidad más racional, a igual que en Alemania, Inglaterra y otras naciones y que ya usa la última edición alemana de estas Tablas.

En las circunstancias actuales, huelga decir cuántas dificultades no habrán tenido que vencerse para imprimir esta obra y es, por tanto, muy de agradecer al editor, señor Marín, el que, sin reparar en gastos ni sacrificios, haya ido al encuentro de la verdadera necesidad que había creado en España la falta de tan magnífica obra, que ha ser de gran utilidad a químicos, farmacéuticos, médicos, físicos, industriales y a cuantos estén familiarizados con el laboratorio.

Sin competencia suficiente para ello, me ha cabido, sin embargo, la satisfacción de traducirla, y desde aquí, testimonio al señor Marín mi agradecimiento por haberme confiado esta delicada labor, en la que he puesto mi mejor voluntad y que someto al juicio de los lectores y colegas, a quienes ruego muy encarecidamente tengan a bien indicarme las erratas que no hayan sido advertidas y enmendadas, así como los "lapsus" en que involuntariamente haya podido incurrir.

JUAN MERCADAL

Barcelona, julio de 1943.

ÍNDICE DE MATERIAS

			Páginas
		Advertencias preliminares	12

Tablas

Indice marginal			
P. at.	I	Pesos atómicos de los elementos y logaritmos respectivos	18
P. ml.	II	Pesos y logaritmos respectivos de los átomos, grupos atómicos, moléculas y equivalentes más frecuentemente usados (así como múltiplos inferiores)	20
	III ...	Múltiplos superiores de algunos pesos atómicos y moleculares con logaritmos respectivos...	40
P. eq.	IV ...	A. Pesos equivalentes volumétricos y logaritmos respectivos	42
		B. Correcciones para tener en cuenta el empuje del aire en las pesadas exactas	50
		C. Pesos equivalentes volumétricos y logaritmos respectivos (pesos determinados en el aire) ...	51
F. anal	V	"Factores" analíticos y estequiométricos con sus respectivos logaritmos	52
	VI ...	Cálculo de análisis "indirectos"	86
	VIa .	Análisis crioscópico, según Ibing-Ebert	88
	VII .	Determinación volumétrica del nitrógeno y otros gases. — Tabla de reducción de gases	90
	VIIa	Corrección barométrica (en Torr)	114
	VIII .	Tabla auxiliar de la VII	115
	IX ..	Determinación volumétrica de los gases más importantes	117
	X	Determinación volumétrica de substancias que desprenden gases	118
	XI ...	Transformación de vol. $^0/_{00}$ en mg/m^3 (y viceversa) en las mezclas de gases	119
P. M.	XII .	Determinación de pesos moleculares	121
	XIII	Determinación de la densidad ($\varrho\ t^0$) de un líquido por pesada en el aire)...	122
	XIV	Densidad del agua ($\varrho\ w$) a distintas temperaturas t (°C) y logaritmos respectivos	123
	XV .	Determinación gravimétrica de volúmenes I	124
	XVa	Determinación gravimétrica de volúmenes II	127
	XVI	Correcciones de temperaturas para el análisis volumétrico	129
S. norm	XVII	Densidad y concentración de las soluciones acuosas	130
	XVIII	Temperatura y densidad del mercurio	136

Indice marginal			Páginas
	XIX....	Logaritmos de los valores $\frac{n^2 - 1}{n^2 + 2}$	137
	XX......	Solubilidad a 20° de algunas substancias importantes	138
	XXI....	Puente de Wheatstone. Logaritmos de los valores de a : (1.000 a) para variaciones de a de 1 a 999	140
Elec.	XXII...	Electroquímica.	
		A. Equivalentes electroquímicos. Pilas normales	142
		B. Potenciales	143
		C. Batmometría	145
		D. Mezclas reguladoras	153
		E. Actividad y coeficiente de actividad	162
Ind.	XXIII..	Indicadores, batmometría óptica, colorimetría.	
		A. Recopilación de algunos indicadores importantes	164
		B. Batmometría óptica	166
		C. a) Batmometría redox	170
		b) Indicadores redox	174
		D. Colorimetría	175
Term.	XXIV..	Termoquímica.	
		A. Puntos fijos termométricos	177
		B. Corrección de capilaridad en los termómetros de de mercurio	178
		C. Paso de grados Fahrenheit (°F) a grados Celsius (°C)	181
		D. Cálculo de equilibrios químicos con los datos termoquímicos	183
	XXV...	Símbolos de fórmulas y unidades de medida	186
Unid.	XXVI..	Unidades, constantes y magnitudes de conversión de uso corriente	192
	XXVII..	Unidades de medidas anticuadas	196
	XXVIII	Nueva nomenclatura de los compuestos inorgánicos	198
	XXIX..	Cálculo de errores	202
	XXX...	Cálculo por igualación	204
M.aux.	XXXI..	Métodos auxiliares de cálculo	206
	XXXII.	Evaluación de las radiografías	211
		Notas	224

Aclar. ACLARACIONES

Tabla I	225
Tabla II	225
Tabla III	228
Tabla IV	228
Tabla V	231

Indice marginal — Páginas

ACLARACIONES

Tabla VI ... 235
Tabla VI a ... 239
Tabla VII (y VII a) ... 239
Tabla VIII ... 242
Tabla IX ... 242
Tabla X ... 245
Tabla XI ... 246
Tabla XII ... 248
Tabla XIII ... 249
Tabla XIV ... 252
Tabla XV (y XVa) ... 252
Tabla XVI ... 255
Tabla XVII ... 256
Tabla XVIII ... 257
Tabla XIX ... 257
Tabla XX ... 257
Tabla XXI ... 258
Tabla XXII ... 258
Tabla XXIII ... 267
Tabla XXIV ... 267
Tabla XXV ... 270
Tabla XXVI ... 270
Tabla XXVII ... 271
Tabla XXVIII ... 271
Tabla XXIX ... 272
Tabla XXX ... 273
Tabla XXXI ... 274
Tabla XXXII ... 274

Mant. Mantisas de cinco cifras de los logaritmos decimales de todos los números de cuatro cifras comprendidos entre 1.000 y 9.999, con las partes proporcionales correspondientes ... 275
Mantisas de cuatro cifras de los logaritmos decimales de todos los números de tres cifras comprendidos entre 100 y 999, y mantisas de cinco cifras correspondientes a todos los números de cautro cifras comprendidos entre 1.000 y 2.000 ... 302
Indice alfabético ... 307

ADVERTENCIAS PRELIMINARES

1. Los resultados de toda medida, y también, por consiguiente, los de los análisis químicos, deben expresarse con tantas cifras como corresponda a la exactitud de la medida de tal manera que el penúltimo lugar sea dado como "cierto" y el último como "incierto".

2. La regla para el redondeamiento es: Aumentar en una unidad la última cifra tomada cuando las cifras siguientes a ésta tienen un valor mayor que media unidad del orden decimal de dicha cifra. Si el resto despreciado vale "exactamente" media unidad de este orden, se aumenta la última cifra tomada solamente en el caso de que sea impar (con objeto de simplificar la división por 2 del número redondeado). Según lo dicho, al redondear la segunda decimal se tiene en los siguientes ejemplos:

1,2348	se redondea	a	1,23
1,2350	" "	a	1,24
1,2352	" "	a	1,24
1,2250	" "	a	1,22

También puede ponerse como subíndice un 5 (por ejemplo $1{,}23_5$). Las cifras aproximadas "por exceso" pueden caracterizarse con una pequeña raya inferior ($1{,}2\underline{4}$) y las cifras aproximadas "por defecto", con una pequeña raya superior ($1{,}2\overline{2}$).

3. Lo mejor para evitar que en los resultados haya un número excesivo de cifras que carezcan de significación real y que no tengan, por consiguiente, justificación, consiste en hacer los cálculos correspondientes mediante logaritmos (véanse las Aclaraciones a las tablas I, II, III y V). Las "tablas de logaritmos" y las "reglas de cálculo logarítmicas", son, pues, de gran utilidad. En ciertos casos, a saber, cuando se repite muchas veces la misma operación, lo más cómodo es emplear la regla de cálculo. Recomendamos, por tanto, el empleo de este valioso instrumento auxiliar.

4. Expresión de los resultados de los análisis. — En la mayor parte de los casos se trata de determinar mediante un análisis cuántas "partes en peso por ciento" de una substancia determinada se en-

cuentran en "cien partes en peso" de la substancia que se investiga. El resultado del análisis se expresa, pues, en tantos por ciento en peso (más exacto: en tantos por ciento de masa, véase 5) de la substancia analizada.

En otros casos se desea saber la cantidad de una substancia contenida en un volumen determinado de un líquido, entonces suele darse el resultado en "gramos" (o miligramo) "por litro" de la substancia analizada. [1]) No obstante, cada día se siente más la necesidad de expresar los resultados de esta segunda clase en una forma que permita establecer en seguida relaciones de equivalencia. Con este fin se emplean las unidades "molécula gramo": abreviadamente "mol" (peso molecular expresado en gramos) o "equivalente gramo": abreviadamente "val" (peso equivalente expresado en gramos) por "litro" de substancia líquida.

5. Indicación del contenido de las soluciones en substancia disuelta. [2]) — La cantidad de un componente disuelto en una cantidad determinada de solución se indica de las tres maneras siguientes, mutuamente equivalentes:

Contenido de una solución (o mezcla o combinación) en un componente disuelto en la misma.

Concentración de una solución en un componente disuelto en la misma.

Concentración de una solución en un componente disuelto en la

Para fines especiales (especialmente para medidas de puntos de congelación), la concentración de una solución se expresa también como cantidad de componente disuelto en una cantidad determinada de "disolvente".

Tanto la cantidad de componentes disuelto como la cantidad de solución pueden expresarse en unidades de masa o en unidades de volumen.

Si ambas cantidades se expresan en unidades de masas o en unidades de volumen, la concentración tiene la dimensión de un número puro. Pero si la cantidad de componente se da en unidades de

---

[1]) En muchos casos, especialmente en la bibliografía bioquímico-médica, es usual expresar los datos en mg. por 100 g. (o en mg. por 100 c. c.), y si las cantidades son todavía menores, en γ ($= \mu g$) por 100 g. (o en γ por 100 c. c.) La costumbre de escribir (y expresar verbalmente) estos datos en la forma mg % o γ %, respectivamente, economiza espacio (y palabras), pero es completamente incorrecta y, por tanto, no sólo debería desecharse y evitarse, sino también combatirse.

[2]) En lo esencial, según J. Wallot, "Verhandlungen des Ausschusses für Einheiten und Formelgrössen (AEF) in der Jahren 1907 bis 1927" (Berlin, Springer 1928).

masa y la de solución se expresa en unidades de volumen, la concentración tiene entonces la dimensión ($l^{-3}\ m$).

En este último caso, en lugar de dar la concentración, puede darse también su valor recíproco, la "dilución", es decir, la cantidad de solución que contiene una masa determinada de componente disuelto; dimensión: ($l^3\ m^{-1}$).

Los datos de concentración, que solamente se expresan en unidades de masa, tienen la ventaja de que no dependen de la temperatura.

	Unidades
Como "unidades de masa" se emplean:	
el "gramo" o el "kilogramo"	g. Kg.
el "mol", es decir, el número de gramos dado por el peso molecular	mol
el "milimol", que es la milésima parte del mol	mmol
el "val", es decir, el número de gramos dado por el peso equivalente.	val
el "milival", que es la milésima parte del val	mval
el "peso atómico-gramo", es decir, el número de gramos dado por el peso atómico de un elemento	átom/g
Como "unidades de volumen" se emplean:	
el "mililitro" ("centímetro cúbico") o el "litro"	ml(cc)l

De las numerosas formas de indicar la concentración, combinando entre sí estas unidades, siempre y cuando no haya razones especiales para proceder de otra manera, sólo se emplearán las siguientes:

	Designación	Símbolos de unidades
1. Gramos de componente disuelto en 100 g. de solución . . .	Porcentaje Porcentaje en peso o ponderal	% ó g/100 g.
2. Mililitros de componente disuelto en 100 ml. de solución . .	Porcentaje volumétrico	ml/100 ml.
3. Gramos de componente disueltos en 1 l. de solución	—	g/l.
4. Moles de componente disueltos en 1. l. de solución	—	mol/l.
o litros de solución por mol. de componente disuelto	Dilución	l/mol.

	Designación	Símbolos de unidades
5. Vales de componente disueltos en 1 l. de solución.	—	val/l.
o litros de solución por 1 val de componente disuelto	Dilución	l/val.
6. Moles de componente disuelto por 1 Kg. de disolvente	—	mol/Kg. disolvente
7. Moles de componente disueltos en 100 moles totales de solución	Porcentaje molar	mol/100 moles totales
o la centésima parte del porcentaje molar. .	Fracción molar	mol/100 moles totales
8. Peso atómico-gramo de componente disuelto en 100 pesos atómicos-gramo totales de solución.	Porcentaje atómico	átomos-g/100 átomos-g totales
o la centésima parte del porcentaje atómico .	—	átomos-g/átomos-g totales
9. Milimoles de componente disueltos en 1 Kg. de solución . .	—	mmol/Kg.
10. Milivales de componente disueltos en 1 Kg. de solución . .	—	mmol/Kg.

6. Para los "logaritmos de Briggs" se utiliza corrientemente el símbolo lg (véase la página 190).

Acerca del cálculo con logaritmos, véase la página 231.

7. Para la "densidad" se ha adoptado el símbolo ϱ, de conformidad con las normas establecidas por la AEF (véase la página 186). La temperatura para la cual son válidos sus valores se pone como subíndice (ϱ_{20^0} etc.). Para los gases es preciso indicar también la presión (por ejemplo, $\varrho_{20^0}^{750 \text{ Torr}}$ o abreviadamente: $\varrho_{20^0}^{750}$). La densidad en el "estado normal" (0°C, 760 Torr) se indica con el símbolo ϱ_N.

8. En general, para la escritura de las igualdades físicas (y otras expresiones) es válido, según la Hoja de normas DIN 1313, lo que sigue: Las "magnitudes" (presión, temperatura, volumen, etcétera) se designan con los respectivos símbolos (véase la página 186).

en "cursiva" (por ejemplo, *p*, *t*, *V*, etcétera). Los signos para las "unidades" (centímetro, segundo, gramo, etcétera) se designan con letras de tipo redondo (por ejemplo, cm., s., g., etc.):

Una "magnitud" consiste en un producto de los factores "valor numérico" y "unidad"; por ejemplo, la densidad es igual a: valor numérico por unidad de densidad, o sea $\varrho_{20^0} = 2,5$ g/ml $= 2,5$ gml^{-1} Si el valor numérico es literal (como en los ejemplos generales), se representa con letras "cursivas". (Ejemplo: $\varrho_{20^0} = a$ gml^{-1}).

El químico debe habituarse a "pensar dimensionalmente" y a expresarse en consecuencia, como ya viene haciéndolo desde hace tiempo el físico.

Estas Tablas logarítmicas tienen por finalidad contribuir en lo posible a que pueda conseguirlo.

9. En la página 250 y siguientes se trata de una manera especial sobre la "Densidad", etcétera.

INDICE MARGINAL

P. at. . . .	= Pesos atómicos
P. ml. . . .	= Pesos moleculares
P eq. . .	= Pesos equivalentes
F anal. . .	= Factores de análisis
N_2 . .	= Nitrógeno
P. M. . . .	= Determinación de pesos moleculares
Pic.	= Picnómetro (Densidades)
S. norm. . .	= Soluciones normales
Elec. . . .	= Electroquímica
Ind	= Indicadores
Term. . . .	= Termoquímica
Unid. . . .	= Unidades
M. aux. . .	= Métodos auxiliares
Aclar. . . .	= Aclaraciones a las Tablas I a XXXII
Mant. . . .	= Mantisas

Números ordinales y pesos atómicos en rojo, "frecuencia" (en cursiva) y logaritmos en negro

Ag	47	$4\cdot 10^{-6}$	Plata	107,880	03294
Al	13	$7,5$	Aluminio	26,97	43088
Ar	18	$3,5\cdot 10^{-4}$	Argón	39,944	60145
As	33	$4,5\cdot 10^{-5}$	Arsénico	74,91	87454
Au	79	$1,5\cdot 10^{-7}$	Oro	197,2	29491
B	5	$1\cdot 10^{-3}$	Boro	10,82	03423
Ba	56	$4\cdot 10^{-2}$	Bario	137,36	13786
Be	4	$5\cdot 10^{-4}$	Berilio	9,02	95521
Bi	83	$3\cdot 10^{-6}$	Bismuto	209,00	32015
Br	35	$6\cdot 10^{-4}$	Bromo	79,916	90263
C	6	$8\cdot 10^{-2}$	Carbono	12,010	07954
Ca	20	$3,39$	Calcio	40,08	60293
Cd	48	$1\cdot 10^{-5}$	Cadmio	112,41	05080
Ce	58	$2,2\cdot 10^{-3}$	Cerio	140,13	14653
Cl	17	$0,19$	Cloro	35,457	54970
Co	27	$1,2\cdot 10^{-3}$	Cobalto	58,94	77041
Cp	71	1.10^{-4}	Casiopeo	174,99	24302
Cr	24	$3,3\cdot 10^{-2}$	Cromo	52,01	71600
Cs	55	$7\cdot 10^{-5}$	Cesio	132,91	12355
Cu	29	$1,0\cdot 10^{-2}$	Cobre	63,57	80325
Dy	66	$5\cdot 10^{-4}$	Disprosio	162,46	21075
Er	68	$4\cdot 10^{-4}$	Erbio	167,2	22324
Eu	63	$1,4\cdot 10^{-5}$	Europio	152,0	18184
F	9	$2,7\cdot 10^{-2}$	Flúor	19,00	27875
Fe	26	$4,7$	Hierro	55,84	74695
Ga	31	$2\cdot 10^{-5}$	Galio	69,72	84336
Gd	64	5.10^{-4}	Gadolinio	156,9	19562
Ge	32	1.10^{-4}	Germanio	72,60	86094
H	1	$0,87$	Hidrógeno	1,0080	00346
He	2	$8\cdot 10^{-7}$	Helio	4,003	60239
Hf	72	$2,5\cdot 10^{-3}$	Hafnio	178,6	25188
Hg	80	$3\cdot 10^{-6}$	Mercurio	200,61	30235
Ho	67	$7\cdot 10^{-5}$	Holmio	164,94	21732
I	53	$7\cdot 10^{-6}$	Yodo	126,92	10353
In	49	$1\cdot 10^{-5}$	Indio	114,76	05979
Ir	77	$1\cdot 10^{-6}$	Iridio	193,1	28578
K	19	$2,40$	Potasio	39,096	59214
Kr	36	$1,9\cdot 10^{-8}$	Criptón	83,7	92273
La	57	$5\cdot 10^{-4}$	Lantano	138,92	14276
Li	3	$4\cdot 10^{-3}$	Litio	6,940	84136
Mg	12	$1,93$	Magnesio	24,32	38596
Mn	25	$9\cdot 10^{-2}$	Manganeso	54,93	73981
Mo	42	$7,5\cdot 10^{-4}$	Molibdeno	95,95	98204

N	7	*$3{,}0 \cdot 10^{-2}$*	Nitrógeno	14,008	14638
Na	11	*2,63*	Sodio	22,997	36167
Nb	41	*$6 \cdot 10^{-5}$*	Niobio	92,91	96806
Nd	60	*$1{,}2 \cdot 10^{-3}$*	Neodimio	144,27	15908
Ne	10	*$5 \cdot 10^{-7}$*	Neón	20,183	30499
Ni	28	*$1{,}8 \cdot 10^{-2}$*	Níquel	58,69	76856
O	8	*49,5*	Oxígeno	16,0000	20412
Os	76	*$5 \cdot 10^{-6}$*	Osmio	190,2	27921
P	15	*0,12*	Fósforo	30,98	49108
Pa	91	*$2{,}6 \cdot 10^{-12}$*	Protactinio	231	36361
Pb	82	*$2 \cdot 10^{-3}$*	Plomo	207,21	31641
Pd	46	*$5 \cdot 10^{-6}$*	Paladio	106,7	02816
Pr	59	*$3{,}5 \cdot 10^{-4}$*	Praseodimio	140,92	14897
Pt	78	*$5 \cdot 10^{-6}$*	Platino	195,23	29055
Ra	88	*$7 \cdot 10^{-12}$*	Radio	226,05	35421
Rb	37	*$3{,}3 \cdot 10^{-3}$*	Rubidio	85,48	93186
Re	75	*$1 \cdot 10^{-7}$*	Renio	186,31	27023
Rh	45	*$1 \cdot 10^{-6}$*	Rodio	102,91	01246
Rn	86	*$4 \cdot 10^{-17}$*	Radón	222	34635
Ru	44	*$5 \cdot 10^{-6}$*	Rutenio	107,7	00732
S	16	*$6 \cdot 10^{-2}$*	Azufre	32,06	50596
Sb	51	*$3 \cdot 10^{-5}$*	Antimonio	121,76	08550
Sc	21	*$6 \cdot 10^{-4}$*	Escandio	45,10	65418
Se	34	*$8 \cdot 10^{-5}$*	Selenio	78,96	89741
Si	14	*25,7*	Silicio	28,06	44809
Sm	62	*$5 \cdot 10^{-4}$*	Samario	150,43	17734
Sn	50	*$6 \cdot 10^{-4}$*	Estaño	118,70	07445
Sr	38	*$1{,}7 \cdot 10^{-2}$*	Estroncio	87,63	94265
Ta	73	*$2 \cdot 10^{-5}$*	Tantalio	180,88	25739
Tb	65	*$7 \cdot 10^{-5}$*	Terbio	159,2	20194
Te	52	*$1 \cdot 10^{-6}$*	Telurio	127,61	19588
Th	90	*$2 \cdot 10^{-3}$*	Torio	232,12	36571
Ti	22	*0,58*	Titanio	47,90	68034
Tl	81	*$1 \cdot 10^{-5}$*	Talio	204,39	31046
Tu	69	*$7 \cdot 10^{-5}$*	Tulio	169,4	22891
U	92	*$2 \cdot 10^{-5}$*	Uranio	238,07	37671
V	23	*$1;6 \cdot 10^{-2}$*	Vanadio	50,95	70714
W	74	*$5 \cdot 10^{-3}$*	Volframio	183,92	26463
X	54	*$2{,}9 \cdot 10^{-9}$*	Xenón	131,3	11826
Y	39	*$7 \cdot 10^{-3}$*	Itrio	88,92	94900
Yb	70	*$5 \cdot 10^{-4}$*	Iterbio	173,04	23815
Zn	30	*$2 \cdot 10^{-2}$*	Cinc	65,38	81544
Zr	40	*$2{,}3 \cdot 10^{-2}$*	Circonio	91,22	96009

Números ordinarios y pesos atómicos en rojo, "frecuencia" (en cursiva) y logaritmos en negro

Pesos y logaritmos respectivos de los átomos, grupos atómicos, moléculas

	Peso	lg
Ag	107,880	03294
2Ag	215,760	33397
3Ag	323,640	51006
AgBr	187,796	27369
AgCN	133,898	12677
AgCNS	165,96	22001
AgCl	143,337	15636
AgI	234,80	37070
$AgNO_3$	169,888	23016
Ag_2O	231,760	36504
Ag_2S	247,82	39414
$AgVO_3$	206,83	31561
Ag_3VO_4	438,59	64206
Al	26,97	43088
$^1/_3$Al	8,990	95376
2Al	53,94	73191
3Al	80,91	90800
4Al	107,88	03294
5Al	134,85	12985
6Al	161,82	20903
$Al(C_9H_6ON)_3$ [1]	459,41	66220
$AlCl_3$	133,34	12496
$AlCl_3 \cdot 6H_2O$	241,44	38281
AlF_3	83,97	92412
$2AlF_3$	167,94	22515
$3AlF_3$	251,91	40125
Al_2O_3	101,94	00834
$^1/_6Al_2O_3$	16,990	23019
$2Al_2O_3$	203,88	30937
$3Al_2O_3$	305,82	48547
$Al_2O_3.2SiO_2.2H_2O$	258,09	41177
$Al(OH)_3$	77,99	89204
$AlPO_4$	121,95	08618
$Al_2(SO_4)_3$	342,12	53418
$Al_2(SO_4)_3 \cdot 18H_2O$	666,41	82374
As	74,91	87454
$^1/_2$As	37,455	57351
2As	149,82	17557
3As	224,73	35166
As_2O_3	197,82	29627
$^1/_4As_2O_3$	49,455	69421
As_2O_5	229,82	36139
AsO_3	122,91	08959
As_2O_7	261,82	41800
AsO_4	138,91	14273
As_2S_3	246,00	39094
As_2S_5	310,12	49153
Au	197,2	29491
2Au	394,4	59594
3Au	591,6	77203
B	10,82	03423
2B	21,64	33526
3B	32,46	51135
4B	43,28	63629
5B	54,10	73320
6B	64,92	81238

1) Oxina (Ox).

Para los múltiplos superiores, véase la tabla III

y equivalentes más frecuentemente usados (así como múltiplos inferiores)

	Peso	lg
BO_2	42,82	63 165
BO_3	58,82	76 953
B_2O_3	69,64	84 286
B_4O_7	155,28	19 112
Ba	137,36	13 786
$^1/_2$Ba	68,680	83 683
2Ba	274,72	43 889
3Ba	412,08	61 498
$BaCO_3$	197,37	29 528
$BaCl_2$	208,27	31 863
$BaCl_2 \cdot 2H_2O$	244,31	38 794
$BaCrO_4$	253,37	40 376
BaF_2	175,36	24 393
$Ba(NO_3)_2$	261,38	41 727
BaO	153,36	18 571
$^1/_2$BaO	76,680	88 468
BaO_2	169,36	22 881
$Ba(OH)_2$	171,38	23 396
$Ba(OH)_2 \cdot 8H_2O$	315,51	49 901
$^1/_2[Ba(OH)_2 \cdot 8H_2O]$	157,755	19 798
BaS	169,42	22 896
$Ba^1/_2SO_3$	148,74	17 243
$2Ba^1/_2SO_3$	297,48	47 346
$3Ba^1/_2SO_3$	446,22	64 955
$BaSO_4$	233,42	36 814
$BaSiF_6$	279,42	44 626

	Peso	lg
Be	9,02	95 521
2Be	18,04	25 624
BeO	25,02	39 829
$Be_2P_2O_7$	192,00	28 330
Bi	209,00	32 015
2Bi	418,00	62 118
$BiC_6H_3O_3$ (Pirogalol)	332,08	52 124
$Bi(C_{12}H_{10}ONS)_3 \cdot H_2O$ (Tionalida)	875,82	94 241
$BiCr(CNS)_6$	609,48	78 496
Bi_2O_3	466,00	66 839
$Bi(NO_3)_3 \cdot 5H_2O$	485,11	68 583
BiOCl	260,46	41 574
$(BiO)_2Cr_2O_7$	666,02	82 348
$Bi(Ox)_3$ (Oxina)	641,44	80 716
$Bi(Ox)_3 \cdot H_2O$	659,46	81 919
$BiPO_4$	303,98	48 284
Bi_2S_3	514,18	71 111
$Bi_2(SeO_3)_3$	798,88	90 248
Br	79,916	90 263
2Br	159,832	20 366
3Br	239,748	37 975
4Br	319,664	50 469
5Br	399,580	60 160
6Br	479,496	68 078
BrO_3	127,916	10 692
$^1/_6BrO_3$	21,313	32 877

Para los múltiplos superiores, véase la tabla III

Pesos y logaritmos respectivos de los átomos, grupos atómicos, moléculas

	Peso	lg
C	12,010	07954
2C	24,020	38057
3C	36,030	55666
4C	48,040	68160
5C	60,050	77851
6C	72,060	85769
CCl_3NO_2	164,389	21587
CH_2	14,026	14694
$2CH_2$	28,052	44796
$3CH_2$	42,078	62406
$4CH_2$	56,104	74899
$5CH_2$	70,130	84590
$6CH_2$	84,156	92509
CH_3	15,034	17708
$2CH_3$	30,068	47810
$3CH_3$	45,102	65420
$4CH_3$	60,136	77913
$5CH_3$	75,170	87604
$6CH_3$	90,204	95523
CH_4	16,042	20526
CH_3Br	94,950	97749
CH_3Cl	50,491	70322
CH_3F	34,03	53186
CH_3I	141,95	15213
CH_3O	31,034	49184

	Peso	lg
C_2H_2	26,036	41557
C_2H_5	29,060	46330
$2C_2H_5$	58,120	76433
$3C_2H_5$	87,180	94042
$4C_2H_5$	116,240	06536
$5C_2H_5$	145,30	16227
$6C_2H_5$	174,36	24145
C_2H_3O	43,044	63391
$2C_2H_3O$	86,088	93494
$3C_2H_3O$	129,132	11104
$C_2H_3O_2$	59,044	77118
C_2H_5Br	108,976	03733
C_2H_5Cl	64,517	80967
C_2H_5F	48,06	68178
C_2H_5I	155,18	19307
C_2H_5O	45,060	65379
C_5H_5N (Pirogalol)	79,098	89816
C_6H_5	77,100	88705
$2C_6H_5$	154,20	18808
$3C_6H_5$	231,30	36418
C_6H_6	78,108	89270
C_7H_5O	105,110	02164
$2C_7H_5O$	210,22	32267
$3C_7H_5O$	315,33	49876
C_9H_6ON (Oxina)	144,146	15880
C_9H_7ON (OxH).	145,154	16183
$C_{10}H_8$ (Naftalina)	128,16	10775
$C_{10}H_7$	127,16	10435
$C_{10}H_6$	126,15	10089
$C_{10}H_5$	125,14	09740
$C_{10}H_4$	124,13	09388

Para los múltiplos superiores, véase la tabla III

y equivalentes más frecuentemente usados (así como múltiplos inferiores)

	Peso	lg		Peso	lg
$C_{14}H_8O_2$ (Antraqnª.)	208,20	31848	Ca	40,08	60293
$C_{14}H_7O_2$	207,20	31639	$^1/_2Ca$	20,040	30190
$C_{14}H_6O_2$	206,19	31427	$2Ca$	80,16	90396
$C_{14}H_5O_2$	205,18	31214	$3Ca$	120,24	08005
$C_{14}H_4O_2$	204,17	30999	$4Ca$	160,32	20499
$C_{20}H_{16}N_4$ (Nitrón)	312,36	49465	$5Ca$	200,40	30190
$C_{20}H_{16}N_4 \cdot HNO_3$	375,38	57447	$6Ca$	240,48	38108
CN	26,018	41528	CaC_2	64,09	80679
2CN	52,036	71630	$CaC_4H_4O_6 \cdot 4aq$	260,22	41534
3CN	78,054	89239	$CaCN_2$	80,11	90369
4CN	104,072	01733	$CaCO_3$	100,09	00039
5CN	130,090	11425	$^1/_2CaCO_3$	50,045	69936
6CN	156,108	19342	$CaC_2O_4 \cdot H_2O$	146,12	16468
CNI	152,94	18452	$Ca(C_{10}H_7O_5N_4)_2 \cdot 8H_2O$ (A. picrolónico)	710,59	85162
CNS	58,08	76403	$CaCl_2$	110,99	04528
CO	28,010	44731	$CaCl_2 \cdot 6H_2O$	219,09	34062
CO_2	44,010	64355	$CaCl_2O$	126,99	10377
$^1/_2CO_2$	22,005	34252	$^1/_2CaCl_2O$	63,497	80275
$2CO_2$	88,020	94458	CaF_2	78,08	89254
$3CO_2$	132,030	12067	$Ca(HCO_3)_2$	162,12	20983
CO_3	60,010	77822	$^1/_2[Ca(HCO_3)_2]$	81,058	90880
$^1/_2CO_3$	30,005	47719			
$2CO_3$	120,020	07925			
$3CO_3$	180,030	25534			
$CO_2Hv.$ t.HCO_2	45,018	65339			
C_2O_4	88,020	94458			
$CO(NH_2)_2$	60,058	77857			
CS_2	76,13	88156			

Para los múltiplos superiores, véase la tabla III

Pesos y logaritmos respectivos de los átomos, grupos atómicos, moléculas

	Peso	lg
$CaHPO_4$	136,07	13376
$CaHPO_4 \cdot 2H_2O$	172,10	23578
$CaH_4(PO_4)_2$	234,07	36935
$CaH_4(PO_4)_2 \cdot H_2O$	252,09	40155
$Ca(NO_3)_2$	164,10	21511
CaO	56,08	74881
$^1/_2CaO$	28,040	44778
$2CaO$	112,16	04984
$3CaO$	168,24	22593
$4CaO$	224,32	35087
$5CaO$	280,40	44778
$6CaO$	336,48	52696
$Ca(OH)_2$	74,10	86982
$^1/_2[Ca(OH)_2]$	37,048	56877
$Ca_3(PO_4)_2$	310,20	49164
CaS	72,14	85818
$Ca^1/_2SO_3$	100,10	00043
$2Ca^1/_2SO_3$	200,20	30146
$3Ca^1/_2SO_3$	300,30	47756
$CaSO_4$	136,14	13399
$CaSO_4 \cdot 2H_2O$	172,17	23596
$CaSiO_3$	116,14	06498
Cd	112,41	05080
$^1/_2Cd$	56,205	74977
$2Cd$	224,82	35183
$Cd(C_7H_4NS_2)_2$ (Mercaptobenzotiazol)	444,87	64823
$Cd(C_7H_6O_2N)_2$ (Acido antranílico)	384,66	58508
$Cd(C_{10}H_6O_2N)_2$ (Ácido quinaldínico)	456,72	65965
Cdo	128,41	10860
$Cd(Ox)_2$ (Oxina)	400,70	60282
$Cd(Ox)_2 \cdot 1{,}5H_2O$	427,73	63117
$Cd_2P_2O_7$	398,78	60074
$CdPy_2(CNS)_2$[1]	386,76	58744
$CdPy_4(CNS)_2$	544,96	73637
CdS	144,47	15978
$CdSO_4$	208,47	31904
$CdSO_4 \cdot {}^8/_3H_2O$	256,51	40910
Ce	140,13	14653
$2Ce$	280,26	44756
$3Ce$	420,39	62365
$CeCl_3$	246,50	39182
Ce_3O_4	484,39	68520
Ce_2O_3	328,26	51622
CeO_2	172,13	23586
CeO_3	188,13	27446
$Ce_2(SO_4)_3 \cdot 8H_2O$	712,57	85283
$Ce(SO_4)_2$	332,25	52147
$Ce(SO_4)_2 \cdot 4H_2O$	404,31	60671

1) Piridina.

Para los múltiplos superiores, véase la tabla III

y equivalentes más frecuentemente usados (así como múltiplos inferiores)

	Peso	lg
Cl	35,457	54970
2Cl	70,914	85073
3Cl	106,371	02682
4Cl	141,828	15176
5Cl	177,285	24867
6Cl	212,742	32785
ClO	51,457	71144
Cl_2O_5	150,914	17873
ClO_3	83,457	92146
$^1/_6ClO_3$	13,9105	14331
ClO_4	99,457	99764
Co	58,94	77041
$^1/_2Co$	29,470	46938
2Co	117,88	07144
$CoAs_2$	208,76	31965
CoAsS	165,91	21988
$Co(C_7H_6O_2N)_2$[1]	331,19	52008
$Co[C_{10}H_6O(NO)]_3\cdot 2H_2O$[2]	611,44	78636
$Co[C_{10}H_6O(NO_2)]_3$[3]	623,41	79478
$Co(NO_3)_2\cdot 6H_2O$	291,05	46397
CoO	74,94	87471
Co_3O_4	240,82	38169
$Co(Ox)_2\cdot 2aq$ (Oxina)	383,26	58350
$Co_2P_2O_7$	291,84	46515
$CoSO_4$	155,00	19033
$CoSO_4\cdot 7H_2O$	281,11	44888

	Peso	lg
Cr	52,01	71609
2Cr	104,02	01712
3Cr	156,03	19321
CrO	68,01	83257
Cr_3O_4	220,03	34248
Cr_2O_3	152,02	18190
$^1/_2Cr_2O_3$	76,010	88087
$2Cr_2O_3$	304,04	48293
$3Cr_2O_3$	456,06	65902
CrO_3	100,01	00004
$2CrO_3$	200,02	30107
Cr_2O_7	216,02	33449
CrO_4	116,01	06450
$CrPO_4$	146,99	16729
Cs	132,91	12355
2Cs	265,82	42458
Cs_2O	281,82	44997
Cs_2SO_4	361,88	55856
Cu	63,57	80325
2Cu	127,14	10428
3Cu	190,71	28037
CuCNS	121,65	08511
$CuCO_3\cdot Cu(OH)_2$	221,17	34473
$2CuCO_3\cdot Cu(OH)_2$	344,75	53751
$Cu(C_7H_6O_2N)_2$[4]	335,82	52611
$Cu(C_{10}H_6O_2N)_2\cdot H_2O$[5]	425,90	62931
$Cu(C_{12}H_{10}ONS)_2\cdot H_2O$[6]	514,02	71098
$CuC_{14}H_{11}O_2N$[7]	288,81	46062
$CuCl_2$	134,48	12866
$CuFeS_2$	183,53	26371

[1]) Ácido antranílico. [2]) α-Nitroso-β-naftol. [3]) α-Nitro-β naftol.
[4]) Salicilaldoxina y ácido antranílico. [5]) Ácido quinaldínico. [6]) Tionalida
[7]) Benzoinoxina (cuprona).

Para los múltiplos superiores, véase la tabla III

Pesos y logaritmos respectivos de los átomos, grupos atómicos, moléculas

	Peso	lg
Cu_2O	143,14	15576
CuO	79,57	90075
$^1/_2CuO$	39,785	59972
$2CuO$	159,14	20178
$3CuO$	238,71	37787
$Cu(Ox)_2$ (Oxina)	351,86	54637
Cu_2S	159,20	20194
CuS	95,63	98059
$CuSO_4$	159,63	20311
$CuSO_4 \cdot 5H_2O$	249,71	39744
Er	167,2	22324
2Er	334,4	52427
Er_2O_3	382,4	58252
F	19,00	27875
2F	38,00	57978
3F	57,00	75587
4F	76,00	88081
5F	95,00	97772
6F	114,00	05690
Fe	55,84	74695
2Fe	111,68	04798
3Fe	167,52	22407
4Fe	223,36	34901
5Fe	279,20	44592
6Fe	335,04	52510

	Peso	lg
$FeAs_2$	205,66	31315
$FeAsS$	162,81	21168
$Fe(CN)_6$	211,95	32624
$FeCO_3$	115,85	06390
$FeCl_2$	126,75	10295
$FeCl_2 \cdot 4H_2O$	198,82	29846
$FeCl_3$	162,21	21008
$FeCl_3 \cdot 6H_2O$	270,31	43187
$Fe(CrO_2)_2$	223,86	34998
$Fe(HCO_3)_2$	177,88	25011
FeI_2	309,68	49091
FeO	71,84	85637
$2FeO$	143,68	15740
$3FeO$	215,52	33349
Fe_3O_4	231,52	36459
Fe_2O_3	159,68	20325
$^1/_6Fe_2O_3$	26,614	42511
$^1/_2Fe_2O_3$	79,840	90222
$2Fe_2O_3$	319,36	50428
$3Fe_2O_3$	479,04	68037
$Fe(OH)_3$	106,86	02882
$2Fe(OH)_3$	213,73	32987
$Fe(Ox)_3$ (Oxina)	488,28	68867
$FePO_4$	150,82	17846
FeS	87,90	94399
Fe_7S_8	647,36	81115
FeS_2	119,96	07904
$FeSO_4$	151,90	18156
$FeSO_4 \cdot 7HO_2$	278,01	44406
$Fe_2(SO_4)_3$	399,86	60191
$Fe_2(SO_4)_3 \cdot 9H_2O$	562,01	74975

Para los múltiplos superiores, véase la tabla III

y equivalentes más frecuentemente usados (así como múltiplos inferiores)

	Peso	lg		Peso	lg
H	1,0080	00346	$H_3 \cdot C_6H_5O_7$ (A. cít.)	192,124	28358
2H	2,0160	30449	$H_3 \cdot C_6H_5O_7 \cdot H_2O$	210,160	32255
3H	3,0240	48058	$H \cdot C_7H_5O_2$ (A. ben.)	122,118	08678
4H	4,0320	60552	$H \cdot C_7H_5O_3$ (A. sal.)	138,118	14025
5H	5,0400	70243	$H \cdot C_{18}H_{33}O_2$ (A. ol.)	282,45	45094
6H	6,0480	78161	HCl	36,465	56188
H_3AsO_4	141,93	15207	2HCl	72,930	86291
HBO_2	43,83	64177	3HCl	109,395	03900
H_3BO_3	61,84	79127	HClO	52,465	71987
HBr	80,924	90808	$HClO_3$	84,465	92668
$H \cdot CHO_2$	46,026	66300	$HClO_4$	100,465	00201
$H \cdot C_2H_3O_2$	60,052	77853	H_2CrO_4	118,03	07199
HCN	27,026	43179	$H_2Cr_2O_7$	218,04	33854
H_2CN_2	42,042	62368	HF	20,01	30125
$(H_2CN_2)_2$	84,084	92471	$H_3Fe(CN)_6$	214,97	33238
$H_6C_2N_4O$ (Dic.)	102,100	00903	$H_4Fe(CN)_6$	215,98	33441
HCNS	59,08	77144	HI	127,93	10697
HCO_2	45,018	65339	HIO_3	175,93	24534
$2HCO_2$	90,036	95442	HNO_2	47,016	67224
$3HCO_2$	135,054	13051	HNO_3	63,016	79945
$4HCO_2$	180,072	25544	$2HNO_3$	126,032	10048
$5HCO_2$	225,090	35236	$3HNO_3$	189,048	27657
$6HCO_2$	270,108	43153	HO	17,0080	23065
HCO_3	61,018	78546	H_2O	18,0160	25565
H_2CO_3	62,026	79257	$^1/_2H_2O$	9,0080	95463
$H_2C_2O_4$	90,036	95442	$2H_2O$	36,0320	55668
$H_2C_2O_4 \cdot 2H_2O$	126,068	10061	$3H_2O$	54,0480	73278
$^1/_2[H_2C_2O_4 \cdot 2H_2O]$	63,034	79958	$4H_2O$	72,0640	85771
$H \cdot C_3H_5O_3$ (A. lác.)	90,078	95462	$5H_2O$	90,080	95463
$H_2 \cdot C_4H_4O_4$ (A. suc.)	118,088	07221	$6H_2O$	108,096	03381
$H_2 \cdot C_4H_4O_5$ (A. mál.)	134,088	12739	H_2O_2	34,0160	53168
$H_2 \cdot C_4H_4O_6$ (A. tar.)	150,088	17635	$^1/_2H_2O_2$	17,0080	23065

Para los múltiplos superiores, véase la tabla III

Pesos y logaritmos respectivos de los átomos, grupos atómicos, moléculas

	Peso	lg		Peso	lg
H_3PO_2	66,00	81954	Hg	200,61	30235
H_3PO_3	82,00	91381	2Hg	401,22	60338
HPO_4	95,99	98223	3Hg	601,83	77947
H_2PO_4	97,00	98677	$Hg(CN)_2$	252,64	40250
H_3PO_4	98,00	99123	$Hg(C_7H_6O_2N)_2$ [1]	472,86	67473
H_2PtCl_6	409,99	61277	$Hg(C_{12}H_{10}ONS)_2$ [2]	633,15	80150
H_2S	34,08	53250	Hg_2Cl_2	472,13	67406
HSO_3 v. SO_3H .			$HgCl_2$	271,52	43380
$H_2S_3O_3$	114,14	05744	HgO	216,61	33568
H_2SO_3	82,08	91424	$HgPi_2Cr_2O_7$ [3]	574,83	75954
H_2SO_4	98,08	99158	HgS	232,67	36674
$^1/_2H_2SO_4$	49,040	69055			
$2H_2SO_4$	196,15	29259			
$3H_2SO_4$	294,23	46869			
$H_2S_2O_8$	194,14	28812			
$^1/_2H_2S_2O_8$	97,07	98709			
H_2SiF_6	144,08	15860			
H_2SiO_3	78,08	89254	I	126,92	10353
			2I	253,84	40456
			3I	380,76	58065
			4I	507,68	70559
			5I	634,60	80250
			6I	761,52	88168
			I_2O_5	333,84	52354
			IO_3	174,92	24284

1) Acido antranílico. 2) Tionalida. 3) Piridina.

Para los múltiplos superiores, véase la tabla III

y equivalentes más frecuentemente usados (así como múltiplos inferiores)

	Peso	lg		Peso	lg
K	39,096	59213	KF	58,10	76418
2K	78,192	89316	$K_3Fe(CN)_6$	329,24	51751
3K	117,288	06926	$K_4Fe(CN)_6$	368,33	56624
4K	156,384	19419	$K_4Fe(CN)_6 \cdot 3H_2O$	422,38	62570
5K	195,480	29110	$KFe(SO_4)_2 \cdot 12aq$	503,25	70178
6K	234,576	37028	KH_2AsO_4	180,02	25532
$KAl(SO_4)_2 \cdot 12H_2O$	474,38	67612	$KHCO_3$	100,114	00049
$KAlSi_3O_8$	278,25	44444	$KHC_4H_4O_6$	188,177	27457
$2KAlSi_3O_8$	556,49	74546	$KH_3(C_2O_4)_2 \cdot 2aq$	254,192	40517
KBF_4	125,92	10009	$^1/_3[KH_3(C_2O_4)_2 \cdot 2H_2O]$	84,731	92805
KBr	119,012	07559	$KHC_8H_4O_4$ (A. ftál.)	204,216	31009
$KBrO_3$	167,012	22275	$KH(JO_3)_2$	389,94	59099
$^1/_6KBrO_3$	27,8353	44459	$\frac{1}{12}[KH(JO_3)_2]$	32,495	51182
KCN	65,114	81367	KH_2PO_4	136,09	13383
KCNS	97,17	98753	KJ	166,02	22016
K_2CO_3	138,202	14052	KJO_3	214,02	33045
$^1/_2K_2CO_3$	69,101	83949	$^1/_6KJO_3$	35,669	55229
$K_2CO_3 \cdot 2H_2O$	174,234	24114	$KMnO_4$	158,03	19874
KCl	74,553	87247	$^1/_5KMnO_4$	31,605	49976
$KClO_3$	122,553	08832	$2KMnO_4$	316,05	49976
$^1/_6KClO_3$	20,4255	31017	KNO_2	85,104	92995
$KClO_4$	138,553	14161	KNO_3	101,104	00477
$K_3Co(NO_2)_6$	452,28	65541	$KNaC_4H_4O_6 \cdot 4aq$	282,229	45060
$K_2Co(SO_4)_2 \cdot 6aq$	437,35	64083	$K_2Ni(SO_4)_2 \cdot 6aq$	437,10	64058
K_2CrO_4	194,20	28825			
$K_2Cr_2O_7$	294,21	46866			
$^1/_6K_2Cr_2O_7$	49,035	69051			
$^1/_2K_2Cr_2O_7$	147,11	16764			
$KCr(SO_4)_2 \cdot 12H_2O$	499,42	69847			
$K_2Cu(SO_4)_2 \cdot 6aq.$	441,98	64540			

Para los múltiplos superiores, véase la tabla III

Pesos y logaritmos respectivos de los átomos, grupos atómicos, moléculas

	Peso	lg
K_2O	94,192	97401
$^1/_2K_2O$	47,096	67298
$2K_2O$	188,384	27504
$3K_2O$	282,576	45114
$4K_2O$	376,768	57607
$5K_2O$	470,96	67298
$6K_2O$	565,15	75217
$K_2O \cdot Al_2O_3 \cdot 6SiO_2$	556,49	74546
KOH	56,104	74899
$KOH \cdot 2H_2O$	92,137	96443
K_2PtCl_6	486,16	68678
$K_2SO_3 \cdot 2H_2O$	194,28	28843
$K_2S_2O_5$	222,31	34696
K_2SO_4	174,25	24117
$K_2S_2O_8$	270,31	43187
$K(SbO)C_4H_4O_6 \cdot {}^1/_2H_2O$	333,94	52365
K_2SiF_6	220,25	34292
$K_2Zn(SO_4)_2 \cdot 6aq$	443,79	64718

	Peso	lg
La	138,92	14276
$2La$	277,84	44379
La_2O_3	325,84	51300
Li	6,940	84136
$2Li$	13,880	14239
$3Li$	20,820	31848
Li_2CO_3	73,890	86859
$LiCl$	42,397	62734
Li_2O	29,880	47538
Li_3PO_4	115,80	06371
Li_2SO_4	109,94	04116
Mg	24,32	38596
$^1/_2Mg$	12,160	08493
$2Mg$	48,64	68699
$3Mg$	72,96	86308
$Mg(AlO_2)_2$	142,26	15308
$Mg_2As_2O_7$	310,46	49200
$MgCO_3$	84,33	92598
$MgCl_2$	95,23	97877
$MgCl_2 \cdot 6H_2O$	203,33	30820
$Mg(HCO_3)_2$	146,36	16540
$^1/_2[Mg(HCO_3)_2]$	73,178	86438
$MgNH_4PO_4 \cdot 6aq$	245,44	38994
MgO	40,32	60552
$^1/_2MgO$	20,160	30449
$2MgO$	80,64	90655
$3MgO$	120,96	08264

Para los múltiplos superiores, véase la tabla III

y equivalentes más frecuentemente usados (así como múltiplos inferiores)

	Peso	lg
$Mg(OH)_2$	58,34	
$^1/_2[Mg(OH)_2]$ ..	29,168	
$Mg(Ox)_2$ (Oxina)	312,61	
$Mg(Ox)_2 \cdot 2H_2O$.	348,64	
$Mg_2P_2O_7$	222,60	
$MgSO_4$	120,38	
$MgSO_4 \cdot 7H_2O$	246,49	
$MgSiO_4$	116,38	
Mn	54,93	
$^1/_2Mn$	27,465	
2Mn	109,86	
3Mn	164,79	
$MnCO_3$	114,94	
$MnCl_2 \cdot 4H_2O$ ...	197,91	
MnO	70,93	
Mn_3O_4	228,79	
Mn_2O_3	157,86	
MnO_2	86,93	
$^1/_2MnO_2$	43,465	
Mn_2O_7	221,86	
MnO_4	118,93	
$Mn_2P_2O_7$	283,82	
MnS	86,99	
$MnSO_4$	150,99	
$MnSO_4 \cdot 4H_2O$	223,05	
$MnSO_4 \cdot 5H_2O$ ..	241,07	

	Peso	lg
Mo	95,95	98204
MoO_3	143,95	15821
MoO_4	159,95	20399
MoS_2	160,07	20431
N	14,008	14638
2N	28,016	44741
3N	42,024	62350
4N	56,032	74844
5N	70,040	84535
6N	84,048	92453
5,55N ("Gelatina")	77,74	89064
6,25N ("Albúmi.")	87,55	94226
6,37N ("Caseína")	89,23	95052
NH	15,016	17655
NH_2	16,024	20477
$2NH_2$	32,048	50580
$3NH_2$	48,072	68189
NH_3	17,032	23126
$2NH_3$	34,064	53229
$3NH_3$	51,096	70839
$4NH_3$	68,128	83333
$5NH_3$	85,160	93024
$6NH_3$	02,192	00942
NH_4	18,040	25624
$2NH_4$	36,080	55727
$3NH_4$	54,120	73336
N_2H_4	32,048	50580
NH_4Br	97,956	99103
NH_4CNS	76,118	88149
$NH_4C_2H_3O_2$	77,084	88696
$(NH_4)_2CO_3$	96,090	98268
$(NH_4)_2C_2O_4 \cdot H_2O$	142,116	15264

Para los múltiplos superiores, véase la tabla III

Pesos y logaritmos respectivos de los átomos, grupos atómicos, moléculas

	Peso	lg
NH_4Cl	53,496	72832
NH_4F	37,04	56867
$NH_4Fe(SO_4)_2 \cdot 12H_2O$	482,19	68322
$(NH_4)_2Fe(SO_4)_2 \cdot 6H_2O$	392,14	59344
$NH_4H_2PO_4$	115,03	06081
$(NH_4)_2HPO_4$ ...	132,07	12080
NH_4HS	51,11	70851
NH_4HSO_3	97,09	98717
NH_4HSO_4	115,11	06111
NH_4J	144,96	16125
$(NH_4MgAsO_4)_2 \cdot H_2O$	380,56	58042
$NH_4MgPO_4 \cdot 6aq$	245,44	38994
NH_4NO_2	64,048	80651
NH_4NO_3	80,048	90335
$NH_4NaHPO_4 \cdot 4H_2O$	209,09	32033
$(NH_4)_2Ni(SO_4)_2 \cdot 6H_2O$	394,99	59659
NH_2OH	33,032	51894
$(NH_4O)Cl$	69,497	84196
$(NH_4O)_2SO_4$ ...	164,14	21521
NH_4OH	35,048	54468
$(NH_4)_3PO_4 \cdot 12MoO_3$	1876,5	27335
$(NH_4)_3PO_4 \cdot 14MoO_3$	2164,4	33534
$(NH_4)_2PtCl_6$	444,05	64743
$(NH_4)_2S$	68,14	83340
$N_2H_6SO_4$	130,12	11434
$(NH_4)_2SO_4$	132,14	12103
$(NH_4)_2SiF_6$	178,14	25076
$(NH_4)_2Zn(SO_4)_2 \cdot 6H_2O$	401,68	60388
N_2O	44,016	64361
NO	30,008	47724
N_2O_3	76,016	88091
NO_2	46,008	66283
$3NO_2$	138,024	13995
$6NO$	276,048	44099
N_2O_4	92,016	96386
N_2O_5	108,016	03349
$^1/_2N_2O_5$	54,008	73245
NO_3	62,008	79245
$2NO_3$	124,016	09348
$3NO_3$	186,024	26957
$4NO_3$	248,032	39451

Para los múltiplos superiores, véase la tabla III

y equivalentes más frecuentemente usados (así como múltiplos inferiores)

	Peso	lg		Peso	lg
Na	22,997	36 167	$Na_2Cr_2O_7 \cdot 2H_2O$	298,05	47 429
2Na	45,994	66 270	$^1/_6[Na_2Cr_2O_7 \cdot 2aq]$	49,674	69 613
3Na	68,991	83 879	NaF	42,00	62 325
4Na	91,988	96 373	2NaF	83,99	92 423
5Na	114,985	06 064	3NaF	125,99	10 034
6Na	137,982	13 982	4NaF	167,99	22 528
Na_3AlF_6	209,96	32 214	5NaF	209,99	32 220
$NaAlSi_3O_8$	262,15	41 855	6NaF	251,98	40 137
$Na_2Al_2H_4(SiO_4)_3$	380,15	57 996	$Na_2HAsO_4 \cdot 12aq$	402,10	60 433
$NaBO_3 \cdot 4H_2O$	153,88	18 718	$NaHCO_3$	84,015	92 436
$Na_2B_4O_7$	201,27	30 378	$Na_2HPO_4 \cdot 2H_2O$	178,01	25 044
$^1/_2Na_2B_4O_7$	100,64	00 277	$Na_2HPO_4 \cdot 12H_2O$	358,17	55 409
$Na_2B_4O_7 \cdot 10H_2O$	381,44	58 142	NaHS	56,06	74 865
$^1/_2[Na_2B_4O_7 \cdot 10H_2O]$	190,72	28 040	$NaHSO_3$	104,06	01 728
			$NaHSO_4$	120,06	07 940
NaBr	102,913	01 247	NaI	149,92	17 586
$NaC_2H_3O_2 \cdot 3H_2O$	136,090	13 383	$NaIO_3$	197,92	29 649
NaCN	49,015	69 033	$NaMg(UO_2)_3 \cdot (C_2H_3O_2)_9 \cdot 6H_2O$	1497,02	17 523
NaCNS	81,08	90 891			
Na_2CO_3	106,004	02 533			
$^1/_2Na_2CO_3$	53,002	72 430	$NaNH_4HPO_4 \cdot 4H_2O$	209,09	32 033
$Na_2CO_3 \cdot 2H_2O$	142,036	15 240			
$^1/_2[Na_2CO_3 \cdot 2H_2O]$	71,018	85 137	$NaNO_2$	69,005	83 888
			$NaNO_3$	85,005	92 944
$Na_2CO_3 \cdot 10H_2O$	286,164	45 662	Na_2O	61,994	79 235
$^1/_2[Na_2CO_3 \cdot 10aq]$	143,082	15 559	$^1/_2Na_2O$	30,997	49 132
$Na_2C_2O_4$	134,014	12 715	$2Na_2O$	123,988	09 338
$^1/_2Na_2C_2O_4$	67,007	82 612	$3Na_2O$	185,982	26 947
NaCl	58,454	76 681	$4Na_2O$	247,976	39 441
NaClO	74,454	87 188	$5Na_2O$	309,97	49 132
$NaClO_3$	106,454	02 716	$6Na_2O$	371,96	57 050
			Na_2O_2	77,994	89 206

Para los múltiplos superiores, véase la tabla III

Pesos y logaritmos respectivos de los átomos, grupos atómicos, moléculas

	Peso	lg
NaOH	40,005	60211
$NaOH \cdot H_2O$ ...	58,021	76359
$NaPO_3$	101,98	00851
Na_3PO_4	163,97	21476
$Na_3PO_4 \cdot 12H_2O$	380,17	57998
$Na_4P_2O_7$	265,95	42480
Na_2S	78,05	89237
$Na_2S \cdot 9H_2O$	240,20	38057
$NaSO_3$ v. SO_3Na		
$Na_2S_2O_3 \cdot 5H_2O$.	248,20	39480
Na_2SO_3	126,05	10054
$Na_2SO_3 \cdot 7H_2O$.	252,17	40170
Na_2SO_4	142,05	15244
$Na_2SO_4 \cdot 10H_2O$.	322,22	50816
$Na_2S_2O_4$	174,11	24082
$Na_3SbS_4 \cdot 9H_2O$.	481,13	68227
Na_2SiF_6	188,05	27427
$Na_2O \cdot 3{,}5SiO_2$ ..	272,20	43489
$^1/_2[Na_2O \cdot 3{,}5SiO_2]$	136,10	13386
$Na_2SnO_3 \cdot 3H_2O$.	266,74	42609
$NaZn(UO_2)_3 \cdot (C_2H_3O_2)_9 \cdot 6aq$	1538,08	18698
$Na_2U_2O_7$	634,13	80218
$Na_2U_2O_7 \cdot 6H_2O$	742,23	87054

	Peso	lg
Nb	92,91	96806
2Nb	185,82	26909
Nb_2O_5	265,82	42458
Nd	144,27	15918
2Nd	288,54	46021
Nd_2O_3	336,54	52704
Ni	58,69	76856
2Ni	117,38	06959
NiAs	133,60	12581
$Ni(C_2H_5N_4O)_2$(Dic.)	260,88	41644
$NiC_4H_6O_4N_5$[1]	294,89	46966
$Ni(C_7H_6O_2N)_2$[2]	330,94	51975
$NiC_8H_{14}N_4O_4$ (Glin.*)	288,92	46078
NiO	74,69	87326
$Ni(Ox)_2$ 2aq (Oxina)	383,01	58323
$Ni_2P_2O_7$	291,34	46440
$NiPy_4(CNS)_2$[3]	491,24	69130
$NiSO_4$	154,75	18963
$NiSO_4 \cdot 7H_2O$ ..	280,86	44849

[1]) Oxalendiuramidoxima [2]) (Acido antranílico) [3]) Piridina.

Para los múltiplos superiores, véase la tabla III

y equivalentes más frecuentemente usados (así como múltiplos inferiores)

	Peso	lg
O	16,0000	20412
2O	32,0000	50515
3O	48,0000	68124
4O	64,0000	80618
5O	80,0000	90309
6O	96,0000	98227
OCH_3	31,034	49184
OC_2H_5	45,060	65379
OH	17,0080	23065
2OH	34,0160	53168
3OH	51,0240	70778
4OH	68,0320	83271
5OH	85,0400	92962
6OH	102,0480	00881
P	30,98	49108
2P	61,96	79211
3P	92,94	96820
PBr_3	270,73	43254
PCl_3	137,35	13783
PCl_5	208,27	31863
PO_2	62,98	79920
PO_3	78,98	89752
P_2O_3	109,96	04123
P_2O_5	141,96	15217
$^1/_2P_2O_5$	70,98	85114
$2P_2O_5$	283,92	45320
$3P_2O_5$	425,88	62929
P_2O_7	173,96	24045
PO_4	94,98	97763
$2PO_4$	189,96	27866
$3PO_4$	284,94	45475
$4PO_4$	379,92	57969
$P_2O_5 \cdot 24MoO_3$	3596,8	55592

	Peso	lg
Pb	207,21	31641
$^1/_2Pb$	103,605	01538
2Pb	414,42	61744
3Pb	621,63	79353
$PbCO_3$	267,22	42687
$Pb(C_2H_3O_2)_2 \cdot 3aq$	379,35	57904
$Pb(C_2H_5)_4$	323,45	50981
$Pb(C_7H_4NS_2)OH$ (Mercaptobenzotiazol)	390,45	59157
$Pb(C_7H_6O_2N)_2$ [1]	479,46	68075
$Pb(C_{10}H_7O_5N_4)_2 \cdot 1,5H_2O$ [2]	760,61	88117
$Pb(C_{12}H_{10}ONS)_2$ [3]	639,75	80601
$PbCl_2$	278,12	44423
PbClF	261,67	41775
$PbCrO_4$	323,22	50950
$PbMoO_4$	367,16	56485
$Pb(NO_3)_2$	331,23	52013
PbO	223,21	34871
Pb_2O_3	462,42	66504
Pb_3O_4	685,63	83609
PbO_2	239,21	37878
PbS	239,27	37889
$PbSO_4$	303,27	48183
$Pb_2V_2O_7$	628,32	79818

[1]) Ácido antranílico. [2]) Ácido picrolónico. [3]) Tionalida.

Para los múltiplos superiores, véase la tabla III

Pesos y logaritmos respectivos de los átomos, grupos atómicos, moléculas

	Peso	lg
Pd	106,7	02816
$Pd(CN)_2$	158,7	20058
$Pd(C_7H_6O_2N)_2$ [1]	379,0	57864
$Pd[C_{10}H_6O(NO)]_2$ [2]	451,0	65418
$Pd[C_{10}H_6O(NO_2)]_2$ [3]	483,0	68395
PdI_2	360,5	55691
Pr	140,92	14897
2Pr	281,84	45000
Pr_2O_3	329,84	51830
$Pr_2(SO_4)_3$	570,02	75589
Pt	195,23	29055
2Pt	390,46	59158
3Pt	585,69	76767
$PtCl_4$	337,06	52771
$PtCl_6$	407,97	61063
PtS_2	259,35	41389
Rb	85,48	93186
2Rb	170,96	23289
Rb_2SO_4	267,02	42654

	Peso	lg
S	32,06	50596
2S	64,12	80699
3S	96,18	98308
4S	128,24	10802
5S	160,30	20493
6S	192,36	28411
S_2Cl_2	135,03	13043
S_2O_3	112,12	04968
S_2O_4	128,12	10762
SO_2	64,06	80659
$2SO_2$	128,12	10762
$3SO_2$	192,18	28371
SO_3	80,06	90342
$^1/_2SO_3$	40,030	60239
$2SO_3$	160,12	20445
$3SO_3$	240,18	38054
$SO_3Ba_{1/2}$; $SO_3Ca_{1/2}$; v. $Ba_{1/2}SO_3$; $Ca_{1/2}SO_3$		
SO_3H	81,07	90886
$2SO_3H$	162,14	20989
$3SO_3H$	243,20	38596
SO_3Na	103,06	01309
$2SO_3Na$	206,11	31410
$3SO_3Na$	309,17	49020
SO_4	96,06	98254
$2SO_4$	192,12	28357
$3SO_4$	288,18	45966
S_2O_8	192,12	28357

[1] Salicilaldoxima. [2] α-Nitroso-β-naftol [3] α-Nitro-β-naftol.

Para los múltiplos superiores, véase la tabla III

y equivalentes más frecuentemente usados (así como múltiplos inferiores)

	Peso	lg
Sb	121,76	08550
1/2Sb	60,880	78447
2Sb	243,52	38653
3Sb	365,28	56263
$SbC_6H_5O_4$ (Pirogalol)	262,86	41973
$Sb(C_{12}H_{10}ONS)_3$ (Tionalida)	770,57	88681
Sb_2O_3	291,52	46467
Sb_2O_4	307,52	48787
Sb_2O_5	323,52	50990
SbOCl	173,22	23860
Sb_2S_3	339,70	53110
Sb_2S_5	403,82	60619
SbS_3	217,94	33834
SbS_4	250,00	39794
Sc	45,10	65418
2Sc	90,20	95521
Sc_2O_3	138,20	14051
Se	78,96	89741
SeO_2	110,96	04516
SeO_3	126,96	10366

	Peso	lg
Si	28,06	44809
2Si	56,12	74912
3Si	84,18	92521
4Si	112,24	05015
5Si	140,30	14706
6Si	168,36	22624
SiF_4	104,06	01728
SiF_6	142,06	15247
SiO_2	60,06	77859
$2SiO_2$	120,12	07962
$3SiO_2$	180,18	25571
$3,5SiO_2$	210,21	32265
$4SiO_2$	240,24	38065
$5SiO_2$	300,30	47756
$6SiO_2$	360,36	55674
Si_3O_8	212,18	32670
SiO_3	76,06	88116
$2SiO_3$	152,12	18219
$3SiO_3$	228,18	35828
$4SiO_3$	304,24	48322
$5SiO_3$	380,30	58013
$6SiO_3$	456,36	65931
Si_2O_7	168,12	22562
$2Si_2O_7$	336,24	52665
$3Si_2O_7$	504,36	70274
SiO_4	92,06	96407
$2SiO_4$	184,12	26510
$3SiO_4$	276,18	44119
$4SiO_4$	368,24	56613
$5SiO_4$	460,30	66304
$6SiO_4$	552,36	74222

Pesos y logaritmos respectivos de los átomos, grupos atómicos, moléculas

	Peso	lg
Sm	150,43	17773
2Sm	300,86	47836
Sm_2O_3	348,86	54265
Sn	118,70	07445
$^1/_2$Sn	59,350	77342
2Sn	237,40	37548
3Sn	356,10	55157
$SnCl_2$	189,61	27786
$SnCl_2 \cdot 2H_2O$	225,65	35344
$SnCl_4$	260,53	41586
SnO	134,70	12937
SnO_2	150,70	17811
Sr	87,63	94265
$^1/_2$Sr	43,815	64162
2Sr	175,26	24368
3Sr	262,89	41977
$SrCO_3$	147,64	16921
$SrC_2O_4 \cdot H_2O$	193,67	28706
$SrCl_2$	158,54	20014
$SrCl_2 \cdot 6H_2O$	266,64	42593
$Sr(NO_3)_2$	211,65	32562
$Sr(NO_3)_2 \cdot 4H_2O$	283,71	45287
SrO	103,63	01549
$Sr(OH)_2 \cdot 8H_2O$	265,78	42452
SrS	119,69	07806
$Sr(SH)_2$	153,77	18687
$SrSO_4$	183,69	26409
SrS_2O_3	199,75	30049
Ta	180,88	25739
2Ta	361,76	55842
Ta_2O_5	441,76	64519
Te	127,61	10588
TeO_2	159,61	20306
TeO_3	175,61	24455
Th	232,12	36571
$Th(C_{10}H_7O_5N_4)_4 \cdot H_2O$[1]	1302,89	11490
$Th(NO_3)_4 \cdot 4H_2O$	552,22	74212
$Th(NO_3)_4 \cdot 12H_2O$	696,35	84283
ThO_2	264,12	42180
$Th(Ox)_4$ (Oxina)	808,7	90779
Ti	47,90	68034
2Ti	95,80	98137
3Ti	143,70	15746
TiO_2	79,90	90255
$TiO(Ox)_2$ (Oxina)	352,19	54678
$Ti_3(PO_4)_4$	523,62	71902
Tl	204,39	31046
$TlC_7H_4NS_2$[2]	370,62	56893
$TlC_{12}H_{10}ONS$[3]	420,66	62393
TlI	331,31	52023

[1]) Acido picrolónico. [2]) Mercaptobenzotiazol. [3]) Tionalida.

Para los múltiplos superiores, véase la tabla III

y equivalentes más frecuentemente usados (así como múltiplos inferiores)

	Peso	lg
U	238,07	37671
2U	476,14	67774
3U	714,21	85383
UO_2	270,07	43147
U_2O_7	588,14	76948
U_3O_8	842,21	92543
$UO_2(Ox)_2(OxH)$[1]	703,52	84727
$(UO_2)_2P_2O_7$	714,10	85376
V	50,95	70714
2V	101,90	00817
VCl_2	121,86	08586
V_2O_3	149,90	17580
V_2O_5	181,90	25983
VO_3	98,95	99542
V_2O_7	213,90	33021
VO_4	114,95	06051
W	183,92	26463
WO_3	231,92	36534
Y	88,92	94900
2Y	177,84	25003
Y_2O_3	225,84	35380

	Peso	lg
Yb	173,04	23815
2Yb	346,08	53918
Yb_2O_3	394,08	59559
Zn	65,38	81544
$^1/_2$Zn	32,690	51441
2Zn	130,76	11647
3Zn	196,14	29257
$ZnCO_3$	125,39	09827
$Zn(C_7H_6O_2N_2)$[2]	337,63	52844
$Zn(C_{10}H_6O_2N)_2 \cdot H_2O$[3]	427,71	63115
$ZnCl_2$	136,29	13446
$ZnCl_2 \cdot 1,5H_2O$	163,32	21304
$Zn(NH_4)PO_4$	178,40	25139
ZnO	81,38	91052
$Zn(Ox)_2$[1]	353,67	54860
$Zn_2P_2O_7$	304,72	48390
$ZnPy_2(CNS)_2$[4]	339,73	53114
ZnS	97,44	98874
$ZnSO_4$	161,44	20801
$ZnSO_4 \cdot 7H_2O$	287,55	45871
Zr	91,22	96009
ZrO_2	123,22	09068
ZrP_2O_7	265,18	42354

[1]) Oxina. [2]) Ácido antranílico. [3]) Ácido quinaldínico. [4]) Piridina.

Para los múltiplos superiores, véase la tabla III

Múltiplos superiores de algunos pesos atómicos

C_7 hasta C_{42}	lg	H_7 hasta H_{42}	lg	O_7 hasta O_{42}	lg
7: 84,070	92464	7: 7,0560	84856	7: 112,0000..	04922
8: 96,080	98263	8: 8,0640	90655	8: 128,0000..	10721
9: 108,090	03379	9: 9,0720	95770	9: 144,0000..	15836
10: 120,10	07954	10: 10,080	00346	10: 160,0000..	20412
11: 132,11	12093	11: 11,088	04485	11: 176,0000..	24551
12: 144,12	15872	12: 12,096	08265	12: 192,0000..	28330
13: 156,13	19348	13: 13,104	11740	13: 208,0000..	31806
14: 168,14	22567	14: 14,112	14959	14: 224,0000..	35025
15: 180,15	25563	15: 15,120	17955	15: 240,0000..	38021
16: 192,16	28366	16: 16,128	20759	16: 256,0000..	40824
17: 204,17	30999	17: 17,136	23391	17: 272,0000..	43457
18: 216,18	33482	18: 18,144	25874	18: 288,0000..	45939
19: 228,19	35830	19: 19,152	28222	19: 304,0000..	48287
20: 240,20	38057	20: 20,160	30449	20: 320,0000..	50515
21: 252,21	40177	21: 21,168	32568	21: 336,0000..	52634
22: 264,22	42196	22: 22,176	34588	22: 352,0000..	54654
23: 276,23	44127	23: 23,184	36519	23: 368,0000..	56585
24: 288,24	45975	24: 24,192	38368	24: 384,0000..	58433
25: 300,25	47749	25: 25,200	40140	25: 400,0000..	60206
26: 312,26	49451	26: 26,208	41844	26: 416,0000..	61909
27: 324,27	51091	27: 27,216	43483	27: 432,0000..	63548
28: 336,28	52670	28: 28,224	45062	28: 448,0000..	65128
29: 348,29	54194	29: 29,232	46586	29: 464,0000..	66652
30: 360,30	55666	30: 30:240	48058	30: 480,0000..	68124
31: 372,31	57090	31: 31,248	49482	31: 496,0000..	69548
32: 384,32	58469	32: 32,256	50861	32: 512,0000..	70927
33: 396,33	59806	33: 33,264	52197	33: 528,0000..	72263
34: 408,34	61102	34: 34,272	53494	34: 544,0000..	73560
35: 420,35	62361	35: 35,280	54753	35: 560,0000..	74819
36: 432,36	63585	36: 36,288	55977	36: 576,0000..	76042
37: 444,37	64774	37: 37,296	57166	37: 592,0000..	77232
38: 456,38	65933	38: 38,304	58324	38: 608,0000..	78390
39: 468,39	67061	39: 39,312	59452	39: 624,0000..	79518
40: 480,40	68160	40: 40,320	60552	40: 640,0000..	80618
41: 492,41	69233	41: 41,328	61625	41: 656,0000..	81690
42: 504,42	70280	42: 42,336	62671	42: 672,0000..	82737

y moleculares con logaritmos respectivos

Al_7 hasta Al_{15}	lg
7: 188,79	27 598
8: 215,76	33 397
9: 242,73	38 512
10: 269,7	43 088
11: 296,7	47 232
12: 323,6	51 001
13: 350,6	54 481
14: 377,6	57 703
15: 404,6	60 703

Br_7 hasta Br_{12}	lg
7: 559,412	74 773
8: 639,328	80 572
9: 719,244	85 888
10: 799,16	90 263
11: 879,08	94 403
12: 958,99	98 181

Cl_7 hasta Cl_{21}	lg
7: 248,199	39 480
8: 283,656	45 279
9: 319,113	50 394
10: 354,57	54 970
11: 390,03	59 110
12: 425,48	62 888
13: 460,94	66 364
14: 496,40	69 583
15: 531,86	72 580
16: 567,31	75 382
17: 602,77	78 015
18: 638,23	80 498
19: 673,68	82 845
20: 709,14	85 073
21: 744,60	87 192

N_7 hasta N_{24}	lg
7: 98,056	99 147
8: 112,064	04 947
9: 126,072	10 062
10: 140,08	14 638
11: 154,09	18 777
12: 168,10	22 557
13: 182,10	26 031
14: 196,11	29 250
15: 210,12	32 247
16: 224,13	35 050
17: 238,14	37 683
18: 252,14	40 164
19: 266,15	42 513
20: 280,16	44 741
21: 294,17	46 860
22: 308,18	48 880
23: 322,18	50 810
24: 336,19	52 658

Si_7 hasta Si_{21}	lg
7: 196,42	29 319
8: 224,48	35 118
9: 252,54	40 233
10: 280,6	44 809
11: 308,7	48 954
12: 336,7	52 724
13: 364,8	56 205
14: 392,8	59 417
15: 420,9	62 418
16: 449,0	65 225
17: 477,0	67 852
18: 505,1	70 338
19: 533,1	72 681
20: 561,2	74 912
21: 589,3	77 034

H_2O	lg
7: 126,112	10076
8: 144,128	15875
9: 162,144	20990
10: 180,160	25 565
11: 198,176	29 705
12: 216,192	33 484
13: 234,208	36 960
14: 252,224	40 179
15: 270,240	43 175
16: 288,256	45 977
17: 306,272	48 611
18: 324,288	51 093
19: 342,304	53 442
20: 360,320	55 668
21: 378,336	57 788
22: 396,352	59 808
23: 414,368	61 738
24: 432,384	63 587
25: 450,400	65 360
26: 468,416	67 063
27: 486,432	68 702
28: 504,448	70 282
29: 522,464	71 806
30: 540,480	73 278
31: 558,496	74 702
32: 576,512	76 081
33: 594,528	77 417
34: 612,544	78 714
35: 630,560	79 973
36: 648,576	81 196
37: 666,592	82 386
38: 684,608	83 545
39: 702,624	84 673
40: 720,640	85 772
41: 738,656	86 844
42: 756,672	87 891

Tabla IV

A. Pesos equivalentes volumétricos y logaritmos respectivos

1 ml. / 1 l. de solución de la concentración dada equivale a mg. / g.

Solución valorada	0,1 n ($^1/_{10}$)		0,2 n ($^1/_5$)		0,5 n ($^1/_2$)	
Substancia buscada	Cantidad	lg	Cantidad	lg	Cantidad	lg
Potasa cáustica, Sosa cáustica (el amoníaco solamente con metilorange)						
HBr	8,0924	90808	16,1848	20911	40,462	60705
HCl	3,6465	56188	7,2930	86291	18,2325	26085
HI	12,793	10697	25,586	40800	63,965	80594
HNO_3	6,3016	79945	12,6032	10048	31,5080	49842
H_3PO_4 (con metilorange) o (con metilorange hasta la fenolftaleina)	9,800	99123	19,600	29226	49,000	69020
PO_4	9,498	97763	18,996	27866	47,490	67660
P_2O_5	7,098	85114	14,196	15217	35,490	55011
H_3PO_4 (con fenolftaleina)	4,900	69020	9,800	99123	24,500	38917
PO_4	4,749	67660	9,498	97763	23,745	37557
P_2O_5	3,549	55011	7,098	85114	17,745	24908
P (Fosfomolibdato; emp.)	0,1343	12808	0,2686	42911	0,6715	82705

Tabla IV

A. Pesos equivalentes volumétricos y logaritmos respectivos

1 ml. } de solución de la concentración dada equivale a { mg.
1 l. } { g.

P. eq.

Solución valorada	0,1 n (1/10)		0,2 n (1/5)		0,5 n (1/2)	
Substancia buscada	Cantidad	lg	Cantidad	lg	Cantidad	lg
Potasa cáustica, Sosa cáustica (el amoníaco solamente con metilorange)						
H_2SO_4	4,904	69055	9,808	99158	24,520	38952
SO_3	4,003	60239	8,006	90342	20,015	30136
SO_4	4,803	68151	9,606	98254	24,015	38048
$HCHO_2$	4,6026	66300	9,2052	96403	23,0130	36196
$HC_2H_3O_2$	6,0052	77853	12,0104	07955	30,0260	47750
$H_2C_2O_4$	4,5018	65339	9,0036	95442	22,5090	35236
$H_2C_2O_4 \cdot 2\,H_2O$	6,3034	79958	12,6068	10067	31,5170	49855
$KHC_4H_4O_6$	18,8177	27457	37,6354	57559	94,0885	97353
$NaHSO_4$	12,006	07940	24,012	38043	60,032	77838
Al	0,899	95376	1,798	25479	4,495	65273
Al_2O_3	1,699	23019	3,398	53122	8,495	92916

Tabla IV

A. Pesos equivalentes volumétricos y logaritmos respectivos

1 ml. / 1 l. de solución de la concentración dada equivale a mg. / g.

Solución valorada	0,1 n (1/10)		0,2 n (1/5)		0,5 n (1/2)	
Substancia buscada	Cantidad	lg	Cantidad	lg	Cantidad	lg
Acido clorhídrico, ácido nítrico, ácido sulfúrico (el ácido oxálico solamente en presencia de sales de cal y metilorange)						
KOH	5,6104	74899	11,2208	05002	28,0519	44796
$KHCO_3$	10,0114	00049	20,0228	30152	50,0570	69946
K_2CO_3	6,9101	83949	13,8202	14052	34,5505	53846
NaOH	4,0005	60211	8,0010	90314	20,0024	30108
$NaHCO_3$	8,4015	92436	16,8030	22539	42,0075	62333
Na_2CO_3	5,3002	72430	10,6004	02533	26,5010	42327
$Na_2CO_3 \cdot 2\ H_2O$	7,1018	85137	14,2036	15240	35,5090	55034
$Na_2CO_3 \cdot 10\ H_2O$	14,3082	15559	28,6164	45662	71,5410	85456
Li_2CO_3	3,6945	56756	7,3890	86859	18,4725	26653

A. Pesos equivalentes volumétricos y logaritmos respectivos

1 ml. / 1 l. } de solución de la concentración dada equivale a { mg. / g.						
Solución valorada	0,1 n ($^1/_{10}$)		0,2 n ($^1/_5$)		0,5 n ($^1/_2$)	
Substancia buscada	**Cantidad**	**lg**	**Cantidad**	**lg**	**Cantidad**	**lg**
Acido clorhídrico, ácido nítrico, ácido sulfúrico (el ácido oxálico solamente en presencia de sales de cal y metilorange)						
NH_3	1,7032	231·6	3,4065	53230	8,5162	93025
NH_4Cl	5,3496	72832	10,6992	02935	26,7480	42729
NH_4NO_3	8,0048	90335	16,0096	20438	40,0240	60232
$(NH_4)_2SO_4$	6,6070	82000	13,214	12103	33,035	51897
N	1,4008	14638	2,8016	44741	7,0040	84535
5,55 N (**"Gelatina"**)	7,774	89064	15,548	19167	38,870	58961
6,25 N (**"Albúmina"**)	8,755	94226	17,510	24329	43,775	64123
6,37 N (**"Caseína"**)	8,923	95051	17,846	25154	44,615	64948
CO_2	2,2005	34252	4,4010	64355	11,0025	04149
CaO	2,804	44778	5,608	74881	14,020	14675
$Ca(OH)_2$	3,705	56879	7,410	86982	18,524	26774
$CaCO_3$	5,0045	69936	10,0090	00039	25,0225	39833
MgO	2,016	30449	4,032	60552	10,080	00346
$MgCO_3$	4,2165	62495	8,4330	92598	21,0825	32392

Tabla IV

A. Pesos equivalentes volumétricos y logaritmos respectivos

1 ml. / 1 l. de solución de la concentración dada equivale a mg. / g.

Solución valorada	0,1 n ($^1/_{10}$)	
Substancia buscada	Cantidad	lg
Permanganato potásico		
O	0,8000	90309
H_2O_2	1,70080	23065
$H_2C_2O_4$	4,5018	65339
$H_2C_2O_4 \cdot 2\,H_2O$	6,3034	79958
$Na_2C_2O_4$	6,7007	82612
Ca	2,004	30190
CaO	2,804	44778
$CaCO_3$	5,0045	69936
Cu (reducido con azúcar)	6,357	80325
Mn (según Volhard Wolff)	1,648	21696
MnO (según Volhard Wolff)	2,128	32797
MnO_2 (según Volhard Wolff)	2,608	41631
Mn (según Hampe)	2,7465	43878
$KMnO_4$	3,1605	49976
N_2O_3	1,9004	27884
N_2O_4	4,6008	66283
HNO_2	2,3508	37121
Cr	1,7337	23897
Cr_2O_3	2,5337	40375
CrO_4^{2}	3,8670	58737

Solución valorada	0,1 n ($^1/_{10}$)	
Substancia buscada	Cantidad	lg
Permanganato potásico		
Fe	5,584	74695
FeO	7,184	85637
Fe_2O_3	7,984	90222
$FeSO_4 \cdot 7\,H_2O$	27,801	44406
$(NH_4)_2Fe(SO_4)_2 \cdot 6\,H_2O$	39,214	59344
$Fe_2(SO_4)_3 \cdot 9H_2O$	28,100	44871
Mo (según Auchy) (emp.)	3,3882	52997
MoO_3 (según Auchy) (emp.)	5,0824	70607
Mo (según Kassler) (emp.)	3,200	50515
MoO_3 (según Kassler) (emp.)	4,800	68124
PbO_2	11,961	07777
S (según Pinsl)	2,004	30184
$S_2O_8^{2-}$	9,606	98254
Sb	6,0880	78447
Sb_2O_3	7,2880	86261
U	11,907	07580
U_3O_8	14,040	14738
V	5,095	70714
V_2O_5	9,095	95880

A. Pesos equivalentes volumétricos y logaritmos respectivos

1 ml. } de solución de la concentración dada equivale a } mg.
1 l. } de solución de la concentración dada equivale a } g.

Solución valorada	0,1 n (1/10)	
Substancia buscada	Cantidad	lg
Nitrato de plata		
Cl^-	3,5457	54970
$CaCl_2$	5,550	74425
HCl	3,6465	56188
KCl	7,4553	87247
$MgCl_2$	4,762	67776
NaCl	5,8454	76681
NH_4Cl	5,3496	72832
Br^-	7,9916	90263
HBr	8,0924	90808
KBr	11,9012	07559
NaBr	10,2913	01247
NH_4Br	9,7955	99103
Cloruro sódico		
Ag	10,7880	03294
$AgNO_3$	16,9888	23016

Solución valorada	0,1 n (1/10)	
Substancia buscada	Cantidad	lg
Nitrato de plata		
I^-	12,692	10353
HI	12,793	10697
KI	16,602	22016
NaI	14,992	17586
NH_4I	14,496	16125
HCN (según Mohr)	2,7026	43179
KCN (según Mohr)	6,5114	81367
NaCN (según Mohr)	4,9015	69033
HCN (según Liebig)	5,4052	73282
KCN (según Liebig)	13,0228	11470
NaCN (según Liebig)	9,8030	99136
Sulfocianato amónico		
Ag	10,7880	03294
$AgNO_3$	16,9888	23016
Hg	10,0305	00132
HgO	10,8305	03465

Tabla IV

A. Pesos equivalentes volumétricos y logaritmos respectivos

1 ml. } de solución de la concentración dada equivale a { mg.
1 l. } de solución de la concentración dada equivale a { g.

Tiosulfato sódico

Solución valorada Substancia buscada	0,1 n ($^1/_{10}$) Cantidad	lg
Cloro	3,5457	54970
Bromo	7,9916	90263
Iodo	12,692	10353
BrO_3^-	2,1319	32877
$KBrO_3$	2,7835	44459
HClO	2,6233	41885
NaClO	3,7227	57086
$HClO_3$	1,4078	14854
$KClO_3$	2,0426	31018
$NaClO_3$	1,7742	24900
H_2O_2	1,70081	23065
As	3,7455	57351
MnO_2	4,3465	63814
C_6H_5OH	1,5685	19549

Solución valorada Substancia buscada	0,1 n ($^1/_{10}$) Cantidad	lg
CO	7,0025	84525
Cr	1,7337	23897
Cr_2O_3	2,5337	40376
K_2CrO_4	6,473	81113
$K_2Cr_2O_7$	4,9035	69051
$Na_2Cr_2O_7$	4,3669	64017
Cu	6,357	80325
$CuSO_4$	15,963	20311
$CuSO_4 \cdot 5\,H_2O$	24,971	39744
Fe	5,584	74695
$FeCl_3$	16,271	21008
$FeSO_4$	15,190	18156
$FeSO_4 \cdot 7\,H_2O$	27,801	44406
$Na_2S_2O_3 \cdot 5\,H_2O$	24,820	39480

Bromato potásico

Solución valorada Substancia buscada	0,1 n ($^1/_{10}$) Cantidad	lg
As	3,7455	57351
Sb	6,088	78447
Sn	5,935	77342
C_9H_7ON (oxina)	3,629	55979
C_9H_6ON (resto de oxina)	3,604	55678
Al (en forma de combinaciones de oxina)	0,2248	35170
Bi (en forma de combinaciones de oxina)	1,7417	24097
Cd (en forma de combinaciones de oxina)	1,4051	14771
Co (en forma de combinaciones de oxina)	0,7368	86732

Solución valorada Substancia buscada	0,1 n ($^1/_{10}$) Cantidad	lg
Fe (en forma de combinaciones de oxina)	0,4653	66777
Mg (en forma de combinaciones de oxina)	0,3040	48287
Mn (en forma de combinaciones de oxina)	0,6866	83672
Ni (en forma de combinaciones de oxina)	0,7336	86547
Th (en forma de combinaciones de oxina)	1,4507	16159
Ti (en forma de combinaciones de oxina)	0,5988	77725
U (en forma de combinaciones de oxina)	1,9845	29765
Zn (en forma de combinaciones de oxina)	0,8173	91235

A. Pesos equivalentes volumétricos y logaritmos respectivos

1 ml. / 1 l. } de solución de la concentración dada equivale a { mg. / g.

Solución valorada	0,1 n ($^1/_{10}$)		Solución valorada	0,1 n ($^1/_{10}$)	
Substancia buscada	Cantidad	lg	Substancia buscada	Cantidad	lg
Triyoduro potásico			**Triyoduro potásico**		
As	3,7455	57351	H_2S	1,704	23147
As_2O_3	4,9455	69421	NaHS	2,803	44762
As_2O_5	5,7455	75933	Na_2S	3,9025	59134
Sb	6,088	78447	SO_2	3,203	50556
Sb_2O_3	7,288	86261	SO_3"	4,003	60239
$KSbOC_4H_4O_6 \cdot {}^1/_2 H_2O$	16,697	22264	H_2SO_3	4,104	61321
			Na_2SO_3	6,3025	79951
Hg	10,0305	00132	$Na_2S_2O_3$	15,811	19896
$HgCl_2$	13,576	13277	$Na_2S_2O_3 \cdot 5\,H_2O$	24,820	39480
$HgClNH_2$	12,605	10053			
Sn	5,935	77342			
SnO	6,735	82834			

B. Correcciones para tener en cuenta el empuje del aire en las pesadas exactas

En la mayor parte de casos, la "cantidad" de una substancia se mide por su "masa". La "masa de una substancia se determina midiendo su "peso" (en las condiciones geográficas normadas). Se llama "peso" a la fuerza que en el vacío ejerce un cuerpo sobre la base que lo sostiene. Haciendo la pesada en el aire se encuentra un peso que discrepa del peso en el vacío en la diferencia de empujes del aire sobre la substancia pesada y sobre las pesas utilizadas. Para eliminar esta diferencia, por el cálculo se "reduce" al vacío la pesada, obteniéndose así el "peso" real (peso en el vacío). Las relaciones de equivalencia química sólo son rigurosamente válidas para las masas y también solamente para los pesos en el vacío. Para los análisis de exactitud corriente, la diferencia entre el peso en el aire y el peso en el vacío, no tiene ninguna importancia, pero en las determinaciones muy exactas, como las efectuadas, por ejemplo, siguiendo algunos métodos volumétricos especiales, la reducción de las pesadas al vacío es, por el contrario, indispensable (véanse tablas XV y XVa). El cálculo se simplifica considerablemente si (admitiendo, como es lo usual, que las pesadas se hacen con pesas de latón [1]) se dispone de las correcciones para el empuje del aire ya calculadas de antemano para substancias de densidad determinada, comprendida dentro de los límites que entran principalmente en consideración para la práctica. Estas correcciones se hallan recopiladas en la siguiente tabla. En la columna encabezada con la letra ϱ se encuentran las densidades de las substancias aumentando en intervalos determinados, y en la columna encabezada con la letra Δ se encuentran las correcciones, es decir, las cantidades en que hay que variar el peso buscado (por cada gramo de substancia) [2]) para pesar en el aire la cantidad de substancia que tendría en el vacío el peso deseado. Los valores intermedios se encuentran fácilmente por interpolación. Como se ve, en casi todos los casos de la práctica (para todas las densidades $< 8{,}4$) la corrección es un número negativo, es decir, el peso en el aire es menor que el peso en el vacío.

ϱ	Δ	ϱ	Δ	ϱ	Δ	ϱ	Δ
0,70	— 1,57	1,25	— 0,82	3,00	— 0,26	6,00	— 0,06
0,75	— 1,46	1,50	— 0,66	3,50	— 0,20	7,00	— 0,03
0,80	— 1,36	1,75	— 0,54	4,00	— 0,16	8,40	± 0
0,85	— 1,27	2,00	— 0,46	4,50	— 0,12	10,00	+ 0,02
0,90	— 1,19	2,25	— 0,39	5,00	— 0,10	15,00	+ 0,06
0,95	— 1,12	2,50	— 0,34	5,50	— 0,08	20,00	+ 0,08
1,00	— 1,06	2,75	— 0,29				

Ejemplo: Han de pesarse exactamente en el aire 100 mvales = 0,1 val de cloruro sódico = 5,8454 g. de peso en el vacío. La densidad del cloruro sódico es $\varrho = 2{,}17$, y por tanto $\Delta = -0{,}46 + 0{,}07 \times 17/25$ igual $-0{,}46 + 0{,}05 = -0{,}41$. El correspondiente peso en el aire será de

$$(5{,}8454 - 5{,}85 \times 0{,}00041)\text{ g.} = (5{,}8454 - 0{,}0024)\text{ g.} = 5{,}8430\text{ g.}$$

[1]) La densidad del latón es $\varrho = 8{,}4$ gml^{-1}.

[2]) Es decir, en tantos por mil del peso buscado.

TABLA IV

A. Pesos equivalentes volumétricos y logaritmos respectivos "pesos determinados en el aire"

Nr.	Substancia	Fórmula	ϱ	Peso	lg.	Nr.
1	Anhídrido arsenioso	$^1/_4\ As_2O_3$	3,86	49,447	69 414	1
2	Acido benzoico	$C_7H_6O_2$	1,34	122,026	08 645	2
3	Borax	$^1/_2\ Na_2B_4O_7\ 10H_2O$	1,72	190,62	28 017	3
4	Difenilguanidina	$C_{13}H_{13}N_3$	1,22	211,08	32 445	4
5	Sulfato de hidracina	$^1/_2\ N_2H_6SO_4$	1,38	65,012	81 299	5
6	Sulfato de hidracina	$^1/_4\ N_2H_6SO_4$	1,38	32,506	51 196	6
7	Yodo	$^1/_2\ I_2$	4,94	126,91	10 350	7
8	Yoduro de cianógeno	$^1/_2\ CNI$	4,39	76,46	88 343	8
9	Dicromato potásico	$^1/_6\ K_2Cr_2O_7$	2,70	49,020	69 037	9
10	Bicarbonato potásico	$KHCO_3$	2,17	100,073	00 032	10
11	Diyodato potásico	$KH(IO_3)_2$	4,47	389,89	59 094	11
12	Diyodato potásico	$^1/_{12}\ KH(IO_3)_2$	4,47	32,491	51 176	12
13	Diftalato potásico	$KC_8H_5O_4$	1,64	204,096	30 983	13
14	Bromato potásico	$^1/_6\ KBrO_3$	3,24	27,829	44 450	14
15	Bromuro potásico	KBr	2,73	118,978	07 547	15
16	Cloruro potásico	KCl	1,99	74,519	87 227	16
17	Ferrocianuro potásico	$K_4Fe(CN)_6 \cdot 3H_2O$	1,89	422,17	62 549	17
18	Ferricianuro potásico	$K_3Fe(CN)_6$	1,81	329,07	51 729	18
19	Yodato potásico	$^1/_2\ KIO_3$	3,89	106,994	02 936	19
20	Yodato potásico	$^1/_6\ KIO_3$	3,89	35,665	55 224	20
21	Yoduro potásico	$^1/_2\ KI$	3,12	82,99	91 903	21
22	Sal de Mohr	$(NH_4)_2Fe(SO_4)_2 \cdot 6H_2O$	1,86	391,94	59 322	22
23	Carbonato sódico	$^1/_2\ Na_2CO_3$	2,53	52,984	72 414	23
24	Cloruro sódico	$NaCl$	2,17	58,430	76 664	24
25	Oxalato sódico	$^1/_2\ Na_2C_2O_4$	2,69	66,987	82 599	25
26	Tiosulfato sódico	$Na_2S_2O_3 \cdot 5H_2O$	1,73	248,06	39 456	26
27	Acido oxálico	$^1/_2\ H_2C_2O_4 \cdot 2H_2O$	1,64	62,997	79 932	27
28	Mercurio	$^1/_2\ Hg$	13,55	100,31	00 134	28
29	Oxido mercúrico	$^1/_2\ HgO$	11,14	108,31	03 467	29
30	Plata	Ag	10,5	107,882	03 295	30
31	Nitrato de plata	$AgNO_3$	4,35	169,866	23 011	31

"Factores" analíticos y estequiométricos

Buscado	Encontrado	Factor	lg
Ag	AgBr	0,5745	75925
	AgCl	0,7526	87658
	Ag_2S	0,8706	93983
Al	Al_2O_3	0,5291	72357
	$Al(Ox)_3$ Oxina)	0,05871	76868
	$AlPO_4$	0,2212	34470
Al_2O_3	$AlPO_4$	0,4180	62113
$Al_2O_3 \cdot 2\ SiO_2 \cdot 2\ H_2O$	H_2O (pérdida al fuego)	7,163	85509
$Al_2(SO_4)_3$	Al_2O_3	3,3562	52584
As	As_2O_3	0,7574	87930
	As_2S_3	0,6090	78463
	As_2S_5	0,4831	68404
	$(NH_4MgAsO_4)_2 \cdot H_2O$	0,3937	59516
	$Mg_2As_2O_7$	0,4826	68357
	$Mg_2P_2O_7$	0,6730	82804
	$BaSO_4$	0,2140	33031
	Sb	0,6152	78904

con sus respectivos logaritmos

Buscado	Encontrado	Factor	lg
As_2O_3	As	1,320	12070
	As_2S_3	0,8041	90533
	As_2S_5	0,6379	80474
	$(NH_4MgAsO_4)_2 \cdot H_2O$	0,5198	71586
	$Mg_2As_2O_7$	0,6372	80427
	$Mg_2P_2O_7$	0,8887	94874
	$BaSO_4$	0,2825	45101
As_2O_5	As_2S_3	0,9342	97045
	As_2S_5	0,7411	86986
	$(NH_4MgAsO_4)_2 \cdot H_2O$	0,6039	78098
	$Mg_2As_2O_7$	0,7403	86939
	$Mg_2P_2O_7$	1,032	01386
	$BaSO_4$	0,3282	51613
AsO_3	As_2S_3	0,9993	99968
	As_2S_5	0,7927	89909
	$(NH_4MgAsO_4)_2 \cdot H_2O$	0,6460	81021
	$Mg_2As_2O_7$	0,7918	89862
	$Mg_2P_2O_7$	1,104	04309
	$BaSO_4$	0,3510	54536

"Factores" analíticos y estequiométricos

Buscado	Encontrado	Factor	lg
AsO_4	As_2S_3	1,129	05282
	As_2S_5	0,8958	95223
	$(NH_4MgAsO_4)_2 . H_2O$	0,7301	86335
	$Mg_2As_2O_7$	0,8949	95176
	$Mg_2P_2O_7$	1,248	09623
	$BaSO_4$	0,3967	59850
B	B_2O_3	0,3107	49240
	KBF_4	0,08593	93414
BO_2	B_2O_3	1,230	08982
BO_3	B_2O_3	1,689	22770
B_4O_7	B_2O_3	1,115	04723
Ba	$BaCO_3$	0,6960	84258
	$BaCrO_4$	0,5421	73410
	$BaSO_4$	0,5885	76972
	$BaSiF_6$	0,4916	69160

con sus respectivos logaritmos

Buscado	Encontrado	Factor	lg
$BaCO_3$	$BaCrO_4$	0,7790	89152
	$BaSO_4$	0,8456	92712
$BaCl_2$	$BaSO_4$	0,8923	95049
$BaCl_2 \cdot 2\ H_2O$	$BaSO_4$	1,047	01980
$Ba(NO_3)_2$	$BaCrO_4$	1,032	01351
	$BaSO_4$	1,120	04913
BaO	$BaCO_3$	0,7770	89043
	$BaCrO_4$	0,6053	78195
	$BaSO_4$	0,6570	81757
	$BaSiF_6$	0,5489	73945

"Factores" analíticos y estequiométricos

Buscado	Encontrado	Factor	lg
Be	BeO	0,3605	55692
	$Be_2P_2O_7$	0,09396	97294
BeO	$Be_2P_2O_7$	0,2606	41602
Bi	$BiC_6H_3O_3$ (Pirogalol)	0,6294	79891
	$Bi(C_{12}H_{10}ONS)_3 \cdot H_2O$ (Tionalida)	0,2386	37774
	$BiCr(CNS)_6$	0,3429	53519
	Bi_2O_3	0,8970	95279
	BiOCl	0,8024	90441
	$(BiO)_2Cr_2O_7$	0,6276	79770
	$Bi(Ox)_3$ (Oxina)	0,3258	51299
	$Bi(Ox)_3 \cdot H_2O$	0,3171	50096
	$BiPO_4$	0,6876	83731
	Bi_2S_3	0,8130	91007
	$Bi_2(SeO_3)_3$	0,5232	71870

con sus respectivos logaritmos

Buscado	Encontrado	Factor	lg
Br	AgBr	0,4255	62894
	AgCl	0,5575	74627
C	CO_2	0,2729	43599
	CaC_2	0,3748	57378
C_2H_2	AgCl	0,09082	95818
	CuO	0,1636	21379
CH_3O	AgI	0,1322	12114
C_2H_5O	AgI	0,1919	28310
CN	Ag	0,2412	38234
	AgCN	0,1943	28851
CNS	AgCNS	0,3500	54402
	$BaSO_4$	0,2488	39589
	CuCNS	0,4774	67892

"Factores" analíticos y estequiométricos

Buscado	Encontrado	Factor	lg
CO_2	$CaCO_3$	0,4397	64316
	CaO	0,7848	89474
	HCO_3	0,7213	85809
	MgO	1,092	03803
CO_3	CO_2	1,364	13470
C_2O_4	CO_2	1,0000	00000
	CaO	1,570	19577
Ca	$CaCO_3$	0,4004	60254
	$CaC_2O_4 \cdot H_2O$	0,2743	43825
	$Ca(C_{10}H_7O_5N_4)_2 \cdot 8\,H_2O$ (Acido picrolónico)	0,05640	75131
	CaF_2	0,5133	71039
	CaO	0,7147	85412
	$CaSO_4$	0,2944	46894
$CaCN_2$	N	2,859	45622
$CaCO_3$	CO_2	2,274	35684
	$CaC_2O_4 \cdot H_2O$	0,6850	83571
	CaO	1,785	25158
	$CaSO_4$	0,7352	86640

con sus respectivos logaritmos

Buscado	Encontrado	Factor	lg
$CaCl_2$	CaO	1,979	29647
	Cl	1,565	19455
CaF_2	CaO	1,392	14373
	$CaSO_4$	0,5735	75855
$Ca(NO_3)_2$	CaO	2,926	46630
CaO	Ca	1,399	14588
	CO_2	1,274	10526
	CaC_2	0,8750	94202
	$CaCN_2$	0,7000	84512
	$CaCO_3$	0,5603	74842
	$CaC_2O_4 \cdot H_2O$	0,3838	58413
	CaF_2	0,7182	85627
	$CaSO_4$	0,4119	61482
	$CaSO_4 \cdot 2H_2O$	0,3257	51285
	Cl	0,7908	89808
	H_2O	3,113	49315
	MgO	1,391	14329
	N	2,002	30140
	N_2O_5	0,5192	71532
	P_2O_5	1,185	07376
	SO_3	0,7005	84539

"Factores" analíticos y estequiométricos

Buscado	Encontrado	Factor	lg
$Ca(OH)_2$	CaO	1,321	12101
$Ca_3(PO_4)_2$	CaO	1,844	26571
	$Mg_2P_2O_7$	1,394	14411
	P_2O_5	2,185	33947
$CaSO_4$	$BaSO_4$	0,5832	76585
	CaO	2,428	38518
	SO_3	1,700	23057
Cd	$Cd(C_7H_4NS_2)_2$ (Mercaptobenzotiazol)	0,2527	40257
	$Cd(C_7H_6O_2N)_2$ (Acido antranílico)	0,2922	46572
	$Cd(C_{10}H_6O_2N)_2$ (Acido quinaldínico)	0,2461	39115
	CdO	0,8754	94220
	$Cd(Ox)_2$ (Oxina) ..	0,2805	44798
	$Cd(Ox)_2 \cdot 1,5H_2O$	0,2628	41963
	$Cd_2P_2O_7$	0,5638	75109
	$CdPy_2(CNS)_2$[1]	0,2906	46333
	$CdPy_4(CNS)_2$	0,2063	31443
	CdS	0,7781	89102
	$CdSO_4$	0,5392	73176
CdO	$Cd_2P_2O_7$	0,6440	80889
	CdS	0,8888	94882
	$CdSO_4$	0,6160	78956

1) Piridina.

con sus respectivos logaritmos

Buscado	Encontrado	Factor	lg
Ce	Ce_2O_3	0,8538	93 134
	CeO_2	0,8141	91 067
Cl	Ag	0,3287	51 676
	AgCl	0,2474	39 334
	MgO	1,759	24 521
	NaCl	0,6066	78 289
ClO_3	AgCl	0,5822	76 510
ClO_4	AgCl	0,6939	84 128
Co	$Co(C_7H_6O_2N)_2$[1]	0,1780	25 033
	$Co[C_{10}H_6O(NO)]_3$·[2] 2 H_2O	0,09639	98 405
	$Co[C_{10}H_6O(NO_2)]_3$[3]	0,09454	97 563
	Co_3O_4	0,7343	86 584
	$Co(Ox)_2·2H_2O$[4]	0,1538	18 691
	$Co_2P_2O_7$	0,4039	60 629
	$CoSO_4$	0,3803	58 008
CoO	Co	1,271	10 430
	$Co_2P_2O_7$	0,5136	71 059
	$CoSO_4$	0,4835	68 438

[1]) Acido antranílico.
[2]) α-Nitroso-β-naftol.
[3]) α-Nitro-β-naftol.
[4]) Oxina.

"Factores" analíticos y estequiométricos

Buscado	Encontrado	Factor	lg
Cr	$BaCrO_4$	0,2053	31233
	Cr_2O_3	0,6843	83522
	$CrPO_4$	0,3538	54880
	$PbCrO_4$	0,1609	20659
Cr_2O_3	$BaCrO_4$	0,3000	47711
	Cr	1,461	16478
	$PbCrO_4$	0,2352	37137
CrO_3	$BaCrO_4$	0,3947	59628
	Cr_2O_3	1,316	11917
	$PbCrO_4$	0,3094	49054
Cr_2O_7	$BaCrO_4$	0,4263	62970
	Cr_2O_3	1,421	15259
CrO_4	$BaCrO_4$	0,4579	66074
	Cr_2O_3	1,526	18363
	$PbCrO_4$	0,3589	55500

con sus respectivos logaritmos

Buscado	Encontrado	Factor	lg
Cs	Cs_2SO_4	0,7346	86602
Cu	CuCNS	0,5226	71814
	$Cu(C_7H_6O_2N)_2$[1]) . .	0,1893	27714
	$Cu(C_{10}H_6O_2N)_2 \cdot H_2O$[2])	0,1493	17394
	$Cu(C_{12}H_{10}ONS)_2 \cdot H_2O$[3])	0,1237	09227
	$CuC_{14}H_{11}O_2N$[4]) . . .	0,2201	34263
	CuO	0,7989	90250
	$Cu(Ox)_2$ (Oxina) . .	0,1807	25688
	Cu_2S	0,7986	90234
	CuS	0,6648	82266
$CuCl_2$	CuO	1,690	22791
$CuFeS_2$	Cu_2S	2,306	36280
Cu_2O	CuO	0,8995	95398
CuO	Cu	1,252	09750
	CuCNS	0,6541	81564
	Cu_2S	0,9996	99984
$CuSO_4$	CuO	2,006	30236
$CuSO_4 \cdot 5\ H_2O$	Cu	3,928	59419
	CuCNS	2,053	31233
	CuO	3,138	49669
	Cu_2S	3,137	49653

[1]) Salicilaldoxima y ácido antranílico. [2]) Ácido antranílico.
[3]) Tionalida. [4]) Benzoinoxima (cuprona).

"Factores" analíticos y estequiométricos

Buscado	Encontrado	Factor	lg
Er	Er_2O_3	0,8745	94175
F	CaF_2	0,4867	68724
	$CaSO_4$	0,2791	44579
	PbClF	0,07261	86100
	SiF_4	0,7304	86353
Fe	FeO	0,7773	89058
	Fe_2O_3	0,6994	84473
	$Fe(Ox)_3$ (Oxina)	0,1144	05828
$Fe(CN)_6$	AgCN	0,2638	42132
$FeCl_2$	Fe	2,270	35600
$FeCl_3$	Fe	2,905	46313
	Fe_2O_3	2,032	30786

con sus respectivos logaritmos

Buscado	Encontrado	Factor	lg
$Fe(HCO_3)_2$	Fe_2O_3	2,228	34791
FeI_2	Fe	5,546	74396
FeO	Fe	1,287	10942
	Fe_2O_3	0,8998	95415
Fe_2O_3	Fe	1,430	15527
	FeO	1,111	04585
	$FePO_4$	0,5294	72376
FeS_2	Fe_2O_3	1,503	17682
$FeSO_4 \cdot 7\,H_2O$	Fe	4,979	69711
$Fe_2(SO_4)_3$	Fe	3,580	55393
	Fe_2O_3	2,504	39866
H	H_2O	0,1119	04885
HBO_2	B_2O_3	1,259	09994
H_3BO_3	B_2O_3	1,776	24944
HBr	AgBr	0,4309	63439
HCN	Ag	0,2505	39883
	AgCN	0,2018	30502
H_2CN_2	N	1,501	17627
$(H_2CN_2)_2$	N	1,501	17627
	$Ni(C_2H_5N_4O)_2$	1,6446	80930
HCO_3	CO_2	0,386	14191
$H_2C_2O_4$	CO_2	1,023	00984
	CaO	1,605	20561
$H_2C_4H_4O_6$	$CaC_4H_4O_6 \cdot 4\,H_2O$	1,5768	76101

"Factores" analíticos y estequiométricos

Buscado	Encontrado	Factor	lg
HCl	$AgCl$	0,2544	40552
	Cl	1,028	01218
$HClO_4$	$AgCl$	0,7009	84565
HF	CaF_2	0,5126	70974
	$CaSO_4$	0,2940	46829
	SiF_4	0,7692	88603
$H_3Fe(CN)_6$	$AgCN$	0,2676	42746
$H_4Fe(CN)_6$	$AgCN$	0,2688	42949
HI	AgI	0,5448	73627
	PdI_2	0,7097	85109
HNO_3	$C_{20}H_{16}N_4 \cdot HNO_3$	0,1679	22498
	NH_4Cl	1,178	07113
	$(NH_4)_2PtCl_6$ (empírico)	0,2828	45141
	NO	2,100	32221
	N_2O_5	1,167	06699
	Pt (empírico)	0,6423	80775
H_2O	CaO	0,3212	50684
	MgO	0,4468	65013
H_3PO_2	Hg_2Cl_2	0,06990	84445
	$Mg_2P_2O_7$	0,5930	77304
H_3PO_3	Hg_2Cl_2	0,1737	23975
	$Mg_2P_2O_7$	0,7367	86731
H_3PO_4	$Mg_2P_2O_7$	0,8805	94473
	P_2O_5	1,381	14009

con sus respectivos logaritmos

Buscado	Encontrado	Factor	lg
H_2S	$BaSO_4$	0,1460	16436
H_2SO_3	$BaSO_4$	0,3516	54610
H_2SO_4	$BaSO_4$	0,4202	62344
	HNO_3	0,7782	89110
H_2SiF_6	CaF_2	0,6151	78894
	$CaSO_4$	0,3528	54749
	K_2SiF_6	0,6542	81568
H_2SiO_3	SiO_2	1,300	11395
Hg	$Hg(C_7H_6O_2N)_2$[1]	0,4243	62762
	$Hg(C_{12}H_{10}ONS)_2$[2]	0,3168	50085
	Hg_2Cl_2	0,8498	92932
	$HgPy_2Cr_2O_7$[3]	0,3490	54281
	HgS	0,8622	93561
$HgCl_2$	HgS	1,167	06706
I	Ag	1,176	07059
	AgCl	0,8855	94717
	AgI	0,5405	73283
	PdI_2	0,7041	84765
	TlI	0,3831	58330
IO_3	AgI	0,7450	87214

[1]) Acido antranílico. [2]) Tionalida. [3]) Piridina.

"Factores" analíticos y estequiométricos

Buscado	Encontrado	Factor	lg
K	KCl	0,5244	71966
	$KClO_4$	0,2822	45052
	K_2O	0,8301	91915
	K_2PtCl_6 (empírico) ...	0,1603	20486
	K_2SO_4	0,4487	65199
	Pt (empírico)	0,3993	60133
	Pt (empírico[1])	0,3992	60119
KCN	HCN	2,409	38188
KCl	$KClO_4$	0,5381	73086
	K_2PtCl_6 (empírico) ...	0,3056	48515
	Pt (empírico)	0,7614	88162
	Pt (empírico[1])	0,7612	88148
$KHCO_3$	CO_2	2,274	35687
$KHC_4H_4O_6$	$CaC_4H_4O_6 \cdot 4\,H_2O$	0,7232	85923
$KMnO_4$	Mn	2,877	45893
	O_2	3,951	59668
KNO_3	N_2O_5	1,872	27231

[1]) En presencia de sulfato, según el método de Finkener.

con sus respectivos logaritmos

Buscado	Encontrado	Factor	lg
K_2O	KCl	0,6317	80051
	$KClO_4$	0,3399	53137
	K_2PtCl_6 (empírico)	0,1931	28570
	K_2SO_4	0,5406	73284
	Pt (empírico)	0,4810	68217
	Pt (empírico[1])	0,4809	68203
$K_2O \cdot Al_2O_3 \cdot 6\,SiO_2$	Al_2O_3	5,459	73712
	KCl	3,732	57196
	K_2O	5,908	77145
	K_2SO_4	3,194	50429
K_2SO_4	$BaSO_4$	0,7465	87303
La	La_2O_3	0,8527	93079

[1]) En presencia de sulfato, según el método de Finkener.

"Factores" analíticos y estequiométricos.

Buscado	Encontrado	Factor	lg
Li	LiCl	0,1637	21402
	Li_3PO_4	0,1798	25477
	Li_2SO_4	0,1263	10123
Li_2O	LiCl	0,3524	54701
	Li_3PO_4	0,3870	58776
	Li_2SO_4	0,2718	43422
Mg	MgO	0,6032	78044
	$Mg(Ox)_2$ (Oxina)	0,07780	89096
	$Mg(Ox)_2 \cdot 2\ H_2O$	0,06976	84358
	$Mg_2P_2O_7$	0,2185	33946
	$MgSO_4$	0,2020	30541
	$NH_4MgPO_4 \cdot 6\ H_2O$	0,09909	99602
$MgCO_3$	MgO	2,092	32046
	$Mg_2P_2O_7$	0,7577	87948
	$NH_4MgPO_4 \cdot 6\ H_2O$	0,3436	53604
$MgCl_2$	Cl	1,343	12804
	MgO	2,362	37325
	$Mg_2P_2O_7$	0,8556	93227

con sus respectivos logaritmos

Buscado	Encontrado	Factor	lg.
MgO	CO_2	0,9162	96197
	H_2O	2,238	34986
	Mg	1,658	21956
	$Mg_2P_2O_7$	0,3623	55902
	$MgSO_4$	0,3349	52497
	$NH_4MgPO_4 \cdot 6\ H_2O$	0,1643	21558
	N_2O_5	0,3733	57203
	P_2O_5	0,5680	75438
	SO_3	0,5036	70210
$Mg(OH)_2$	MgO	1,447	16045
$MgSO_4$	MgO	2,986	47503
	$Mg_2P_2O_7$	1,082	03405
	$NH_4MgPO_4 \cdot 6\ H_2O$	0,4905	69061
$MgSiO_4$	MgO	2,886	46036
Mn	Mn_3O_4	0,7203	85749
	$Mn_2P_2O_7$	0,3871	58780
	MnS	0,6315	80034
	$MnSO_4$	0,3638	56086
$MnCO_3$	Mn_3O_4	1,507	17815
MnO	Mn	1,291	11102
	Mn_3O_4	0,9301	96851
	MnS	0,8154	91136
MnO_2	Mn	1,583	19936

"Factores" analíticos y estequiométricos

Buscado	Encontrado	Factor	lg
Mo	MoO_3	0,6665	82383
	MoS_2	0,5994	77773
	$PbMoO_4$	0,2613	41719
MoO_4	MoO_3	1,111	04578
N	NH_4Cl	0,2619	41806
	$(NH_4)_2PtCl_6$ (empírico)	0,06286	79834
	Pt (empírico)	0,1428	15468
NH_3	NH_4	0,9441	97502
	NH_4Cl	0,3184	50294
	$(NH_4)_2PtCl_6$ (empírico)	0,07642	88320
	Pt (empírico)	0,1736	23954
NH_4	NH_3	1,059	02498
	NH_4Cl	0,3372	52792
	$(NH_4)_2PtCl_6$ (empírico)	0,08094	90817
	Pt (empírico)	0,1839	26451
NH_4Cl	$(NH_4)_2PtCl_6$ (empírico)	0,2400	38028
	Pt (empírico)	0,5453	73622

con sus respectivos logaritmos

Buscado	Encontrado	Factor	lg
NO_2	N_2O_3	1,210	08295
N_2O_3	NO_2	0,8261	91705
NO_3	$C_{20}H_{16}N_4 \cdot HNO_3$	0,1652	21798
	NH_4Cl	1,159	06413
	$(NH_4)_2PtCl_6$ (empírico)	0,2782	44441
	NO	2,066	31521
	N_2O_5	1,148	05999
	Pt (empírico)	0,6320	80075
N_2O_5	$C_{20}H_{16}N_4 \cdot HNO_3$	0,1439	15798
	KNO_3	0,5342	72769
	NH_4Cl	1,010	00414
	$(NH_4)_2PtCl_6$ (empírico)	0,2423	38442
	NO	1,800	25522
	NO_3	0,8710	94001
	Pt (empírico)	0,5505	74076

"Factores" analíticos y estequiométricos

Buscado	Encontrado	Factor	lg
Na	Cl	0,6486	81197
	NaCl	0,3934	59486
	$NaMg(UO_2)_3\cdot(C_2H_3O_2)_9\cdot 6H_2O$	0,01536	18645
	Na_2O	0,7419	87035
	Na_2SO_4	0,3238	51026
	$NaZn(UO_2)_3\cdot(C_2H_3O_2)_9\cdot 6H_2O$	0,01495	17469
NaBr	AgBr	0,5480	73878
Na_2CO_3	CO_2	2,409	38178
	$NaHCO_3$	0,6309	79994
	NaOH	1,325	12219
	Na_2SO_4	0,7463	59289
NaCl	AgCl	0,4078	61045
	Cl	1,649	21711
	$NaMg(UO_2)_3\cdot(C_2H_3O_2)_9\cdot 6H_2O$	0,03905	59159
	Na_2SO_4	0,8230	91540
	$NaZn(UO_2)_3\cdot(C_2H_3O_2)_9\cdot 6H_2O$	0,03800	57983

con sus respectivos logaritmos

Buscado	Encontrado	Factor	lg
$NaHCO_3$	CO_3	1,909	28081
	Na_2CO_3	1,585	20006
NaI	AgI	0,6385	80516
$NaNO_3$	N_2O_5	1,574	19698
Na_2O	N_2O_5	0,5739	75886
	NaCl	0,5303	72451
	$NaMg(UO_2)_3 \cdot (C_2H_3O_2)_9 \cdot 6H_2O$	0,02071	31610
	Na_2SO_4	0,4364	63991
	$NaZn(UO_2)_3 \cdot (C_2H_3O_2)_9 \cdot 6H_2O$	0,02015	30434
	SO_3	0,7743	88893
	SiO_2	1,032	01376
Na_3PO_4	PO_4	1,726	23713
	P_2O_5	2,310	36362
$Na_3PO_4 \cdot 12\,H_2O$	P_2O_5	5,356	72884
$Na_2SO_3 \cdot 7H_2O$	$BaSO_4$	1,080	03356
Na_2SO_4	$BaSO_4$	0,6086	78430
	SO_3	1,774	24902

"Factores" analíticos y estequiométricos

Buscado	Encontrado	Factor	lg
Ni	$Ni(C_2H_5N_4O)_2$ (Dic.)	0,2250	35212
	$NiC_4H_5O_4N_5$[1]	0,1990	29890
	$Ni(C_7H_6O_2N)_2$[2]	0,1773	24881
	$NiC_8H_{14}N_4O_4$ (Glin[a])	0,2032	30778
	NiO	0,7858	89530
	$Ni(Ox)_2 \cdot 2aq$ (Oxina)	0,1532	18533
	$Ni_2P_2O_7$	0,4029	60519
	$NiPy_4(CNS)_2$[3] ...	0,1195	07726
	$NiSO_4$	0,3793	57893
	O	3,668	56444
NiO	Ni	1,273	10470
$NiSO_4 \cdot 7\,H_2O$	NiO	3,760	57523
O	Cl	0,2256	35339
	H_2O	0,8881	94847
O_2	$KMnO_4$	0,2531	40332
OCH_3	AgI	0,1322	12114
O_2CH_5	AgI	0,1919	28310

[1]) Oxalendiuramidoxima. [2]) Acido antranílico. [3]) Piridina.

con sus respectivos logaritmos

Buscado	Encontrado	Factor	lg
P	$Mg_2P_2O_7$	0,2783	44458
	$(NH_4)_3PO_4 \cdot 12MoO_3$	0,01639[1])	21458
	$(NH_4)_3PO_4 \cdot 14MoO_3$	0,014525[2])	16212
	$P_2O_5 \cdot 24\ MoO_3$ ...	0,01723	23619
PO_2	Hg_2Cl_2	0,06670	82411
	$Mg_2P_2O_7$	0,5659	75270
PO_3	Hg_2Cl_2	0,1673	22346
	$Mg_2P_2O_7$	0,7096	85102
P_2O_5	CaO	0,8438	92624
	MgO	1,174	06953
	$Mg_2P_2O_7$	0,6377	80464
	$(NH_4)_3PO_4 \cdot 12MoO_3$	0,03755[1])	57464
	$(NH_4)_3PO_4 \cdot 14MoO_3$	0,03328[2])	52218
	Na_3PO_4	0,4329	63638
	PO_4.	0,7473	87351
	$P_2O_5 \cdot 24\ MoO_3$ ...	0,03947	59625
PO_4	$Mg_2P_2O_7$	0,8534	93113
	$(NH_4)_3PO_4 \cdot 12MoO_3$	0,05025[1])	70113
	$(NH_4)_3PO_4 \cdot 14MoO_3$	0,04453[2])	64867
	Na_3PO_4	0,5792	76287
	P_2O_5	1,338	12649
	$P_2O_5 \cdot 24\ MoO_3$	0,05281	72274

[1]) Empírico (según Finkener) [2]) Empírico (según v. Lorenz-Pregl)

"Factores" analíticos y estequiométricos

Buscado	Encontrado	Factor	lg
Pb	$Pb(C_7H_4NS_2)OH$[1]	0,5307	72484
	$Pb(C_7H_6O_2N)_2$[2]	0,4322	63566
	$Pb(C_{10}H_7O_5N_4)_2 \cdot 1{,}5\ H_2O$[3]	0,2724	43524
	$Pb(C_{12}H_{10}ONS)_2$[4]	0,3239	51040
	$PbCl_2$	0,7450	77218
	$PbCrO_4$	0,6411	70691
	PbO	0,9283	96770
	PbO_2	0,8662	93763
	PbS	0,8660	93752
	$PbSO_4$	0,6833	83458
$Pb(C_2H_5)_4$	$PbSO_4$	1,067	02798
$PbCrO_4$	Cr_2O_3	4,252	62863
	PbO	1,448	16079
PbO	$PbCl_2$	0,8026	90448
	$PbCrO_4$	0,6906	83921
	PbO_2	0,9331	96993
	PbS	0,9329	96982
	$PbSO_4$	0,7360	86688
PbS	$PbSO_4$	0,7890	89706
$PbSO_4$	PbO	1,359	13312
	$BaSO_4$	1,299	11369

[1]) Mercaptobenzotiazol. [2]) Acido antranílico.
[3]) Acido picrolónico. [4]) Tionalida.

con sus respectivos logaritmos

Buscado	Encontrado	Factor	lg
Pd	$Pd(CN)_2$	0,6723	82758
	$Pd(C_7H_6O_2N)_2$[1]	0,2815	44952
	$Pd[C_{10}H_6O(NO)]_2$[2]	0,2366	37398
	$Pd[C_{10}H_6O(NO_2)]_2$[3]	0,2209	34421
Pr	Pr_6O_{11} (empírico)	0,8277	91787
	Pr_2O_3	0,8545	93170
	$Pr_2(SO_4)_3$	0,4944	69411
Pt	$(NH_4)PtCl_6$ (empírico)	0,4402	64366
	PtS_2	0,7528	87666
Rb	Rb_2SO_4	0,6403	80635
S	$BaSO_4$	0,1373	13782
	CuO	0,4029	60521
S_2O_3	$BaSO_4$	0,2402	38051
SO_2	$BaSO_4$	0,2744	43845
SO_3	$BaSO_4$	0,3430	53528
	CaO	1,428	15461
	MgO	1,986	29790
	NH_3	2,350	37113
	SO_4	0,8335	92088
SO_4	$BaSO_4$	0,4115	61440
	SO_3	1,200	07912

[1]) Salicilaldoxima. [2]) α-Nitroso-β-naftol. [3]) α-Nitro-β-naftol.

"Factores" analíticos y estequiométricos

Buscado	Encontrado	Factor	lg
Sb	As	1,625	21096
	$SbC_6H_5O_4$[1])	0,4632	66577
	$Sb(C_{12}H_{10}ONS)_3$[2])	0,1580	19869
	Sb_2O_4	0,7919	89866
	Sb_2S_3	0,7169	85543
	Sb_2S_5	0,6030	78034
	Sb_2O_4 (empírico)	0,7922	89884
	Sb_2S_3 (empírico)	0,7173	85568
Sb_2O_3	Sb	1,197	07814
	Sb_2O_4	0,9480	97680
	Sb_2S_3	0,8582	93357
	Sb_2S_5	0,7219	85848
	Sb_2O_4 (empírico)	0,9484	97698
	Sb_2S_3 (empírico)	0,8587	93382
Sb_2O_5	Sb	1,329	12337
Sb_2S_3	Sb	1,395	14457
	Sb_2O_4	1,105	04323
	Sb_2O_4 (empírico)	1,105	04341
Sb_2S_5	Sb	1,658	21966

1) Pirogalol. 2) Tionalida.

con sus respectivos logaritmos

Buscado	Encontrado	Factor	lg
SeO_2	Se	1,405	14775
SeO_3	Se	1,608	20625
Si	SiO_2	0,4672	66950
SiF_6	CaF_2	0,6065	78281
	$CaSO_4$	0,3478	54136
	K_2SiF_6	0,6450	80955
SiO_3	SiO_2	1,266	10257
Si_2O_7	SiO_2	1,400	14600
SiO_4	SiO_2	1,533	18548
Sn	SnO_2	0,7877	89634
SnO_2	Sn	1,270	10366

"Factores" analíticos y estequiométricos

Buscado	Encontrado	Factor	lg
Sr	$SrCO_3$	0,5935	77344
	$SrC_2O_4 \cdot H_2O$	0,4525	65559
	SrO	0,8456	92716
	$SrSO_4$	0,4770	67856
$SrCO_3$	$Sr(NO_3)_2$	0,6976	84359
	$Sr(OH)_2 \cdot 8\ H_2O$ ..	0,5555	74469
	SrS	1,234	09115
	SrS_2O_3	0,7391	86872
$Sr(OH)_2 \cdot 8H_2O$	$Sr(NO_3)_2$	1,256	09890
	$Sr(SH)_2$	1,728	23765
	SrS_2O_3	1,331	12403
$SrSO_4$	$BaSO_4$	0,7870	89595
TeO_2	Te	1,251	09718
TeO_3	Te	1,376	13867

con sus respectivos logaritmos

Buscado	Encontrado	Factor	lg
Th	$Th(C_{10}H_7O_5N_4)_4 \cdot H_2O$[1])	0,1782	25081
	$Th(NO_3)_4 \cdot 4\,H_2O$	0,4203	62359
	ThO_2	0,8788	94391
	$Th(Ox)_4$ (Oxina)	0,2870	45792
Ti	TiO_2	0,5995	77779
	$TiO(Ox)_2$ (Oxina)	0,1360	13356
	$Ti_3(PO_4)_4$	0,2744	43844
Tl	$TlC_7H_4NS_2$[2])	0,5515	74153
	$TlC_{12}H_{10}ONS$[3]) ..	0,4859	68653
	TlI	0,6169	79023
U	$Na_2U_2O_7$	0,7509	87556
	UO_2	0,8815	94524
	U_3O_8	0,8480	92840
	$UO_2(Ox)_2 \cdot (OxH)$[4])	0,3384	52944
	$(UO_2)_2P_2O_7$	0,6668	82398

[1]) Acido picrolónico. [2]) Mercaptobenzotiazol. [3]) Tionalida [4]) Oxina.

"Factores" analíticos y estequiométricos

Buscado	Encontrado	Factor	lg
V	$AgVO_3$	0,2463	39153
	Ag_3VO_4	0,1162	06508
	$Pb_2V_2O_7$	0,1622	20999
	V_2O_5	0,5602	74834
W	WO_3	0,7930	89929
Y	Y_2O_3	0,7875	89623
Zn	$Zn(C_7H_6O_2N)_2$ [1]	0,1936	28700
	$Zn(C_{10}H_6O_2N)_2 \cdot H_2O$ [2]	0,1529	18429
	$ZnNH_4PO_4$	0,3665	56405
	ZnO	0,8034	90492
	$Zn(Ox)_2$ [3]	0,1849	26684
	$Zn_2P_2O_7$	0,4291	63257
	$ZnPy_2(CNS)_2$ [4]	0,1924	28430
	ZnS	0,6710	82670
	$ZnSO_4$	0,4050	60743

[1]) Acido antranílico. [2]) Acido quinaldínico [3]) Oxina. [4]) Piridina.

con sus respectivos logaritmos

Buscado	Encontrado	Factor	lg
$ZnCO_3$	ZnO	1,541	18775
$ZnCl_2$	AgCl	0,4754	67707
	Cl	1,922	28373
	Zn	2,085	31902
	$ZnNH_4PO_4$	0,7640	88307
	ZnO	1,675	22394
ZnO	Zn	1,245	09508
	$Zn_2P_2O_7$	0,5341	72765
	ZnS	0,8352	92178
	$ZnSO_4$	0,5041	70251
ZnS	ZnO	1,197	07822
	$Zn_2P_2O_7$	0,6395	80587
	$BaSO_4$	0,4174	62060
$ZnSO_4$	ZnO	1,984	29749
$ZnSO_4 \cdot 7\ H_2O$	ZnO	3,533	54819
	ZnS	2,951	46997
Zr	ZrO_2	0,7403	86941
	ZrP_2O_7	0,3439	53655

Tabla VI

Cálculo de análisis "indirectos"

Parte de la mezcla g: x	y	Producto de transformación pesado g'	Tanto por ciento de la parte y en la mezcla $= a + b \cdot (g' : g)$: a	b	lg b
KCl	NaCl	AgCl	$-$ 362,91	$+$ 188,78	27595
		K_2SO_4; Na_2SO_4	$-$ 2517,6	$+$ 2154,3	33331
KCl	KBr	KCl	$+$ 267,71	$-$ 267,71	42766
		K_2SO_4	$+$ 267,71	$-$ 229,07	35998
		AgCl; AgBr	$+$ 557,94	$-$ 290,23	46274
		AgCl	$+$ 267,71	$-$ 139,25	14381
KCl	KI	KCl	$+$ 181,51	$-$ 181,51	25891
		K_2SO_4	$+$ 181,51	$-$ 155,32	19123
		AgCl; AgI	$+$ 378,31	$-$ 196,79	29400
		AgCl	$+$ 181,51	$-$ 94,42	97506
KBr	KI	KCl	$+$ 353,17	$-$ 563,75	75109
		K_2SO_4	$+$ 353,17	$-$ 482,40	68341
		AgBr; AgI	$+$ 964,51	$-$ 611,28	78624
		AgCl	$+$ 353,17	$-$ 293,25	46724
K_2SO_4	Na_2SO_4	$BaSO_4$	$-$ 440,88	$+$ 329,16	51740
$CaCO_3$	$SrCO_3$	CO_2	$+$ 310,51	$-$ 706,17	84891
		$CaSO_4$; $SrSO_4$	$+$ 1172,6	$-$ 862,06	93554
AgCl	AgBr	AgCl	$+$ 422,39	$-$ 422,39	62571
		Ag	$+$ 422,39	$-$ 561,21	74913
AgCl	AgI	AgCl	$+$ 256,70	$-$ 256,70	40942
		Ag	$+$ 256,70	$-$ 341,07	53284
AgBr	AgI	AgCl	$+$ 499,46	$-$ 654,38	81583
		Ag	$+$ 499,46	$-$ 860,46	93925

Determinación de halógenos en combinaciones o mezclas con varios halógenos

1. Cloro y Bromo

Si g gramos de substancia dieron h gramos de mezcla de halogenuros de plata y al tratar ésta con cloro se convirtió en c gramos de cloruro de plata, contenía la substancia:

$$\text{Bromo}^{1)} = \frac{\text{Br}}{\text{Br}-\text{Cl}} \cdot (h - c) = 1{,}7975 \cdot (h - c) \text{ g.}$$

$$\text{Plata} = \frac{\text{Ag}}{\text{AgCl}} \cdot c = 0{,}75263 \cdot c \text{ g.}$$

[1]) Br indica el peso atómico del bromo; (Br—Cl) la diferencia entre ambos pesos atómicos, etc.

Cálculo de análisis "indirectos"

$$\text{Cloro} = h - \frac{\text{Ag}}{\text{AgCl}} \cdot c \quad \frac{\text{Br}}{\text{Br'} - \text{Cl}} \cdot (h - c)$$

$$= h - 0{,}75263 \cdot c - 1{,}7975 \cdot (h - c)$$

$$= 1{,}0449 \cdot c - 0{,}7975 \cdot h \text{ g.}$$

$$\text{Bromo } \% = 179{,}75 \cdot \frac{h - c}{g} \qquad \lg 179{,}75 = 25\,467$$

$$\text{Cloro } \% = \frac{100}{g} \cdot (1{,}0449\, c - 07975\, h)$$

$$\lg 1{,}0449 = 01\,907 \qquad \lg 0{,}7975 = 90173$$

2. Cloro y Yodo

Análogamente se obtiene

$$\text{Yodo } \% = 138{,}76 \cdot \frac{h - c}{g} \qquad \lg 138{,}76 = 14\,228$$

$$\text{Cloro } \% = \frac{100}{g} \cdot (0{,}6350\, c - 0{,}3876\, h)$$

$$\lg 0{,}6350 = 80\,277 \qquad \lg 0{,}3876 = 58\,838$$

3. Dos halógenos en cuerpos orgánicos

Si M es el peso molecular de una substancia orgánica que contiene β átomos de Cl y fija (por adición o substitución) α átomos de bromo al bromar, y si S gramos de dicha substancia dan H gramos de halogenuro de plata, el número buscado es [1]:

$$\alpha = \frac{M\ H - 143{,}5\,\beta \cdot S}{188\,S - 80\,H}$$

Análogamente, para

Cloruro yodado $\alpha = \dfrac{M \cdot H - 143{,}5\,\beta\ S}{235\,S - 127\,H}$,

Bromuro clorado $\alpha = \dfrac{M \cdot H - 188\,\beta \cdot S}{143{,}5\,S - 35{,}5\,H}$,

Bromuro yodado $\alpha = \dfrac{M \cdot H - 188\,\beta \cdot S}{235\,S - 127\,H}$,

Yoduro clorado $\alpha = \dfrac{M \cdot H - 235\,\beta \cdot S}{143{,}5\,S - 35{,}5\,H}$,

Yoduro bromado $\alpha = \dfrac{M \cdot H - 235\,\beta \cdot S}{188\,S - 80\,H}$.

---

[1]) Comunicación del doctor A. Klages.

TABLA VI a

Análisis crioscópico, según Ibing-Ebert

Si se tiene una mezcla de substancias de distinto peso molecular disuelta en una substancia "extraña" a la mezcla, por crioscopia se encuentra para el "peso molecular" de la mezcla un valor promedio (M_r) que puede deducirse de los pesos moleculares de las substancias mezcladas y de la composición centesimal de la mezcla en sus diversos componentes (primer caso).

Pero si como disolvente se emplea una substancia que "ya se encuentra" en la mezcla, entonces la parte alícuota de esta substancia en la mezcla no produce, como es natural, ningún descenso del punto de congelación y el "peso molecular" de la mezcla analizada (M_f) resulta demasiado grande y, por tanto, falso (segundo caso).

La diferencia entre M_r y M_f puede utilizarse para determinar en el segundo caso la cantidad (x_l) de substancia empleada como disolvente (resultado: M_f) que existe en la mezcla. Para ello sirve la siguiente igualdad:

$$x_l = \frac{L \cdot M_l \cdot (M_f - M_r)}{M_r \cdot (M_l \cdot G + M_f \cdot L)}$$

que en la práctica para la mayor parte de casos puede simplificarse como sigue:

$$x_l = \frac{M_l}{M_r} - \frac{M_l}{M_f}.$$

En estas fórmulas, G es el número empleado de gramos de mezcla de substancias [1]), L es el número de gramos de disolvente (y, por tanto, de substancia cuya cantidad ha de determinarse en la mezcla); M_l es su peso molecular; x_l es la cantidad de la misma en gramos, contenida en G gramos de mezcla (y, por tanto, $\frac{x_l}{G} \cdot 100 = \%$), y M_r y M_f son respectivamente los pesos moleculares promedios, determinados como se ha dicho antes.

EJEMPLO

Si se tiene una mezcla de hidrocarburos en la que se desea conocer su concentración en benzol. La determinación del peso molecular en el bromuro de etileno ha dado el siguiente resultado:

---

[1]) En la tabla XI está indicado por S; aquí hemos adoptado la designación utilizada en los trabajos originales con objeto de facilitar la orientación.

Análisis crioscópico, según Ibing-Ebert

0,5 gramos de mezcla en 100 gramos de disolvente han producido un descenso del punto de congelación (Δt) de 1,250°. Según la página 121 se tiene

$$M_r = 12500 \cdot \frac{0,5}{100} \cdot \frac{1}{1,250} = 50,0 .$$

Por otra parte, al disolver 1 gramo de mezcla en 100 gramos de benzol, se ha encontrado un descenso del punto de congelación de 0,927°. Por tanto, se tiene:

$$M_f = 5100 \cdot \frac{1}{100} \cdot \frac{1}{0,927} = 55,0 .$$

Con estos resultados se calcula el porcentaje de benzol buscado:

$$\text{Benzol } \% = \frac{100 \cdot x_1}{1} = 100 \, \frac{100 \cdot 78,1 \cdot (55,0 - 50,0)}{50,0 \cdot (78,1 \cdot 1 + 55,0 \cdot 100)}$$

$$= 100 \cdot \frac{7810 \cdot 5,0}{50,0 \cdot 5578,1} = 14,0 \, \% .$$

La fórmula simplificada nos da:

$$\text{Benzol } \% = \left(\frac{78,1}{50,0} - \frac{78,1}{55,0} \right) 100 = 14,2 \, \%$$

Determinación volumétrica del nitrógeno

La densidad normal del nitrógeno (a 0° C. y 760 Torr) es $\varrho_N = 0{,}0012505$ gml⁻¹

p_w	t	670	671	672	673	674
7,5	7	03 133	03 198	03 263	03 328	03 392
8,0	8	02 978	03 043	03 108	03 173	03 237
8,6	9	02 823	02 888	02 953	03 018	03 082
9,2	10	02 669	02 734	02 799	02 864	02 928
9,8	11	02 516	02 581	02 646	02 711	02 775
10,5	12	02 363	02 428	02 493	02 558	02 622
11,2	13	02 211	02 276	02 341	02 406	02 470
12,0	14	02 059	02 124	02 189	02 254	02 318
12,8	15	01 907	01 972	02 037	02 102	02 166
13,6	16	01 756	01 821	01 886	01 951	02 015
14,5	17	01 606	01 671	01 736	01 801	01 865
15,5	18	01 456	01 521	01 586	01 651	01 715
16,5	19	01 307	01 372	01 437	01 502	01 566
17,5	20	01 158	01 223	01 288	01 353	01 417
18,7	21	01 010	01 075	01 140	01 205	01 269
19,8	22	00 862	00 927	00 992	01 057	01 121
21,1	23	00 715	00 780	00 845	00 910	00 974
22,4	24	00 569	00 634	00 699	00 764	00 828
23,8	25	00 423	00 488	00 553	00 618	00 682
25,2	26	00 277	00 342	00 407	00 472	00 536
26,7	27	00 132	00 197	00 262	00 327	00 391
28,3	28	99 987	00 052	00 117	00 182	00 246
30,0	29	99 843	99 908	99 973	00 038	00 102
31,8	30	99 699	99 764	99 829	99 894	99 958
33,7	31	99 556	99 621	99 686	99 751	99 815
35,7	32	99 413	99 478	99 543	99 608	99 672
37,7	33	99 270	99 335	99 400	99 465	99 529
39,9	34	99 128	99 193	99 258	99 323	99 387
42,2	35	98 987	99 052	99 117	99 182	99 246

p_w | t | 670 | 671 | 672 | 673 | 674

← p

→

	65	64
1	6,5	6,4
2	13,0	12,8
3	19,5	19,2
4	26,0	25,6
5	32,5	32,0
6	39,0	38,4
7	45,5	44,8
8	52,0	51,2
9	58,5	57,6
	153	**152**
1	15,3	15,2
2	30,6	30,4
3	45,9	45,6 ↑
4	61,2	60,8
5	76,5	76,0
6	91,8	91,2
7	107,1	106,4
8	122,4	121,6
9	137,7	136,8
	149	**148**
1	14,9	14,8
2	29,8	29,6
3	44,7	44,4 ↑
4	59,6	59,2
5	74,5	74,0
6	89,4	88,8
7	104,3	103,6
8	119,2	118,4
9	134,1	133,2
	145	**144**
1	14,5	14,4
2	29,0	28,8
3	43,5	43,2 ↑
4	58,0	57,6
5	72,5	72,0
6	87,0	86,4
7	101,5	100,8
8	116,0	115,2
9	130,5	129,6

← p

y otros gases. — Tabla de reducción de gases

La tabla VII contiene las mantisas de los logaritmos decimales de las densidades a t° y *p* Torr

p →	675	676	677	678	679	t	p_w
	03 456	03 521	03 585	03 649	03 713	7	7,5
	03 301	03 366	03 430	03 494	03 558	8	8,0
	03 146	03 211	03 275	03 339	03 403	9	8,6
	02 992	03 057	03 121	03 185	03 249	10	9,2
	02 839	02 904	02 968	03 032	03 096	11	9,8
	02 686	02 751	02 815	02 879	02 943	12	10,5
	02 534	02 599	02 663	02 727	02 791	13	11,2
	02 382	02 447	02 511	02 575	02 639	14	12,0
	02 230	02 295	02 359	02 423	02 487	15	12,8
	02 079	02 144	02 208	02 272	02 336	16	13,6
	01 929	01 994	02 058	02 122	02 186	17	14,5
	01 779	01 844	01 908	01 972	02 036	18	15,5
	01 630	01 695	01 759	01 823	01 887	19	16,5
	01 481	01 546	01 610	01 674	01 738	20	17,5
	01 333	01 398	01 462	01 526	01 590	21	18,7
	01 185	01 250	01 314	01 378	01 442	22	19,8
	01 038	01 103	01 167	01 231	01 295	23	21,1
	00 892	00 957	01 021	01 085	01 149	24	22,4
	00 746	00 811	00 875	00 939	01 003	25	23,8
	00 600	00 665	00 729	00 793	00 857	26	25,2
	00 455	00 520	00 584	00 648	00 712	27	26,7
	00 310	00 375	00 439	00 503	00 567	28	28,3
	00 166	00 231	00 295	00 359	00 423	29	30,0
	00 022	00 087	00 151	00 215	00 279	30	31,8
	99 879	99 944	00 008	00 072	00 136	31	33,7
	99 736	99 801	99 865	99 929	99 993	32	35,7
	99 593	99 658	99 722	99 786	99 850	33	37,7
	99 451	99 516	99 580	99 644	99 708	34	39,9
	99 310	99 375	99 439	99 503	99 567	35	42,2
p →	675	676	677	678	679	t	p_w

↑	155	154	151	150	147	146	143	142
1	15,5	15,4	15,1	15,0	14,7	14,6	14,3	14,2
2	31,0	30,8	30,2	30,0	29,4	29,2	28,6	28,4
3	46,5	46,2	45,3	45,0	44,1	43,8	42,9	42,6
4	62,0	61,6	60,4	60,0	58,8	58,4	57,2	56,8
5	77,5	77,0	75,5	75,0	73,5	73,0	71,5	71,0
6	93,0	92,4	90,6	90,0	88,2	87,6	85,8	85,2
7	108,5	107,8	105,7	105,0	102,9	102,2	100,1	99,4
8	124,0	123,2	120,8	120,0	117,6	116,8	114,4	113,6
9	139,5	138,6	135,9	135,0	132,3	131,4	128,7	127,8

N_2

Determinación volumétrica del nitrógeno

La densidad normal del nitrógeno (a 0° C. y 760 Torr) es $\varrho_N = 0{,}0012503$ gml⁻¹

p_w	t	680	681	682	683	684
7,5	7	03 777	03 841	03 904	03 968	04 032
8,0	8	03 622	03 686	03 749	03 813	03 877
8,6	9	03 467	03 531	03 594	03 658	03 722
9,2	10	03 313	03 377	03 440	03 504	03 568
9,8	11	03 160	03 224	03 287	03 351	03 415
10,5	12	03 007	03 071	03 134	03 198	03 262
11,2	13	02 855	02 919	02 982	03 046	03 110
12,0	14	02 703	02 767	02 830	02 894	02 958
12,8	15	02 551	02 615	02 678	02 742	02 806
13,6	16	02 400	02 464	02 527	02 591	02 655
14,5	17	02 250	02 314	02 377	02 441	02 505
15,5	18	02 100	02 164	02 227	02 291	02 355
16,5	19	01 951	02 015	02 078	02 142	02 206
17,5	20	01 802	01 866	01 929	01 993	02 057
18,7	21	01 654	01 718	01 781	01 845	01 909
19,8	22	01 506	01 570	01 633	01 697	01 761
21,1	23	01 359	01 423	01 486	01 550	01 614
22,4	24	01 213	01 277	01 340	01 404	01 468
23,8	25	01 067	01 131	01 191	01 258	01 322
25,2	26	00 921	00 985	01 048	01 112	01 176
26,7	27	00 776	00 840	00 903	00 967	01 031
28,3	28	00 631	00 695	00 758	00 822	00 886
30,0	29	00 487	00 551	00 614	00 678	00 742
31,8	30	00 343	00 407	00 470	00 534	00 598
33,7	31	00 200	00 264	00 327	00 391	00 455
35,7	32	00 057	00 121	00 184	00 248	00 312
37,7	33	99 914	99 978	00 041	00 105	00 169
39,9	34	99 772	99 836	99 899	99 963	00 027
42,2	35	99 631	99 695	99 758	99 822	99 886
p_w	t	680	681	682	683	684

← p

→

	64	63
1	6,4	6,3
2	12,8	12,6
3	19,2	18,9
4	25,6	25,2
5	32,0	31,5
6	38,4	37,8
7	44,8	44,1
8	51,2	50,4
9	57,6	56,7

↑

	153	152
1	15,3	15,2
2	30,6	30,4
3	45,9	45,6
4	61,2	60,8
5	76,5	76,0
6	91,8	91,2
7	107,1	106,4
8	122,4	121,6
9	137,7	136,8

↑

	149	148
1	14,9	14,8
2	29,8	29,6
3	44,7	44,4
4	59,6	59,2
5	74,5	74,0
6	89,4	88,8
7	104,3	103,6
8	119,2	118,4
9	134,1	133,2

↑

	145	144
1	14,5	14,4
2	29,0	28,8
3	43,5	43,2
4	58,0	57,6
5	72,5	72,0
6	87,0	86,4
7	101,5	100,8
8	116,0	115,2
9	130,5	129,6

← p

y otros gases. — Tabla de reducción de gases

La tabla VII contiene las mantisas de los logaritmos decimales de las densidades a t° y p Torr

p →	685	686	687	688	689	t	Pw
	04 095	04 158	04 222	04 285	04 348	7	7,5
	03 940	04 003	04 067	04 130	04 193	8	8,0
	03 785	03 848	03 912	04 975	04 038	9	8,6
	03 631	03 694	03 758	03 821	03 884	10	9,2
	03 478	03 541	03 605	03 668	03 731	11	9,8
	03 325	03 388	03 452	03 515	03 578	12	10,5
	03 173	03 236	03 300	03 363	03 426	13	11,2
	03 021	03 084	03 148	03 211	03 274	14	12,0
	02 869	02 932	02 996	03 059	03 122	15	12,8
	02 718	02 781	02 845	02 908	02 971	16	13,6
	02 568	02 631	02 695	02 758	02 821	17	14,5
	02 418	02 481	02 545	02 608	02 671	18	15,5
	02 269	02 322	02 396	02 459	02 522	19	16,5
	02 120	02 183	02 247	02 310	02 373	20	17,5
	01 972	02 035	02 099	02 162	02 225	21	18,7
	01 824	01 887	01 951	02 014	02 077	22	19,8
	01 677	01 740	01 804	01 867	01 930	23	21,1
	01 531	01 594	01 658	01 721	01 784	24	22,4
	01 385	01 448	01 512	01 575	01 638	25	23,8
	01 239	01 302	01 366	01 429	01 492	26	25,2
	01 094	01 157	01 221	01 284	01 347	27	26,7
	00 949	01 012	01 076	01 139	01 202	28	28,3
	00 805	00 868	00 932	00 995	01 058	29	30,0
	00 661	00 724	00 788	00 851	01 914	30	31,8
	00 518	00 581	00 645	00 708	00 771	31	33,7
	00 375	00 438	00 502	00 565	00 628	32	35,7
	00 232	00 295	00 359	00 422	00 485	33	37,7
	00 090	00 153	00 217	00 280	00 343	34	39,9
	99 949	00 012	00 076	00 139	00 202	35	42,2
p →	685	686	687	688	689	t	Pw

↑	155	154	151	150	147	146	143	142
1	15,5	15,4	15,1	15,0	14,7	14,6	14,3	14,2
2	31,0	30,8	30,2	30,0	29,4	29,2	28,6	28,4
3	46,5	46,2	45,3	45,0	44,1	43,8	42,9	42,6
4	62,0	61,6	60,4	60,0	58,8	58,4	57.2	56,8
5	77,5	77,0	75,5	75,0	73,5	73,0	71,5	71,0
6	93,0	92,4	90,6	90,0	88,2	87,6	85,8	85,2
7	108,5	107,8	105,7	105,0	102,9	102,2	100,1	99,4
8	124,0	123,2	120,8	120,0	117,6	116,8	114,4	113,6
9	139,5	138,6	135,9	135,0	132,3	131,4	128,7	127,8

Determinación volumétrica del nitrógeno

La densidad normal del nitrógeno (a 0° C. y 760 Torr) es $\varrho_N = 0{,}0012505$ gml^{-1}

Pw	t	690	691	692	693	694
7,5	7	04 410	04 473	04 536	04 599	04 661
8,0	8	04 255	04 318	04 381	04 444	04 506
8,6	9	04 100	04 163	04 226	04 289	04 351
9,2	10	03 946	04 009	04 072	04 135	04 197
9,8	11	03 793	03 856	03 919	03 982	04 044
10,5	12	03 640	03 703	03 766	03 829	03 891
11,2	13	03 488	03 551	03 614	03 677	03 739
12,0	14	03 336	03 399	03 462	03 525	03 587
12,8	15	03 184	o5 247	03 310	03 373	03 435
13,6	16	03 033	03 096	03 159	03 222	03 284
14,5	17	02 883	02 946	03 009	03 072	03 134
15,5	18	02 733	02 796	02 859	02 922	02 984
16,5	19	02 584	02 647	02 710	02 773	02 835
17,5	20	02 435	02 498	02 561	02 624	02 686
18,7	21	02 287	02 350	02 413	02 476	02 538
19,8	22	02 139	02 202	02 265	02 328	02 390
21,1	23	01 992	02 055	02 118	02 181	02 243
22,4	24	01 846	01 909	01 972	02 035	02 097
23,8	25	01 700	01 763	01 826	01 889	01 951
25,2	26	01 554	01 617	01 680	01 743	01 805
26,7	27	01 409	01 472	01 535	01 598	01 660
28,3	28	01 264	01 327	01 390	01 453	01 515
30,0	29	01 120	01 183	01 246	01 309	01 371
31,8	30	00 976	01 039	01 102	01 165	01 227
33,7	31	00 33	00 896	00 959	01 022	01 084
35,7	32	00 690	00 753	00 816	00 879	00 941
37,7	33	00 547	00 610	00 673	00 736	00 798
39,9	34	00 405	00 468	00 531	00 594	00 656
42,2	35	00 264	00 327	00 390	00 453	00 515
Pw	t	690	691	692	693	694

← p	63	62	153	152	149	148	145	144
1	6,3	6,2	15,3	15,2	14,9	14,8	14,5	14,4
2	12,6	12,4	30,6	30,4	29,8	29,6	29,0	28,8
3	18,9	18,6	45,9	45,6	44,7	44,4	43,5	43,2
4	25,2	24,8	61,2	60,8	59,6	59,2	58,0	57,6
5	31,5	31,0	76,5	76,0	74,5	74,0	72,5	72,0
6	37,8	37,2	91,8	91,2	89,4	88,8	87,0	86,4
7	44,1	43,4	107,1	106,4	104,3	103,6	101,5	100,8
8	50,4	49,6	122,4	121,6	119,2	118,4	116,0	115,2
9	56,7	55,8	137,7	136,8	134,1	133,2	130,5	129,6

y otros gases. — Tabla de reducción de gases

La tabla VII contiene las mantisas de los logaritmos decimales de las densidades a t° y p Torr

p →	695	696	697	698	699	t	pw
	04 724	04 786	04 849	04 911	04 973	7	7,5
	04 569	04 631	04 694	04 756	04 818	8	8,0
	04 414	04 476	04 539	04 601	04 663	9	8,6
	04 260	04 322	04 385	04 447	04 509	10	9,2
	04 107	04 169	04 232	04 294	04 356	11	9,8
	03 954	04 016	04 079	04 141	04 203	12	10,5
	03 802	03 864	03 927	03 989	04 051	13	11,2
	03 650	03 712	03 775	03 837	03 899	14	12,0
	03 498	03 560	03 623	03 685	03 747	15	12,8
	03 347	03 409	03 472	03 534	03 596	16	13,6
	03 197	03 259	03 322	03 384	03 446	17	14,5
	03 047	03 109	03 172	03 234	03 296	18	15,5
	02 898	02 960	03 023	03 085	03 147	19	16,5
	02 749	02 811	03 874	02 936	02 998	20	17,5
	02 601	02 663	02 726	02 788	02 850	21	18,7
	02 453	02 515	02 578	02 640	02 702	22	19,8
	02 306	02 368	02 431	02 493	02 555	23	21,1
	02 160	02 222	02 285	02 347	02 409	24	22,4
	62 014	02 076	02 139	02 201	02 263	25	23,8
	01 868	01 930	01 993	02 055	02 117	26	25,2
	01 723	01 785	01 848	01 910	01 972	27	26,7
	01 578	01 640	01 703	01 765	01 827	28	28,3
	01 434	01 496	01 559	01 621	01 683	29	30,0
	01 290	01 352	01 415	01 477	01 539	30	31,8
	01 147	01 209	01 272	01 334	01 396	31	33,7
	01 004	01 066	01 129	01 191	01 253	32	35,7
	00 861	00 923	00 986	01 048	01 110	33	37,7
	00 719	00 781	00 844	00 906	00 968	34	39,9
	00 578	00 640	00 703	00 765	00 827	35	42,2
p →	695	696	697	698	699	t	pw

↑	155	154	151	150	147	146	143	142
1	15,5	15,4	15,1	15,0	14,7	14,6	14,3	14,2
2	31,0	30,8	30,2	30,0	29,4	29,2	28,6	28,4
3	46,5	46,2	45,3	45,0	44,1	43,8	42,9	42,6
4	62,0	61,6	60,4	60,0	58,8	58,4	57,2	56,8
5	77,5	77,0	75,5	75,0	73,5	73,0	71,5	71,0
6	93,0	92,4	90,6	90,0	88,2	87,6	85,8	85,2
7	108,5	107,8	105,7	105,0	102,9	102,2	100,1	99,4
8	124,0	123,2	120,8	120,0	117,6	116,8	114,4	113,6
9	139,5	138,6	135,9	135,0	132,3	131,4	128,7	127,8

Determinación volumétrica del nitrógeno

La densidad normal del nitrógeno (a 0° C. y 760 Torr) es $\varrho_N = 0{,}0012505$ gml⁻¹

p_w	t	700	701	702	703	704
7,5	7	05 035	05 097	05 159	05 221	05 283
8,0	8	04 880	04 942	05 004	05 066	05 128
8,6	9	04 725	04 787	04 849	04 911	04 973
9,2	10	04 571	04 633	04 695	04 757	04 819
9,8	11	04 418	04 480	04 542	04 604	04 666
10,5	12	04 265	04 327	04 389	04 451	04 513
11,2	13	04 113	04 175	04 237	04 299	04 361
12,0	14	03 961	04 023	04 085	04 147	04 209
12,8	15	03 809	03 871	03 933	03 995	04 057
13,6	16	03 658	03 720	03 782	03 844	03 906
14,5	17	03 508	03 570	03 632	03 694	03 756
15,5	18	03 358	03 420	03 482	03 544	03 606
16,5	19	03 209	03 271	03 333	03 395	03 457
17,5	0	03 060	03 122	03 184	03 246	03 308
18,7	2	02 912	02 974	03 036	03 098	03 160
19,8	22	02 764	02 826	02 888	02 950	03 012
21,1	23	02 617	02 679	02 741	02 803	02 865
22,4	24	02 471	02 533	02 595	02 657	02 719
23,8	25	02 325	02 387	02 449	02 511	02 573
25,2	26	02 179	02 241	02 303	02 365	02 427
26,7	27	02 034	02 096	02 158	02 220	02 282
28,3	28	01 889	01 951	02 013	02 075	02 137
30,0	29	01 745	01 807	01 869	01 931	01 993
31,8	30	01 601	01 663	01 725	01 787	01 849
33,7	31	01 458	01 520	01 582	01 644	01 706
35,7	32	01 315	01 377	01 439	01 501	01 563
37,7	33	01 172	01 234	01 296	01 358	01 420
39,9	34	01 030	01 092	01 154	01 216	01 278
42,2	35	00 889	00 951	01 013	01 075	01 137
p_w	t	700	701	702	703	704

← p

	62	61
1	6,2	6,1
2	12,4	12,2
3	18,6	18,3
4	24,8	24,4
5	31,0	30,5
6	37,2	36,6
7	43,4	42,7
8	49,6	48,8
9	55,8	54,9
	153	152
1	15,3	15,2
2	30,6	30,4
3	45,9	45,6
4	61,2	60,8
5	76,5	76,0
6	91,8	91,2
7	107,1	106,4
8	122,4	121,6
9	137,7	136,8
	149	148
1	14,9	14,8
2	29,8	29,6
3	44,7	44,4
4	59,6	59,2
5	74,5	74,0
6	89,4	88,8
7	104,3	103,6
8	119,2	118,4
9	134,1	133,4
	145	144
1	14,5	14,4
2	29,0	28,8
3	43,5	43,2
4	58,0	57,6
5	72,5	72,0
6	87,0	86,4
7	101,5	100,8
8	116,0	115,2
9	130,5	129,6

← p

y otros gases. — Tabla de reducción de gases

La tabla VII contiene las mantisas de los logaritmos decimales de las densidades a t.° y *p* Torr

p →	705	706	707	708	709	*t*	*Pw*
	05 344	05 406	05 467	05 529	05 590	7	7,5
	05 189	05 251	05 312	05 374	05 435	8	8,0
	05 034	05 096	05 157	05 219	05 280	9	8,6
	04 880	04 942	05 003	05 065	05 126	10	9,2
	04 727	04 789	04 850	04 912	04 973	11	9,8
	04 574	04 636	04 697	04 759	04 820	12	10,5
	04 422	04 484	04 545	04 607	04 668	13	11,2
	04 270	04 332	04 393	04 455	04 516	14	12,0
	04 118	04 180	04 241	04 303	04 364	15	12,8
	03 967	04 029	04 090	04 152	04 213	16	13,6
	03 817	03 879	03 940	04 002	04 063	17	14,5
	03 667	03 729	03 790	03 852	03 913	18	15,5
	03 518	03 580	03 641	03 703	03 764	19	16,5
	03 369	03 431	03 492	03 554	03 615	20	17,5
	03 221	03 283	03 344	03 406	03 467	21	18,7
	03 073	03 135	03 196	03 258	03 319	22	19,8
	02 926	02 988	03 049	03 111	03 172	23	21,1
	02 780	02 842	02 903	02 965	03 026	24	22,4
	02 634	02 696	02 757	02 819	02 880	25	23,8
	02 488	02 550	02 611	02 673	02 734	26	25,2
	02 343	02 405	02 466	02 528	02 589	27	26,7
	02 198	02 260	02 321	02 383	02 444	28	28,3
	02 054	02 116	02 177	02 239	02 300	29	30,0
	01 910	01 972	02 033	02 095	02 156	30	31,8
	01 767	01 829	01 890	01 952	02 013	31	33,7
	01 624	01 686	01 747	01 809	01 870	32	35,7
	01 481	01 543	01 604	01 666	01 727	33	37,7
	01 339	01 401	01 462	01 524	01 585	34	39,9
	01 198	01 260	01 321	01 383	01 444	35	42,2
p →	705	706	707	708	709	*t*	*Pw*

↑	155	154
1	15,5	15,4
2	31,0	30,8
3	46,5	46,2
4	62,0	61,6
5	77,5	77,0
6	93,0	92,4
7	108,5	107,8
8	124,0	123,2
9	139,5	138,6

↑	151	150
1	15,1	15,0
2	30,2	30,0
3	45,3	45,0
4	60,4	60,0
5	75,5	75,0
6	90,6	90,0
7	105,7	105,0
8	120,8	120,0
9	135,9	135,0

↑	147	146
1	14,7	14,6
2	29,4	29,2
3	44,1	43,8
4	58,8	58,4
5	73,5	73,0
6	88,2	87,6
7	102,9	102,2
8	117,6	116,8
9	132,3	131,4

↑	143	142
1	14,3	14,2
2	28,6	28,4
3	42,9	42,6
4	57,2	56,8
5	71,5	71,0
6	85,8	85,2
7	100,1	99,4
8	114,4	113,6
9	128,7	127,8

Determinación volumétrica del nitrógeno

La densidad normal del nitrógeno (a 0° C. y 760 Torr) es $\varrho_N = 0{,}0012505\ \mathrm{gml^{-1}}$

p_w	t	710	711	712	713	714
7,5	7	05 652	05 713	05 774	05 835	05 896
8,9	8	05 497	05 558	05 619	05 680	05 741
8,6	9	05 343	05 404	05 465	05 526	05 587
9,2	10	05 189	05 250	05 311	05 372	05 433
9,8	11	05 035	05 096	05 157	05 218	05 279
10,5	12	04 882	04 943	05 004	05 065	05 126
11,2	13	04 730	04 791	04 852	04 913	04 974
12,0	14	04 578	04 639	04 700	04 761	04 822
12,8	15	04 427	04 488	04 549	04 610	04 671
13,6	16	04 276	04 337	04 398	04 459	04 520
14,5	17	04 126	04 187	04 248	04 309	04 370
15,5	18	03 976	04 037	04 098	04 159	04 220
16,5	19	03 827	03 888	03 949	04 010	04 071
17,5	20	03 678	03 739	03 800	03 861	03 922
18,7	21	03 530	03 591	03 652	03 713	03 774
19,8	22	03 382	03 443	03 504	03 565	03 626
21,1	23	03 235	03 296	03 357	03 418	03 479
22,4	24	03 088	03 149	03 210	03 271	03 332
23,8	25	02 942	03 003	03 064	03 125	03 186
25,2	26	02 796	02 857	02 918	02 979	03 040
26,7	27	02 651	02 712	02 773	02 834	02 895
28,3	28	02 506	02 567	02 628	02 689	02 750
30,0	29	02 362	02 423	02 484	02 545	02 606
31,8	30	02 218	02 279	02 340	02 401	02 462
33,7	31	02 075	02 136	02 197	02 258	02 319
35,7	32	01 932	01 993	02 054	02 115	02 176
37,7	33	01 789	01 850	01 911	01 972	02 033
39,3	34	01 647	01 708	01 769	01 830	01 891
42,2	35	01 503	01 567	01 628	01 689	01 750
p_w	t	710	711	712	713	714

← p	→	
	61	60
1	6,1	6,0
2	12,2	12,0
3	18,3	18,0
4	24,4	24,0
5	30,5	30,0
6	36,6	36,0
7	42,7	42,0
8	48,8	48,0
9	54,9	54,0
	153	152 ↑
1	15,3	15,2
2	30,6	30,4
3	45,9	45,6
4	61,2	60,8
5	76,5	76,0
6	91,8	91,2
7	107,1	106,4
8	122,4	121,6
9	137,7	136,8
	149	148 ↑
1	14,9	14,8
2	29,8	29,6
3	44,7	44,4
4	59,6	59,2
5	74,5	74,0
6	89,4	88,8
7	104,3	103,6
8	119,2	118,4
9	134,1	133,2
	145	144 ↑
1	14,5	14,4
2	29,0	28,8
3	43,5	43,2
4	58,0	57,6
5	72,5	72,0
6	87,0	86,4
7	101,5	100,8
8	116,0	115,2
9	130,5	129,6
← p		

y otros gases. — Tabla de reducción de gases

La tabla VII contiene los mantisas de los logaritmos decimales de las densidades a t° y *p* Torr

p →	715	716	717	718	719	t	Pw
	05 957	06 017	06 078	06 138	06 199	7	7,5
	05 802	05 862	05 923	05 983	06 044	8	8,0
	05 648	05 708	05 769	05 829	05 890	9	8,6
	05 494	05 554	05 615	05 675	05 736	10	9,2
	05 340	05 400	05 461	05 521	05 582	11	9,8
	05 187	05 247	05 308	05 368	05 429	12	10,5
	05 035	05 095	05 156	05 216	05 277	13	11,2
	04 883	04 943	05 004	05 064	05 125	14	12,0
	04 732	04 792	04 853	04 913	04 974	15	12,8
	04 581	04 641	04 702	04 762	04 823	16	13,6
	04 431	04 491	04 552	04 612	04 673	17	14,5
	04 281	04 341	04 402	04 462	04 523	18	15,5
	04 132	04 192	04 253	04 313	04 374	19	16,5
	03 983	04 043	04 104	04 164	04 225	20	17,5
	03 835	03 895	03 956	04 016	04 077	21	18,7
	03 687	03 747	03 808	03 868	03 929	22	19,8
	03 540	03 600	03 661	03 721	03 782	23	21,1
	03 393	03 453	03 514	03 574	03 635	24	22,4
	03 247	03 307	03 368	03 428	03 489	25	23,8
	03 101	03 161	03 222	03 282	03 343	26	25,2
	02 956	03 016	03 077	03 137	03 198	27	26,7
	02 811	02 871	02 932	02 993	03 053	28	28,3
	02 667	02 727	02 788	02 848	02 909	29	30,0
	02 523	02 583	02 644	02 704	02 765	30	31,8
	02 380	02 440	02 501	02 561	02 622	31	33,7
	02 237	02 297	02 358	02 418	02 479	32	35,7
	02 094	02 154	02 215	02 275	02 336	33	37,7
	01 952	02 012	02 073	02 133	02 194	34	39,9
	01 811	01 871	01 932	01 992	02 053	35	42,2
p →	715	716	717	718	719	t	Pw

↑	155	154	151	150	147	146	143	142
1	15,5	15,4	15,1	15,0	14,7	14,6	14,3	14,2
2	31,0	30,8	30,2	30,0	29,4	29,2	28,6	28,4
3	46,5	46,2	45,3	45,0	44,1	43,8	42,9	42,6
4	62,0	61,6	60,4	60,0	58,8	58,4	57,2	56,8
5	77,5	77,0	75,5	75,0	73,5	73,0	71,5	71,0
6	93,0	92,4	90,6	90,0	88,2	87,6	85,8	85,2
7	108,5	107,8	105,7	105,0	102,9	102,2	100,1	99,4
8	124,0	123,2	120,8	120,0	117,6	116,8	114,4	113,6
9	139,5	138,6	135,9	135,0	132,3	131,4	128,7	127,8

Determinación volumétrica del nitrógeno

La densidad normal del nitrógeno (a 0° C. y 760 Torr) es $\varrho_N = 0{,}0012505$ gml⁻¹

Pw	t	720	721	722	723	724
7,5	7	06 259	06 320	06 380	06 440	06 500
8,0	8	06 104	06 165	06 225	06 285	06 345
8,6	9	05 950	06 011	06 071	06 131	06 191
9,2	10	05 796	05 857	05 917	05 977	06 037
9,8	11	05 642	05 703	05 763	05 823	05 883
10,5	12	05 489	05 550	05 610	05 670	05 730
11,2	13	05 337	05 398	05 458	05 518	05 578
12,0	14	05 185	05 246	05 306	05 366	05 426
12,8	15	05 034	05 095	05 155	05 215	05 275
13,6	16	04 833	04 944	05 004	05 064	05 124
14,5	17	04 733	04 794	04 854	04 914	04 974
15,5	18	04 583	04 644	04 704	04 764	04 824
16,5	19	04 434	04 495	04 555	04 615	04 675
17,5	20	04 285	04 346	04 406	04 466	04 526
18,7	21	04 137	04 198	04 258	04 318	04 378
19,8	22	03 989	04 050	04 110	04 170	04 230
21,1	23	03 842	03 903	03 963	04 023	04 083
22,4	24	03 695	03 756	03 816	03 876	03 936
23,8	25	03 549	03 610	03 670	03 730	03 790
25,2	26	03 403	03 464	03 524	03 584	03 644
26,7	27	03 258	03 319	03 379	03 439	03 499
28,3	28	03 113	03 174	03 234	03 294	03 354
30,0	29	02 969	03 030	03 090	03 150	03 210
31,8	30	02 825	02 886	02 946	03 006	03 066
33,7	31	02 682	02 743	02 803	02 863	02 923
35,7	32	02 539	02 600	02 660	02 720	02 780
37,7	33	02 396	02 457	02 517	02 577	02 637
39,9	34	02 254	02 315	02 375	02 435	02 495
42,2	35	02 113	02 174	02 234	02 294	02 354
Pw	t	720	721	722	723	724

← p

→

	61	60	59
1	6,1	6,0	5,9
2	12,2	12,0	11,8
3	18,3	18,0	17,7
4	24,4	24,0	23,6
5	30,5	30,0	29,5
6	36,6	36,0	35,4
7	42,7	42,0	41,3
8	48,8	48,0	47,2
9	54,9	54,0	53,1

	153	152
1	15,3	15,2
2	30,6	30,4
3	45,9	45,6
4	61,2	60,8
5	76,5	76,0
6	91,8	91,2
7	107,1	106,4
8	122,4	121,6
9	137,7	136,8

	149	148
1	14,9	14,8
2	29,8	29,6
3	44,7	44,4
4	59,6	59,2
5	74,5	74,0
6	89,4	88,8
7	104,3	103,6
8	119,2	118,4
9	134,1	133,2

	145	144
1	14,5	14,4
2	29,0	28,8
3	43,5	43,2
4	58,0	57,6
5	72,5	72,0
6	87,0	86,4
7	101,5	100,8
8	116,0	115,2
9	130,5	129,6

← p

y otros gases. — Tabla de reducción de gases

La tabla VII contiene las mantisas de los logaritmos decimales de las densidades a t° y *p* Torr

↑	155	154		151	150		147	146		143	142
1	15,5	15,4	1	15,1	15,0	1	14,7	14,6	1	14,3	14,2
2	31,0	30,8	2	30,2	30,0	2	29,4	29,2	2	28,6	28,4
3	46,5	46,2	3	45,3	45,0	3	44,1	43,8	3	42,9	42,6
4	62,0	61,6	4	60,4	60,0	4	58,8	58,4	4	57,2	56,8
5	77,5	77,0	5	75,5	75,0	5	73,5	73,0	5	71,5	71,0
6	93,0	92,4	6	90,6	90,0	6	88,2	87,6	6	85,8	85,2
7	108,5	107,8	7	105,7	105,0	7	102,9	102,2	7	100,1	99,4
8	124,0	123,2	8	120,8	120,0	8	117,6	116,8	8	114,4	113,6
9	139,5	138,6	9	135,9	135,0	9	132,3	131,4	9	128,7	127,8

p →	725	726	727	728	729	t	p_w
	06 560	06 620	06 679	06 739	06 799	7	7,5
	06 405	06 465	06 524	06 584	06 644	8	8,0
	06 251	06 311	06 370	06 430	06 490	9	8,6
	06 097	06 157	06 216	06 276	06 336	10	9,2
	05 943	06 003	06 062	06 122	06 182	11	9,8
	05 790	05 850	05 909	05 969	06 029	12	10,5
	05 638	05 698	05 757	05 817	05 877	13	11,2
	05 486	05 546	05 605	05 665	05 725	14	12,0
	05 335	05 395	05 454	05 514	05 574	15	12,8
	05 184	05 244	05 303	05 363	05 423	16	13,6
	05 034	05 094	05 153	05 213	05 273	17	14,5
	04 884	04 944	05 003	05 063	05 123	18	15,5
	04 735	04 795	04 854	04 914	04 974	19	16,5
	04 586	04 646	04 705	04 765	04 825	20	17 5
	04 438	04 498	04 557	04 617	04 677	21	18,7
	04 290	04 350	04 409	04 469	04 529	22	19,8
	04 143	04 203	04 262	04 322	04 382	23	21,1
	03 996	04 056	04 115	04 175	04 235	24	22,4
	03 850	03 910	03 969	04 029	04 089	25	23,8
	03 704	03 764	03 823	03 883	03 943	26	25,2
	03 559	03 619	03 678	03 738	03 798	27	26,7
	03 414	03 474	03 533	03 593	03 653	28	28,3
	03 270	03 330	03 389	03 449	03 509	29	30,0
	03 126	03 186	03 245	03 305	03 365	30	31,8
	02 983	03 043	03 102	03 162	03 222	31	33,7
	02 840	02 900	02 959	03 019	03 079	32	35,7
	02 697	02 757	02 816	02 876	02 936	33	37,7
	02 555	02 615	02 674	02 734	02 794	34	39,9
	02 414	02 474	02 533	02 593	02 653	35	42,2
p →	725	726	727	728	729	t	p_w

Determinación volumétrica del nitrógeno

La densidad normal del nitrógeno (a 0° C. y 760 Torr) es $\varrho_N = 0{,}0012505\ \mathrm{gml^{-1}}$

Pw	t	730	731	732	733	734
7,5	7	06 858	06 918	06 677	07 036	07 096
8,0	8	06 703	06 763	06 822	06 881	06 941
8,6	9	06 549	06 609	06 668	06 727	06 787
9,2	10	06 395	06 455	06 514	06 573	06 633
9,8	11	06 241	06 301	06 360	06 419	06 479
10,5	12	06 088	06 148	06 207	06 266	06 326
11,2	13	05 936	05 996	06 055	06 114	06 174
12,0	14	05 784	05 844	05 903	05 962	06 022
12,8	15	05 633	05 693	05 752	05 811	05 871
13,6	16	05 482	05 542	05 601	05 660	05 720
14,5	17	05 332	05 392	05 451	05 510	05 570
15,5	18	05 182	05 242	05 301	05 360	05 420
16,5	19	05 033	05 093	05 152	05 211	05 271
17,5	20	04 884	04 944	05 003	05 062	05 122
18,7	21	04 736	04 796	04 855	04 914	04 974
19,8	22	04 588	04 648	04 707	04 766	04 826
21,1	23	04 441	04 501	04 560	04 619	04 679
22,4	24	04 294	04 354	04 413	04 472	04 532
23,8	25	04 148	04 208	04 267	04 326	04 386
25,2	26	04 002	04 062	04 121	04 180	04 240
26,7	27	03 857	03 917	03 976	04 035	04 095
28,3	28	03 712	03 772	03 831	03 890	03 950
30,0	29	03 568	03 628	03 687	03 746	03 806
31,8	30	03 424	03 484	03 543	03 602	03 662
33,7	31	03 281	03 341	03 400	03 459	03 519
35,7	32	03 138	03 198	03 257	03 316	03 376
37,7	33	02 995	03 055	03 114	03 173	03 233
39,9	34	02 853	02 913	02 972	03 031	03 091
42,2	35	02 712	02 772	02 831	02 890	02 950
Pw	t	730	731	732	733	734

← p / ← d

	60	59	58
1	6,0	5,9	5,8
2	12,0	11,8	11,6
3	18,0	17,7	17,4
4	24,0	23,6	23,2
5	30,0	29,5	29,0
6	36,0	35,4	34,8
7	42,0	41,3	40,6
8	58,0	47,2	46,4
9	54,0	53,1	52,2

	153	152
1	15,3	15,2
2	30,6	30,4
3	45,9	45,6
4	61,2	60,8
5	76,5	76,0
6	91,8	91,2
7	107,1	106,4
8	122,4	121,6
9	137,7	136,8

	149	148
1	14,9	14,8
2	29,8	29,6
3	44,7	44,4
4	59,6	59,2
5	74,5	74,0
6	89,4	88,8
7	104,3	103,6
8	119,2	118,4
9	134,1	133,2

	145	144
1	14,5	14,4
2	29,0	28,8
3	43,5	43,2
4	58,0	57,6
5	72,5	72,0
6	87,0	86,4
7	101,5	100,8
8	116,0	115,2
9	130,5	129,6

y otros gases. — Tabla de reducción de gases

La tabla VII contiene las mantisas de los logaritmos decimales de las densidades a t° y p Torr

	155	154	151	150	147	146	143	142
1	15,5	15,4	15,1	15,0	14,7	14,6	14,3	14,2
2	31,0	30,8	30,2	30,0	29,4	29,2	28,6	28,4
3	46,5	46,2	45,3	45,0	44,1	43,8	42,9	42,6
4	62,0	61,6	60,4	60,0	58,8	58,4	57,2	56,8
5	77,5	77,0	75,5	75,0	73,5	73,0	71,5	71,0
6	93,0	92,4	90,6	90,0	88,2	87,6	85,8	85,2
7	108,5	107,8	105,7	105,0	102,9	102,2	100,1	99,4
8	124,0	123,2	120,8	120,0	117,6	116,8	114,4	113,6
9	139,5	138,6	135,9	135,0	132,3	131,4	128,7	127,8

p →	735	736	737	738	739	t	Pw
	07 155	07 214	07 273	07 332	07 390	7	7,5
	07 000	07 059	07 118	07 177	07 235	8	8,0
	06 846	06 905	06 964	07 023	07 081	9	8,6
	06 692	06 751	06 810	06 869	06 927	10	9,2
	06 538	06 597	06 656	06 715	06 773	11	9,8
	06 385	06 444	06 503	06 562	06 620	12	10,5
	06 233	06 292	06 351	06 410	06 468	13	11,2
	06 081	06 140	06 199	06 258	06 316	14	12,0
	05 930	05 989	06 048	06 107	06 165	15	12,8
	05 779	05 838	05 897	05 956	06 014	16	13,6
	05 629	05 688	05 747	05 806	05 864	17	14,5
	05 479	05 538	05 597	05 656	05 714	18	15,5
	05 330	05 389	05 448	05 507	05 565	19	16,5
	05 181	05 240	05 299	05 358	05 416	20	17,5
	05 033	05 092	05 151	05 210	05 268	21	18,7
	04 885	04 944	05 003	05 062	05 120	22	19,8
	04 738	04 797	04 856	04 915	04 973	23	21,1
	04 591	04 650	04 709	04 768	04 826	24	22,4
	04 445	04 504	04 563	04 622	04 680	25	23,8
	04 299	04 358	04 417	04 476	04 534	26	25,2
	04 154	04 213	04 272	04 331	04 389	27	26,7
	04 009	04 068	04 127	04 186	04 244	28	28,3
	03 865	03 924	03 983	04 042	04 100	29	30,0
	03 721	03 780	03 839	03 898	03 956	30	31,8
	03 578	03 637	03 696	03 755	03 813	31	33,7
	03 435	03 494	03 553	03 612	03 670	32	35,7
	03 292	03 351	03 410	03 469	03 527	33	37,7
	03 150	03 209	03 268	03 327	03 385	34	39,9
	03 009	03 068	03 127	03 186	03 244	35	42,2
p →	735	736	737	738	739	t	Pw

Determinación volumétrica del nitrógeno

La densidad normal del nitrógeno (a 0° C. y 760 Torr) es $\varrho_N = 0{,}0012505$ gml^{-1}

p_w	t	740	741	742	743	744
7,5	7	07 449	07 508	07 566	07 625	07 683
8,0	8	07 294	07 353	07 411	07 470	07 528
8,6	9	07 140	07 199	07 257	07 316	07 374
9,2	10	06 986	07 045	07 103	07 162	07 220
9,8	11	06 832	06 891	06 949	07 008	07 066
10,5	12	06 679	06 738	06 796	06 855	06 913
11,2	13	06 527	06 586	06 644	06 703	06 761
12,0	14	06 375	06 434	06 492	06 551	06 609
12,8	15	06 224	06 283	06 341	06 400	06 458
13,6	16	06 073	06 132	06 190	06 249	06 307
14,5	17	05 923	05 982	06 040	06 099	06 175
15,5	18	05 773	05 832	05 890	05 949	06 007
16,5	19	05 624	05 683	05 741	05 800	05 858
17,5	20	05 475	05 534	05 592	05 651	05 709
18,7	21	05 327	05 386	05 444	05 503	05 561
19,8	22	05 179	05 238	05 296	05 355	05 413
21,1	23	05 032	05 091	05 149	05 208	05 266
22,4	24	04 885	04 944	05 002	05 061	05 119
23,8	25	04 739	04 798	04 856	04 915	04 973
25,2	26	04 593	04 652	04 710	04 769	04 867
26,7	27	04 448	04 507	04 565	04 624	04 682
28,3	28	04 303	04 362	04 420	04 479	04 537
30,0	29	04 159	04 218	04 276	04 335	04 393
31,8	30	04 015	04 074	04 132	04 191	04 249
33,7	31	03 872	03 931	03 989	04 048	04 106
35,7	32	03 729	03 788	03 846	03 905	03 963
37,7	33	03 586	03 645	03 703	03 762	03 820
39,9	34	03 444	03 503	03 561	03 620	03 678
42,2	35	03 303	03 362	03 420	03 479	03 537
p_w	t	740	741	742	743	744

← p

→

	59	58
1	5,9	5,8
2	11,8	11,6
3	17,7	17,4
4	23,6	23,2
5	29,5	29,0
6	35,4	34,8
7	41,3	40,6
8	47,2	46,4
9	53,1	52,2

	153	152
1	15,3	15,2
2	30,6	30,4
3	45,9	45,6 ↑
4	61,2	60,8
5	76,5	76,0
6	91,8	91.2
7	107,1	106,4
8	122,4	121,6
9	137,7	136,8

	149	148
1	14,9	14,8
2	29,8	29,6
3	44,7	44,4 ↑
4	59,6	59,2
5	74,5	74,0
6	89,4	88,8
7	104,3	103,6
8	119,2	118,4
9	134,1	133,2

	145	144
1	14,5	14,4
2	29,0	28,8
3	43,5	43,2 ↑
4	58,0	57,6
5	72,5	72,0
6	87,0	86,4
7	101,5	100,8
8	116,0	115,2
9	130,5	129,6

← p

y otros gases. — Tabla de reducción de gases

La tabla VII contiene las mantisas de los logaritmos decimales de las densidades a t° y p Torr

p →	745	746	747	748	749	t	pw
	07 742	07 800	07 858	07 916	07 974	7	7,5
	07 587	07 645	07 703	07 761	07 819	8	8,0
	07 433	07 491	07 549	07 607	07 665	9	8,6
	07 279	07 337	07 395	07 453	07 511	10	9,2
	07 125	07 183	07 241	07 299	07 357	11	9,8
	06 972	07 030	07 088	07 146	07 204	12	10,5
	06 820	06 878	06 936	06 994	07 052	13	11,2
	06 668	06 726	06 784	06 842	06 900	14	12,0
	06 517	06 575	06 633	06 691	06 749	15	12,8
	06 366	06 424	06 482	06 540	06 598	16	13,6
	06 216	06 274	06 332	06 390	06 448	17	14,5
	06 066	06 124	06 182	06 240	06 298	18	15,5
	05 917	05 975	06 033	06 091	06 149	19	16,5
	05 768	05 826	05 884	05 942	06 000	20	17,5
	05 620	05 678	05 736	05 794	05 852	21	18,7
	05 472	05 530	05 588	05 646	05 704	22	19,8
	05 325	05 383	05 441	05 499	05 557	23	21,1
	05 178	05 236	05 294	05 352	05 410	24	22,4
	05 032	05 090	05 148	05 206	05 264	25	23,8
	04 886	04 944	05 002	05 060	05 118	26	25,2
	04 741	04 799	04 857	04 915	04 973	27	26,7
	04 596	04 654	04 712	04 770	04 828	28	28,3
	04 452	04 510	04 568	04 626	04 684	29	30,0
	04 308	04 366	04 424	04 482	04 540	30	31,8
	04 165	04 223	04 281	04 339	04 397	31	33,7
	04 022	04 080	04 138	04 196	04 254	32	35,7
	03 879	03 937	03 995	04 053	04 111	33	37,7
	03 737	03 795	03 853	03 911	03 969	34	39,9
	03 596	03 654	03 712	03 770	03 828	35	42,2
p →	745	746	747	748	749	t	pw

↑	155	154
1	15,5	15,4
2	31,0	30,8
3	46,5	46,2
4	62,0	61,6
5	77,5	77,0
6	93,0	92,4
7	108,5	107,8
8	124,0	123,2
9	139,5	138,6
	151	**150**
1	15,1	15,0
2	30,2	30,0
3	45,3	45,0
4	60,4	60,0
5	75,5	75,0
6	90,6	90,0
7	105,7	105,0
8	120,8	120,0
9	135,9	135,0
	147	**146**
1	14,7	14,6
2	29,4	29,2
3	44,1	43,8
4	58,8	58,4
5	73,5	73,0
6	88,2	87,6
7	102,9	102,2
8	117,6	116,8
9	132,3	131,4
	143	**142**
1	14,3	14,2
2	28,6	28,4
3	42,9	42,6
4	57,2	56,8
5	71,5	71,0
6	85,8	85,2
7	100,1	99,4
8	114,4	113,6
9	128,7	127,8

Determinación volumétrica del nitrógeno

La densidad normal del nitrógeno (a 0° C. y 760 Torr) es $\varrho_N = 0{,}0012505$ gml⁻¹

Pw	t	750	751	752	753	754
7,5	7	08 032	08 090	08 148	08 205	08 263
8,0	8	07 877	07 935	07 993	08 050	08 108
8,6	9	07 723	07 781	07 839	07 896	07 954
9,2	10	07 569	07 627	07 685	07 742	07 800
9,8	11	07 415	07 473	07 531	07 588	07 646
10,5	12	07 262	07 320	07 378	07 435	07 493
11,2	13	07 110	07 168	07 226	07 283	07 341
12,0	14	06 958	07 016	07 074	07 131	07 189
12,8	15	06 807	06 865	06 923	06 980	07 038
13,6	16	06 656	06 714	06 772	06 829	06 887
14,5	17	06 506	06 564	06 622	06 679	06 737
15,5	18	06 356	06 414	06 472	06 529	06 587
16,5	19	06 207	06 265	06 323	06 380	06 438
17,5	20	06 058	06 116	06 174	06 231	06 289
18,7	21	05 910	05 968	06 026	06 083	06 141
19,8	22	05 762	05 820	05 878	05 935	05 993
21,1	23	05 615	05 673	05 731	05 788	05 846
22,4	24	05 468	05 526	05 584	05 641	05 699
23,8	25	05 322	05 380	05 438	05 495	05 553
25,2	26	05 176	05 234	05 292	05 349	05 407
26,7	27	05 031	05 089	05 147	05 204	05 262
28,3	28	04 886	04 944	05 002	05 059	05 117
30,0	29	04 742	04 800	04 858	04 915	04 973
31,8	30	04 598	04 656	04 714	04 771	04 829
33,7	31	04 455	04 513	04 571	04 628	04 686
35,7	32	04 312	04 370	04 428	04 485	04 543
37,7	33	04 169	04 227	04 285	04 342	04 400
39,9	34	04 027	04 085	04 143	04 200	04 258
42,2	35	03 886	03 944	04 002	04 059	04 117
Pw	t	750	751	752	753	754

← p

	58	57
1	5,8	5,7
2	11,6	11,4
3	17,4	17,1
4	23,2	22,8
5	29,0	28,5
6	34,8	34,2
7	40,6	39,9
8	46,4	45,6
9	52,2	51,3
	153	**152**
1	15,3	15,2
2	30,6	30,4
3	45,9	45,6
4	61,2	60,8
5	76,5	76,0
6	91,8	91,2
7	107,1	106,4
8	122,4	121,6
9	137,7	136,8
	149	**148**
1	14,9	14,8
2	29,8	29,6
3	44,7	44,4
4	59,6	59,2
5	74,5	74,0
6	89,4	88,8
7	104,3	103,6
8	119,2	118,4
9	134,1	133,2
	145	**144**
1	14,5	14,4
2	29,0	28,8
3	43,5	43,2
4	58,0	57,6
5	72,5	72,0
6	87,0	86,4
7	101,5	100,8
8	116,0	115,2
9	130,5	129,6

← p

y otros gases. — Tabla de reducción de gases

La tabla VII contiene las mantisas de los logaritmos decimales de las densidades a t° y *p* Torr

→	755	756	757	758	759	*t*	*Pw*
	08 321	08 378	08 436	08 493	08 550	7	7,5
	08 166	08 223	08 281	08 338	08 395	8	8,0
	08 012	08 069	08 127	08 184	08 241	9	8,6
	07 858	07 915	07 973	08 030	08 087	10	9,2
	07 704	07 761	07 819	07 876	07 933	11	9,8
	07 551	07 608	07 666	07 723	07 780	12	10,5
	07 399	07 456	07 514	07 571	07 628	13	11,2
	07 247	07 304	07 362	07 419	07 476	14	12,0
	07 096	07 153	07 211	07 268	07 325	15	12,8
	06 945	07 002	07 060	07 117	07 174	16	13,6
	06 795	06 852	06 910	06 967	07 024	17	14,5
	06 645	06 702	06 760	06 817	06 874	18	15,5
	06 496	06 553	06 611	06 668	06 725	19	16,5
	06 347	06 404	06 462	06 519	06 576	20	17,5
	06 199	06 256	06 314	06 371	06 428	21	18,7
	06 051	06 108	06 166	06 223	06 280	22	19,8
	05 904	05 961	06 019	06 076	06 133	23	21,1
	05 757	05 814	05 872	05 929	05 986	24	22,4
	05 611	05 668	05 726	05 783	05 845	25	23,8
	05 465	05 522	05 580	05 637	05 694	26	25,2
	05 320	05 377	05 435	05 492	05 549	27	26,7
	05 175	05 232	05 290	05 347	05 404	28	28,3
	05 031	05 088	05 146	05 203	05 260	29	30,0
	04 887	04 944	05 002	05 059	05 116	30	31,8
	04 744	04 801	04 859	04 916	04 973	31	33,7
	04 601	04 658	04 716	04 773	04 830	32	35,7
	04 458	04 515	04 573	04 630	04 687	33	37,7
	04 316	04 373	04 431	04 488	04 545	34	39,9
	04 175	04 232	04 290	04 347	04 404	35	42,2
p →	755	756	757	758	759	*t*	*Pw*

↑	155	154	151	150	147	146	143	142
1	15,5	15,4	15,1	15,0	14,7	14,6	14,3	14,2
2	31,0	30,8	30,2	30,0	29,4	29,2	28,6	28,4
3	46,5	46,2	45,3	45,0	44,1	43,8	42,9	42,6
4	62,0	61,6	60,4	60,0	58,8	58,4	57,2	56,8
5	77,5	77,0	75,5	75,0	73,5	73,0	71,5	71,0
6	93,0	92,4	90,6	90,0	88,2	87,6	85,8	85,2
7	108,5	107,8	105,7	105,0	102,9	102,2	100,1	99,4
8	124,0	123,2	120,8	120,0	117,6	116,8	114,4	113,6
9	139,5	138,6	135,9	135,0	132,3	131,4	128,7	127,8

Determinación volumétrica del nitrógeno

La densidad normal del nitrógeno (a 0° C. y 760 Torr) es $\varrho_N = 0{,}0012505$ gml⁻¹

Pw	t	760	761	762	763	764
7,5	7	08 607	08 664	08 721	08 778	08 835
8,0	8	08 452	08 509	08 566	08 623	08 680
8,6	9	08 298	08 355	08 412	08 469	08 526
9,2	10	08 144	08 201	08 258	08 315	08 372
9,8	11	07 990	08 047	08 104	08 161	08 218
10,5	12	07 837	07 894	07 951	08 008	08 065
11,2	13	07 685	07 742	07 799	07 856	07 913
12,0	14	07 533	07 590	07 647	07 704	07 761
12,8	15	07 382	07 439	07 496	07 553	07 610
13,6	16	07 231	07 288	07 345	07 402	07 459
14,5	17	07 081	07 138	07 195	07 252	07 309
15,5	18	06 931	06 988	07 045	07 102	07 159
16,5	19	06 782	06 839	06 896	06 953	07 010
17,5	20	06 633	06 690	06 747	06 804	06 861
18,7	21	06 485	06 542	06 599	06 656	06 713
19,8	22	06 337	06 394	06 451	06 508	06 565
21,1	23	06 190	06 247	06 304	06 361	06 418
22,4	24	06 043	06 100	06 157	06 214	06 271
23,8	25	05 897	05 954	06 011	06 068	06 125
25,2	26	05 751	05 808	05 865	05 922	05 979
26,7	27	05 606	05 663	05 720	05 777	05 834
28,3	28	05 461	05 518	05 575	05 632	05 689
30,0	29	05 317	05 374	05 431	05 488	05 545
31,8	30	05 173	05 230	05 287	05 344	05 401
33,7	31	05 030	05 087	05 144	05 201	05 258
35,7	32	04 887	04 944	05 001	05 058	05 115
37,7	33	04 744	04 801	04 858	04 915	04 972
39,9	34	04 602	04 659	04 716	04 773	04 830
42,2	35	04 461	04 518	04 575	04 632	04 689

← p	57	56	153	152	149	148	145	144
1	5,7	5,6	15,3	15,2	14,9	14,8	14,5	14,4
2	11,4	11,2	30,6	30,4	29,8	29,6	29,0	28,8
3	17,1	16,8	45,9	45,6	44,7	44,4	43,5	43,2
4	22,8	22,4	61,2	60,8	59,6	59,2	58,0	57,6
5	28,5	28,0	76,5	76,0	74,5	74,0	72,5	72,0
6	34,2	33,6	91,8	91,2	89,4	88,8	87,0	86,4
7	39,9	39,2	107,1	106,4	104,3	103,6	101,5	100,8
8	45,6	44,8	122,4	121,6	119,2	118,4	116,0	115,2
9	51,3	50,4	137,7	136,8	134,1	133,2	130,5	129,6

Pw | t | 760 | 761 | 762 | 763 | 764 | ← p

y otros gases. — Tabla de reducción de gases

La tabla VII contiene las mantisas de los logaritmos decimales de las densidades a t° y p Torr

	155	154	151	150	147	146	143	142
1	15,5	15,4	15,1	15,0	14,7	14,6	14,3	14,2
2	31,0	30,8	30,2	30,0	29,4	29,2	28,6	28,4
3	46,5	46,2	45,3	45,0	44,1	43,8	42,9	42,6
4	62,0	61,6	60,4	60,0	58,8	58,4	57,2	56,8
5	77,5	77,0	75,5	75,0	73,5	73,0	71,5	71,0
6	93,0	92,4	90,6	90,0	88,2	87,6	85,8	85,2
7	108,5	107,8	105,7	105,0	102,9	102,2	100,1	99,4
8	124,0	123,2	120,8	120,0	117,6	116,8	114,4	113,6
9	139,5	138,6	135,9	135,0	132,3	131,4	128,7	127,8

p →	765	766	767	768	769	t	Pw
	08 892	08 949	09 006	09 062	09 119	7	7,5
	08 737	08 794	08 851	08 907	08 964	8	8,0
	08 583	08 640	08 697	08 753	08 810	9	8,6
	08 429	08 486	08 543	08 599	08 656	10	9,2
	08 275	08 332	08 389	08 445	08 502	11	9,8
	08 122	08 179	08 236	08 292	08 349	12	10,5
	07 970	08 027	08 084	08 140	08 197	13	11,2
	07 818	07 875	07 932	07 988	08 045	14	12,0
	07 667	07 724	07 781	07 837	07 894	15	12,8
	07 516	07 573	07 630	07 686	07 743	16	13,6
	07 366	07 423	07 480	07 536	07 593	17	14,5
	07 216	07 273	07 330	07 386	07 443	18	15,5
	07 067	07 124	07 181	07 237	07 294	19	16,5
	06 918	06 975	07 032	07 088	07 145	20	17,5
	06 770	06 827	06 884	06 940	06 997	21	18,7
	06 622	06 679	06 736	06 792	06 849	22	19,8
	06 475	06 532	06 589	06 645	06 702	23	21,1
	06 328	06 385	06 442	06 498	06 555	24	22,4
	06 182	06 239	06 296	06 352	06 409	25	23.8
	06 036	06 093	06 150	06 206	06 263	26	25,2
	05 891	05 948	06 005	06 061	06 118	27	26,7
	05 746	05 803	05 860	05 916	05 973	28	28,3
	05 602	05 659	05 716	05 772	05 829	29	30,0
	05 458	05 515	05 572	05 628	05 685	30	31,8
	05 315	05 372	05 429	05 485	05 542	31	33,7
	05 172	05 229	05 286	05 342	05 399	32	35,7
	05 029	05 086	05 143	05 199	05 256	33	37,7
	04 887	04 944	05 001	05 057	05 114	34	39,9
	04 746	04 803	04 860	04 916	04 973	35	42,2

| p → | 765 | 766 | 767 | 768 | 769 | t | Pw |

Determinación volumétrica del nitrógeno

La densidad normal del nitrógeno (a 0° C. y 760 Torr) es $\varrho_N = 0{,}0012505$ gml^{-1}

p_w	t	770	771	772	773	774
7,5	7	09 175	09 231	09 288	09 344	09 400
8,0	8	09 020	09 076	09 133	09 189	09 245
8,6	9	08 866	08 922	08 979	09 035	09 091
9,2	10	08 712	08 768	08 825	08 881	08 937
9,8	11	08 558	08 614	08 671	08 727	08 783
10,5	12	08 405	08 461	08 518	08 574	08 630
11,2	13	08 253	08 309	08 366	08 422	08 478
12,0	14	08 101	08 157	08 214	08 270	08 326
12,8	15	07 949	08 005	08 022	08 118	08 174
13,6	16	07 798	07 854	07 911	07 967	08 023
14,5	17	07 648	07 704	07 761	07 817	07 873
15,5	18	07 498	07 554	07 611	07 667	07 723
16,5	19	07 349	07 405	07 462	07 518	07 574
17,5	20	07 200	07 256	07 313	07 369	07 425
18,7	21	07 052	07 108	07 165	07 221	07 277
19,8	22	06 904	06 960	07 017	07 073	07 129
21,1	23	06 757	06 813	06 870	06 926	06 982
22,4	24	06 611	06 667	06 724	06 780	06 836
23,8	25	06 465	06 521	06 578	06 634	06 690
25,2	26	06 219	06 375	06 432	06 488	06 544
26,7	27	06 174	06 230	06 287	06 343	06 399
28,3	28	06 029	06 085	06 142	06 198	06 254
30,0	29	05 885	05 941	05 998	06 054	06 110
31,8	30	05 741	05 797	05 854	05 910	05 966
33,7	31	05 598	05 654	05 711	05 767	05 823
35,7	32	05 455	05 511	05 568	05 624	05 680
37,7	33	05 312	05 368	05 425	05 481	05 537
39,9	34	05 170	05 226	05 283	05 339	05 395
42,2	35	05 029	05 085	05 142	05 198	05 254
p_w	t	770	771	772	773	774

← p

→

	57	56
1	5,7	5,6
2	11,4	11,2
3	17,1	16,8
4	22,8	22,4
5	28,5	28,0
6	34,2	33,6
7	39,9	39,2
8	45,6	44,8
9	51,3	50,4
	153	152
1	15,3	15,2
2	30,6	30,4
3	45,9	45,6
4	61,2	60,8
5	76,5	76,0
6	91,8	91,2
7	107,1	106,4
8	122,4	121,6
9	137,7	136,8
	149	148
1	14,9	14,8
2	29,8	29,6
3	44,7	44,4
4	59,6	59,2
5	74,5	74,0
6	89,4	88,8
7	104,3	103,6
8	119,2	118,4
9	134,1	133,2
	145	144
1	14,5	14,4
2	29,0	28,8
3	43,5	43,2
4	58,0	57,6
5	72,5	72,0
6	87,0	86,4
7	101,5	100,8
8	116,0	115,2
9	130,5	129,6

← p

y otros gases. — Tabla de reducción de gases

La tabla VII contiene las mantisas de los logaritmos decimales de las densidades a t° y p Torr

p →	775	776	777	778	779	t	Pw
	09 456	09 512	09 568	09 624	09 680	7	7,5
	09 301	09 357	09 413	09 469	09 525	8	8,0
	09 147	09 203	09 259	09 315	09 371	9	8,6
	08 993	09 049	09 105	09 161	09 217	10	9,2
	08 839	08 895	08 951	09 007	09 063	11	9,8
	08 686	08 742	08 798	08 854	08 910	12	10,5
	08 534	08 590	08 646	08 702	08 758	13	11,2
	08 382	08 438	08 494	08 550	08 606	14	12,0
	08 230	08 286	08 342	08 398	08 454	15	12,8
	08 079	08 135	08 191	08 247	08 303	16	13,6
	07 929	07 985	08 041	08 097	08 153	17	14,5
	07 779	07 835	07 891	07 947	08 003	18	15,5
	07 630	07 686	07 742	07 798	07 854	19	16,5
	07 481	07 537	07 593	07 649	07 705	20	17,5
	07 333	07 389	07 445	07 501	07 557	21	18,7
	07 185	07 241	07 297	07 353	07 409	22	19,8
	07 038	07 094	07 150	07 206	07 262	23	21,1
	06 892	06 948	07 004	07 060	07 116	24	22,4
	06 746	06 802	06 858	06 914	06 970	25	23,8
	06 600	06 656	06 712	06 768	06 824	26	25,2
	06 455	06 511	06 567	06 623	06 679	27	26,7
	06 310	06 366	06 422	06 478	06 534	28	28,3
	06 166	06 222	06 278	06 334	06 396	29	30.0
	06 022	06 078	06 134	06 190	06 246	30	31,8
	05 879	05 935	05 991	06 047	06 103	31	33,7
	05 736	05 792	05 848	05 904	05 960	32	35,7
	05 593	05 649	05 705	05 761	05 817	33	37,7
	05 451	05 507	05 563	05 619	05 675	34	39,9
	05 310	05 366	05 422	05 478	05 534	35	42,2
p →	775	776	777	778	779	t	Pw

↑	155	154
1	15,5	15,4
2	31,0	30,8
3	46,5	46,2
4	62,0	61,6
5	77,5	77,0
6	93,0	92,4
7	108,5	107,8
8	124,0	123,2
9	139,5	138,6
↑	151	150
1	15,1	15,0
2	30,2	30,0
3	45,3	45,0
4	60,4	60,0
5	75,5	75,0
6	90,6	90,0
8	105,7	105,0
7	120,8	120,0
9	135,9	135,0
↑	147	146
1	14,7	14,6
2	29,4	29,2
3	44,1	43,8
4	58,8	58,4
5	73,5	73,0
6	88,2	87,6
7	102,9	102,2
8	117,6	116,8
9	132,3	131,4
↑	143	142
1	14,3	14,2
2	28,6	28,4
3	42,9	42,6
4	57.2	56,8
5	71,5	71,0
6	85,8	85,2
7	100.1	99,4
8	114,4	113,6
9	128,7	127,8

Determinación volumétrica del nitrógeno

La densidad normal del nitrógeno (a o° C. y 760 Torr) es $\varrho N = 0{,}0012505$ gml^{-1}

p_w	t	780	781	782	783	784
7,5	7	09 735	09 791	09 847	09 902	09 958
8,0	8	09 580	09 636	09 692	09 747	09 803
8,6	9	09 426	09 482	09 538	09 593	09 649
9,2	10	09 272	09 328	09 384	09 439	09 495
9,8	11	09 118	09 174	09 230	09 285	09 341
10,5	12	08 965	09 021	09 077	09 132	09 188
11,2	13	08 813	08 869	08 925	08 980	09 036
12,0	14	08 661	08 717	08 773	08 828	08 884
12,8	15	08 509	08 565	08 621	08 676	08 732
13,6	16	08 358	08 414	08 470	08 525	08 581
14,5	17	08 208	08 264	08 320	08 375	08 431
15,5	18	08 058	08 114	08 170	08 225	08 281
16,5	19	07 909	07 965	08 021	08 076	08 132
17,5	20	07 760	07 816	07 872	07 927	07 983
18,7	21	07 612	07 668	07 724	07 779	07 835
19,8	22	07 464	07 520	07 576	07 631	07 687
21,1	23	07 317	07 373	07 429	07 484	07 540
22,4	24	07 171	07 227	07 283	07 338	07 394
23,8	25	07 025	07 081	07 137	07 192	07 248
25,2	26	06 879	06 935	06 991	07 046	07 102
26,7	27	06 734	06 790	06 846	06 901	06 957
28,3	28	06 589	06 645	06 710	06 756	06 812
30,0	29	06 445	06 501	06 557	06 612	06 668
31,8	30	06 301	06 357	06 413	06 468	06 524
33,7	31	06 158	06 214	06 270	06 325	06 381
35,7	32	06 015	06 071	06 127	06 182	06 238
37,7	33	05 872	05 928	05 984	06 039	06 095
39,9	34	05 730	05 786	05 842	05 597	05 953
42,2	35	05 589	05 645	05 701	05 756	05 812

← p

	56	55	153	152	149	148	145	144
1	5,6	5,5	15,3	15,2	14,9	14,8	14,5	14,4
2	11,2	11,0	30,6	30,4	29,8	29,6	29,0	28,8
3	16,8	16,5	45,9	45,6	44,7	44,4	43,5	43,2
4	22,4	22,0	61,2	60,8	59,6	59,2	58,0	57,6
5	28,0	27,5	76,5	76,0	74,5	74,0	72,5	72,0
6	33,6	33,0	91,8	91,2	89,4	88,8	87,0	86,4
7	39,2	38,5	107,1	106,4	104,3	103,6	101,5	100,8
8	44,8	44,0	122,4	121,6	119,2	118,4	116,0	115,2
9	50,4	49,5	137,7	136,8	134,1	133,2	130,5	129,6

p_w | t | 780 | 781 | 782 | 783 | 784 | ← p

y otros gases. — Tabla de reducción de gases

La tabla VII contiene las mantisas de los logaritmos decimales de las densidades a t °y p Torr

p →	155	154
1	15,5	15,4
2	31,0	30,8
↑ 3	46,5	46,2
4	62,0	61,6
5	77,5	77,0
6	93,0	92,4
7	108,5	107,8
8	124,0	123,2
9	139,5	138,6
	151	**150**
1	15,1	15,0
2	30,2	30,0
↑ 3	45,3	45,0
4	60,4	60,0
5	75,5	75,0
6	90,6	90,0
7	105,7	105,0
8	120,8	120,0
9	135,9	135,0
	147	**146**
1	14,7	14,6
2	29,4	29,2
↑ 3	44,1	43,8
4	58,8	58,4
5	73,5	73,0
6	88,2	87,6
7	102,9	102,2
8	117,6	116,8
9	132,3	131,4
	143	**142**
1	14,3	14,2
2	28,6	28,4
↑ 3	42,9	42,6
4	57,2	56,8
5	71,5	71,0
6	85,8	85,2
7	100,1	99,4
8	114,4	113,6
9	128,7	127,8

p →	785	786	787	788	789	t	Pw
	10 013	10 068	10 123	10 179	10 234	7	7,5
	09 858	09 913	09 968	10 024	10 079	8	8,0
	09 704	09 759	09 814	09 870	09 925	9	8,6
	09 550	09 605	09 660	09 716	09 771	10	9,2
	09 396	09 451	09 506	09 562	09 617	11	9,8
	09 243	09 298	09 353	09 409	09 464	12	10,5
	09 091	09 146	09 201	09 257	09 312	13	11,2
	08 939	08 994	09 049	09 105	09 162	14	12,0
	08 787	08 842	08 897	08 953	09 008	15	12,8
	08 636	08 691	08 746	08 802	08 857	16	13,6
	08 486	08 541	08 596	08 652	08 707	17	14,5
	08 336	08 391	08 446	08 502	08 557	18	15,5
	08 187	08 242	08 297	08 353	08 408	19	16,5
	08 038	08 093	08 148	08 204	08 259	20	17,6
	07 890	07 945	08 000	08 056	08 111	21	18,7
	07 742	07 797	07 852	07 908	07 963	22	19,8
	07 595	07 650	07 705	07 761	07 816	23	21,1
	07 449	07 504	07 559	07 615	07 670	24	22,4
	07 303	07 388	07 413	07 469	07 524	25	23,8
	07 157	07 212	07 267	07 323	07 378	26	25,2
	07 012	07 067	07 122	07 178	07 233	27	26,7
	06 867	06 922	06 977	07 033	07 088	28	28,3
	06 723	06 778	06 833	06 889	06 944	29	30,0
	06 579	06 634	06 689	06 745	06 800	30	31,8
	06 436	06 491	06 546	06 602	06 657	31	33,7
	06 293	06 348	06 403	06 459	06 514	32	35,7
	06 150	06 205	06 260	06 316	06 371	33	37,7
	06 008	06 063	06 118	06 174	06 229	34	39,9
	05 867	05 922	05 977	06 033	06 088	35	42,2
p →	785	786	787	788	789	t	Pw

TABLA VII a

Corrección barométrica (en Torr)

De los valores de la presión leídos (entre 670 y 790 Torr) hay que restar

t (° C)	Escala de vidrio			Escala de latón			p ←
	670	730	790	670	730	790	
7	0,8	0,9	$0'9_5$	$0,7_5$	$0,8_5$	0,9	Correcciones
8	$0,9_5$	1,0	1,1	0,9	$0,9_5$	$1,0_5$	
9	$1,0_5$	$1,1_5$	$1,2_5$	1,0	$1,0_5$	$1,1_5$	
10	$1,1_5$	$1,2_5$	1,4	1,1	1,2	1,3	
11	$1,3_5$	1,4	1,5	1,2	1,3	1,4	
12	1,4	1,5	$1,6_5$	1,3	$1,4_5$	$1,5_5$	
13	1,5	$1,6_5$	1,8	1,4	$1,5_5$	$1,6_5$	
14	1,6	$1,7_5$	1,9	1,5	$1,6_5$	1,8	
15	$1,7_5$	1,9	$2,0_5$	$1,6_5$	1,8	1,9	
16	1,8	2,0	2,2	$1,7_5$	1,9	$2,0_5$	
17	$1,9_5$	$2,1_5$	2,3	$1,8_5$	2,0	2,2	
18	2,1	$2,2_5$	$2,4_5$	$1,9_5$	$2,1_5$	2,3	
19	2,2	2,4	2,6	2,1	$2,2_5$	$2,4_5$	
20	2,3	2,5	$2,7_5$	2,2	$2,3_5$	2,6	
21	$2,4_5$	$2,6_5$	$2,8_5$	2,3	2,5	2,7	
22	$2,5_5$	2,8	3,0	2,4	2,6	$2,8_5$	
23	$2,6_5$	2,9	$3,1_5$	2,5	$2,7_5$	$2,9_5$	
24	$2,7_5$	$3,0_5$	3,3	2,6	$2,8_5$	3,1	
25	2,9	$3,1_5$	3,4	2,7	$2,9_5$	3,2	
26	3,0	3,3	$3,5_5$	$2,8_5$	3,1	$3,3_5$	
27	3.1	3,4	3,7	$2,9_5$	3,2	$3,4_5$	
28	$3,2_5$	$3,5_5$	3,8	$3,0_5$	3,3	3,6	
29	$3,3_5$	$3,6_5$	$3,9_5$	$3,1_5$	$3,4_5$	3,7	
30	$3,4_5$	3,8	4,1	$3,2_5$	$3,5_5$	$3,8_5$	
31	3,6	3,9	4,2	3,4	$3,6_5$	$3,9_5$	
32	3,7	$4,0_5$	$4,3_5$	3,5	3,8	4,1	
33	3,8	$4,1_5$	4,5	3,6	3,9	4,2	
34	3,9	4,3	$4,6_5$	3,7	4,0	$4,3_5$	
35	$4,0_5$	4,4	$4,7_5$	3,8	$4,1_5$	4,5	

Tabla auxiliar de la VII

Según E. Mohr [Ber. d. Chem. Ges **54**, 2758 (1921)], cuando la cantidad de nitrógeno pasa—poco más o menos—del 25 por 100, ha de procederse de la manera siguiente.

Al redondear la temperatura en grados (véanse aclaraciones a esta tabla), por cada décima de grado que se ha de aumentar precisa elevar la presión en A décimas de milímetro, y por cada décima de grado que se ha de disminuir se restan A décimas de milímetro. El valor numérico de la "proporción de redondeamiento" A depende de los valores medios para la presión y la temperatura. La tabla siguiente a) dá los valores de A correspondientes a los pares de valores de la presión y la temperatura dentro del campo de la tabla VII.

Una vez se ha tomado de la tabla a) el valor buscado de A, se hallará en la tabla b) la corrección correspondiente de la presión para cualquier temperatura redondeada.

b) Tabla de las temperaturas redondeadas y las correspondientes correcciones de presión

Temperatura redondeada	0,1°	0,2°	0,3°	0,4°	0,5°	0,6°	0,7°	0,8°	0,9°	Corrección de presión en mm. (en el mismo sentido que se redondea la temperatura.)
A = 2,2	0,2	0.4	0,7	0,9	1,1	1,3	1,5	1,8	2,0	
A = 2,3	0,2	0,5	0,7	0,9	1,2	1,4	1,6	1,8	2,1	
A = 2,4	0,2	0,5	0,7	1,0	1,2	1,4	1,7	1,9	2,2	
A = 2,5	0,3	0,5	0,8	1,0	1,3	1,5	1,8	2,0	2,3	
A = 2,6	0,3	0,5	0,8	1,0	1,3	1,6	1,8	2,1	2,3	
A = 2,7	0,3	0,5	0,8	1,1	1,4	1,6	1,9	2,2	3,4	
A = 2,8	0,3	0,6	0,8	1,1	1,4	1,7	2,0	2,2	2,5	

TABLA VIII

Tabla auxiliar de la VII

a) **Tabla de los valores de A** (p = presión en Torr).

Temperatura (° C) \ p:	670	680	690	700	710	720	730	740	750	760	770	780	790
7											2,8		
8			2,5			2,6					—		
9			—						2,7			2,8	
10	2,4			2,5		—	2,6			2,7			
11									—			—	2,8
12		2,4			2,5			2,6					
13	—			—							2,7		
14							—			—			
15			2,4			2,5							—
16									2,6			2,7	
17		—			—								
18	2,3							—			—		
19				2,4			2,5			2,6			
20													2,7
21			—			—							
22									—			—	
23		2,3			2,4						2,6		
24								2,5					
25	—			—			—			—			
26													—
27			2,3			2,4						2,6	
28									2,5				
29											—		
30	2,2	—		2,3	—		2,4	—		2,5			
31													2,6
32											2,5		
33		2,2			2,3			2,4				—	
34			—			—			—			2,5	
35			2,2			2,3			2,4				

Valores de A

Determinación volumétrica de los gases más importantes

Se obtiene el logaritmo del peso de *a* ml. de uno de los gases citados en la tabla siguiente, medidos a t^{0} y *p* Torr añadiendo al log. de *a* el log. tomado del lugar adecuado de la tabla VII y el log. correspondiente al gas en cuestión, sacado del cuadro que sigue. Si el gas está húmedo al ser medido, es preciso restar la tensión del vapor de agua de la presión leída y hacer la corrección de la lectura barométrica tal como se indica en las aclaraciones a la tabla VII.

Gas	Fórmula	Densidad (ϱ_N) en condiciones normales: $10^8 \cdot \varrho_N$ (gml¹)	lg	Para reducir mediante la tabla VII: Factor	lg
Acetileno	C_2H_2	1,1709	06852	0,9365	97144
Amoníaco	NH_3	0,7714	88728	0,6169	79020
Cloro	Cl_2	3,220	50786	2,575	41078
Acido clorhídrico	HCl	1,6391	21461	1,3108	11753
Anhídrido carbco.	CO_2	1,9768	29597	1,5809	19889
Oxido de carbono	CO	1,2500	09691	0,9996	99983
Aire	—	1,2929[1]	11157	1,0339	01449
Metano	CH_4	0,7168	85540	0,5732	75832
Gas normal (ideal)	$\frac{1}{32}O_2$	0,0446615	64948	0,03568	55240
Oxígeno	O_2	1,42895	15502	1,1427	05794
Dioxido de azufre	SO_2	2,9263	46632	2,3401	36924
Acido sulfhídrico	H_2S	1,5392	18730	1,2309	09022
Nitrógeno	N_2	1,2505	09708	1,0000	00000
Oxido nítrico	NO	1,3402	12717	1,0718	03009
Oxido nitroso	N_2O	1,9780	29623	1,5818	19915
Hidrógeno	H_2	0,089870	95361	0,07187	85653

1) Valor medio (oscilaciones entre 1,2927 y 1,2933).

1 ml. de un gas ideal seco, de peso molecular *M*, tiene a la presión *p* (en Torr) y temperatura absoluta *T* una densidad:

$$\varrho_T^p = \frac{M \cdot 0{,}000\,044615 \cdot 273{,}16 \cdot p}{760 \cdot T} = M \cdot 0{,}000\,16036 \cdot \frac{p}{T} \text{ gml}^{-1}$$

(lg 16036 = 20509).

Determinación volumétrica de substancias que desprenden gases

Si una substancia, en virtud de una reacción determinada, desprende a ml. de gas, medidos a t° y p Torr, se obtiene el logaritmo del peso g de la substancia que desprende el gas añadiendo al log. de a el log. tomado del lugar correspondiente de la tabla VII y el log. de transformación de la substancia de referencia sacado de la última columna de la tabla siguiente. Si el gas estaba húmedo al hacer la medición de volumen, se ha de restar de la presión leída la tensión del vapor de agua y corregir la lectura barométrica, tal como se indica en las aclaraciones a la tabla VII.

Gas medido	Substancia buscada	1 ml. de gas (red.) corresponde a substancia buscada		Logaritmo de transformación que se ha de añadir al de la tabla VII
		mg	lg	
Acetileno	CaC_2	2,882	45974	36266
	H_2O	1,620	20963	11255
Metano	H_2O	0,8050	90579	80871
Oxígeno	H_2O_2 1)	1,519	18155	08447
	$KMnO_4$ 1)	2,823	45066	35358
	H_2O_2 2)	3,038	48258	38550
	Na_2O_2 2)	6,906	84296	74588
Oxido nítrico	HNO_3	2,814	44938	35230
	KNO_3	4,515	65470	55762
	N	0,6256	79631	69923
	NH_4NO_3	3,575	55328	45620
	N_2O_5	2,412	38238	28530
	NO_3	2,769	44238	34530
	$NaNO_3$	3,796	57937	48229
Hidrógeno	Al	0,8015	90391	80683
	Fe	2,489	39607	29899
	Mg	1,084	03508	93800
	Ni	2,616	41768	32060
	Zn	2,914	46456	36748

1) Reacción entre peróxido de hidrógeno y permanganato.

2) Descomposición catalítica del peróxido de hidrógeno.

Transformación de vol.-$^0/_{00}$ en mg/m³ (y viceversa) en las mezclas de gases

para gases de peso molecular M comprendido entre 1 y 304.
Válida para 0° C y 760 Torr

$x =$ mg/m³ para 1 vol.-$^0/_{00}$; $y = \frac{1}{x} =$ vol.$^0/_{00}$ para 1 mg/m³

M	$\frac{x}{100}$	$1000\,y = \frac{1000}{x}$	M	$\frac{x}{100}$	$1000\,y = \frac{1000}{x}$	M	$\frac{x}{100}$	$1000\,y = \frac{1000}{x}$	M	$\frac{x}{100}$	$1000\,y = \frac{1000}{x}$
1	0,446	22,4	39	17,4	0,575	77	34,3	0,292	115	51,3	0,195
2	0,892	11,2	40	17,8	0.562	78	34,8	0,287	116	51,7	0,193
3	1.34	7,13	41	18,3	0,546	79	35,2	0,284	117	52,2	0,192
4	1,78	5,62	42	18,7	0,535	80	35,7	0,280	118	52,6	0,190
5	2,23	4,48	43	19,2	0,521	81	36,1	0,277	119	53,1	0,188
6	2,68	3,73	44	19,6	0,510	82	36,6	0,273	120	53,5	0,187
7	3.12	3,205	45	20,1	0,4975	83	37,0	0,270	121	54,0	0,185
8	3,57	2,80	46	20,5	0,488	84	37,4	0,267	122	54,4	0,184
9	4,01	2,49	47	21,0	0,476	85	37,9	0,264	123	54,9	0,182
10	4,46	2,24	48	21,4	0,467	86	38,4	0,260	124	55,3	0,181
11	4,91	2,04	49	21,8	0,459	87	38,8	0,258	125	55,75	0,179
12	5,35	1,87	50	22,3	0,448	88	39,2	0,255	126	56,2	0,178
13	5,80	1,72	51	22,7	0,441	89	39,7	0,252	127	56,6	0,177
14	6,24	1,60	52	23,2	0,431	90	40,1	0.249	128	57,1	0,175
15	6,69	1,49	53	23,6	0.424	91	40,6	0,246	129	57,5	0,174
16	7,14	1,40	54	24,1	0,415	92	41,0	0,244	130	58,0	0,172
17	7,58	1,32	55	24,5	0,408	93	41,5	0,241	131	58,4	0,171
18	8,02	1,25	56	25,0	0,400	94	42,0	0,238	132	58,9	0,170
19	8,47	1,18	57	25,4	0,394	95	42,4	0,236	133	59,3	0,169
20	8,92	1,12	58	25,8	0,388	96	42,8	0,234	134	59,8	0,167
21	9,37	1,09	59	26,3	0,380	97	43,3	0,231	135	60,2	0,166
22	9,815	1,02	60	26,8	0,373	98	43,7	0,229	136	60,7	0,165
23	10,3	0,971	61	27.2	0,368	99	44,15	0,227	137	61,1	0,164
24	10,7	0,935	62	27,6	0,362	100	44,6	0,224	138	61,55	0,162
25	11.15	0,897	63	28,1	0,356	101	45,0	0,222	139	62,0	0,161
26	11,6	0,862	64	28,6	0,350	102	45,4	0,220	140	62,4	0,160
27	12,0	0,833	65	29,0	0,345	103	45.9	0,218	141	62,9	0,159
28	12,5	0,800	66	29,4	0,340	104	46,4	0,216	142	63,3	0,158
29	12,9	0,775	67	29,8	0,336	105	46.8	0,214	143	63,8	0,157
30	13,4	0,746	68	30,3	0,330	106	47,2	0,212	144	64,2	0,156
31	13,8	0,725	69	30,8	0,325	107	47.7	0,210	145	64,7	0,155
32	14,3	0,699	70	31,2	0,3205	108	48,2	0,208	146	65,1	0,154
33	14,7	0,680	71	31,7	0,315	109	48,6	0,206	147	65,6	0,152
34	15,1	0,662	72	32,1	0.3115	110	49,1	0,204	148	66,0	0,151
35	15,6	0,641	73	32,6	0,307	111	49,5	0,202	149	66,5	0,150
36	16,0	0,625	74	33,0	0,303	112	49,95	0,200	150	66,9	0,149
37	16,5	0,606	75	33,45	0,299	113	50,4	0,198	151	67,35	0,148
38	16,9	0,592	76	33,9	0,295	114	50,8	0,197	152	67,8	0,147

TABLA XI

Transformación de vol.-$^0/_{00}$ en mg/m³ (y viceversa) en las mezclas de gases

para gases de peso molecular M comprendido entre 1 y 304.
Válida para 0° C y 76 Torr

$x =$ mg/m³ para 1 vol.-$^0/_{00}$; $y = \frac{1}{x} =$ vol.-$^0/_{00}$ para mg/m³

M	$\frac{x}{100}$	$1000\,y = \frac{1000}{x}$	M	$\frac{x}{100}$	$1000\,y = \frac{1000}{x}$	M	$\frac{x}{100}$	$1000\,y = \frac{1000}{x}$	M	$\frac{x}{100}$	$1000\,y = \frac{1000}{x}$
153	68,2	0,1465	191	85,2	0,1175	229	102,2	0,0979	267	119,1	0,0839
154	68,7	0,146	192	85,7	0,117	230	102,6	0,0975	268	119,6	0,0836
155	69,1	0,145	193	86,1	0,116	231	103,1	0,0970	269	120,0	0,0833
156	69,6	0,144	194	86,55	0,1155	232	103,5	0,0966	270	120,5	0,0830
157	70,0	0,143	195	87,0	0,115	233	104,0	0,0962	271	120,9	0,0827
158	70,5	0,142	196	87,45	0,1145	234	104,4	0,0958	272	121,3	0,0824
159	70,9	0,141	197	87,9	0,114	235	104,8	0,0954	273	121,8	0,0821
160	71,4	0,140	198	88,3	0,113	236	105,3	0,0950	274	122,2	0,0818
161	71,8	0,139	199	88,8	0,1125	237	105,7	0,0946	275	122,7	0,0815
162	72,25	0,1385	200	89,2	0,112	238	106,2	0,0942	276	123,1	0,0812
163	72,7	0,1375	201	89,7	0,1115	239	106,6	0,0938	277	123,6	0,0809
164	73,1	0,137	202	90,1	0,111	240	107,1	0,0934	278	124,0	0,0806
165	73,6	0,136	203	90,6	0,1105	241	107,5	0,0930	279	124,5	0,0803
166	74,0	0,135	204	91,0	0,110	242	108,0	0,0926	280	124,9	0,0800
167	74,5	0,134	205	91,5	0,1095	243	108,4	0,0922	281	125,4	0,0797
168	74,9	0,1335	206	91,9	0,109	244	108,9	0,0918	282	125,8	0,0795
169	75,4	0,133	207	92,35	0,108	245	109,3	0,0915	283	126,3	0,0792
170	75,8	0,132	208	92,8	0,1075	246	109,8	0,0911	284	126,7	0,0789
171	76,3	0,131	209	93,2	0,1073	247	110,2	0,0907	285	127,2	0,0786
172	76,7	0,1305	210	93,7	0,1067	248	110,6	0,0904	286	127,6	0,0784
173	77,2	0,1295	211	94,1	0,1063	249	111,1	0,0900	287	128,0	0,0781
174	77,6	0,129	212	94,6	0,1057	250	111,5	0,0897	288	128,5	0,0778
175	78,1	0,128	213	95,0	0,1053	251	112,0	0,0893	289	128,9	0,0776
176	78,5	0,1275	214	95,5	0,1047	252	112,4	0,0890	290	129,4	0,0773
177	79,0	0,1265	215	95,9	0,1043	253	112,9	0,0886	291	129,8	0,0770
178	79,4	0,126	216	96,4	0,1038	254	113,3	0,0883	292	130,3	0,0767
179	79,9	0,125	217	96,8	0,1035	255	113,8	0,0879	293	130,7	0,0765
180	80,3	0,1245	218	97,3	0,103	256	114,2	0,0876	294	131,2	0,0762
181	80,75	0,124	219	97,7	0,1025	257	114,7	0,0872	295	131,6	0,0760
182	81,2	0,123	220	98,15	0,102	258	115,1	0,0869	296	132,1	0,0757
183	81,65	0,1225	221	98,6	0,1015	259	115,5	0,0866	297	132,5	0,0755
184	82,1	0,122	222	99,0	0,101	260	116,0	0,0862	298	133,0	0,0752
185	82,5	0,121	223	99,5	0,1005	261	116,4	0,9859	299	133,4	0,0750
186	83,0	0,1205	224	99,9	0,100	262	116,8	0,0856	300	133,8	0,0747
187	83,4	0,120	225	100,4	0,0996	263	117,3	0,0853	301	134,3	0,0744
188	83,9	0,119	226	100,8	0,0992	264	117,8	0,0849	302	134,7	0,0742
189	84,3	0,1185	227	101,3	0,0987	265	118,2	0,0846	303	135,2	0,0740
190	84,8	0,118	228	101,7	0,0983	266	118,7	0,0842	304	135,6	0,0738

I) Por desplazamiento del aire (Victor Meyer)

A. VALIÉNDOSE DEL VOLUMEN MOLAR DE UN GAS IDEAL

$V_M = 22414$ ml (0°, 760 Torr, 45° latitud)

$$M = \frac{22414 \cdot G \cdot 760 \cdot (273{,}16 + t)}{V \cdot p \cdot 273{,}16} = 62\,300 \; \frac{G \cdot (273{,}16 + t)}{V \cdot p}$$

$$\lg M = 79491 = \lg G + \lg (273{,}16 + t) + (1 - \lg V) + (1 - \lg p)$$

M = peso molecular buscado; G = gramos de substancia empleada; t = grados centígrados; V = volumen de aire leído (en ml.): p = presión del gas en Torr (calculada introduciendo en la altura barométrica las correcciones de humedad, de lectura y de diferencia de nivel del líquido de cierre).

B. VALIÉNDOSE DE LA TABLA VII DEL NITRÓGENO

$$M = \frac{28{,}016 \cdot G}{V \cdot \varrho_{VII}}, \; \lg M = 44741 + \lg G + (1 - \lg V) + (1 - \lg \varrho_{VII}).$$

ϱ_{VII} = valores de ϱ de la tabla VII, es decir (1 — log ϱ_{VII}) = complemento del log de la tabla VII; M, G, y v como en A.

II) Por el descenso del punto de congelación o aumento del de ebullición

$$M = K \cdot \frac{G}{L} \cdot \frac{1}{\Delta}; \; \lg M = \lg K + \lg G + (1 - \lg L) + (1 - \lg \Delta).$$

Siendo M = peso molecular que se busca; K = constante del disolvente; G = gramos de substancia disuelta; L = gramos de disolvente; Δ = descenso del punto de congelación o aumento del de ebullición expresado en grados.

Para el descenso del punto de congelación					Para el aumento del punto de ebullición				
ϱ_{20^0}	Disolvente	P. cgl. °C	$\frac{K}{1000}$	lg K	Disolvente	P. eb. °C	$\frac{K}{1000}$	lg K	ϱ_{20^0}
2,177	Brom.-etileno	9,98	12,5	4,0969	Acetona	56,1	1,73	3,2380	0,792
1,220	Acd.° fórmico	8,43	2,77	3,4425	Eter	34,6	2,16	3,3345	0,714
0,879	Benzol	5,4	5,10	3,7076	Alcohol	78,3	1,20	3,0792	0,789
2,890	Bromoformo	9	14,4	4,1584	Anilina	184,4	3,69	3,5670	1,022
—	Alcanfor	178	40	4,6021	Benzol	80,5	2,57	3,4099	0,879
—	Canfinelona	38	64	4,8062	Cloroformo	61,2	3,88	3,5888	1,483
0,778	Ciclohexano	6,2	20,2	4,3054	Dioxano	100,8	3,2	3,5052	1,033
1,049	Acido acético	16,65	3,9	3,5911	Difenilo	254,9	7,06	3,8488	—
—	Exaltona[1])	65,6	21,3	4,3284	Aci. acético	118,1	3,07	3,4871	1,049
—	Naftalina	80,1	6,899	3,8388	Anhíd. acé.	139,6	3,53	3,5478	1,082
1,203	Nitrobenzol	5,67	6,89	3,8382	Alcohol me	64,7	0,84	2,9243	0,792
—	Fenantreno	100	12,0	4,0792	Naftalina	217,7	5,80	3,7634	-
—	Fenol	41	7,3	3,8633	Fenol	180,5	3,60	3,5563	—
1,68	Oxicloruro de fósforo	1,3	7,57	3,8791	Sulf. de car.	46,3	2,29	3,3598	1,263
0,998	Agua	0,00	1,853	3,2679	Tetracloro de carbono	76,8	4,88	3,6884	1,593
—	Brom.-estaño	29,9	28,0	4,4472	Agua	100,0	0,515	2,7118	0,998

[1]) Ciclopentadecanona.

P. M.

Determinación de la densidad (ϱt^0) de un líquido por pesada en el aire

Si por pesada en "el aire" se ha determinado, por una parte, la cantidad de líquido a analizar (resultado: G_f en gramos) y, por otra parte, la cantidad de agua (resultado: G_w en gramos) contenidos, a la "misma temperatura" (t^0) en una vasija (matraz, picnómetro, etc.), dividiendo uno por otro peso se encuentra la relación $\tau L \frac{t^0}{t^0}$ (valor correspondiente a la pesada en el aire) $= \frac{G_f}{G_w}$. Para determinar con esta relación la "densidad" ϱt^0 del líquido ensayado y, por tanto, el valor correspondiente a la pesada "en el vacío", primeramente se refiere $\tau L \frac{t^0}{t^0}$ a $\tau L \frac{t^0}{4^0}$, multiplicando al efecto dicha relación por la densidad del agua a la temperatura t^0 a que se opera (véase la tabla XIII), y después se hace la corrección para el vacío.

Esta última se hace añadiendo a la quinta decimal 1,2 unidades por cada 0,01 unidades si la relación $\tau L \frac{t^0}{4^0}$ es "menor" que 1,00, y restando la misma cantidad por cada 0,01 unidades si dicha relación es "mayor" que 1,00.

Ejemplo I

Por pesada se ha encontrado que la cabida de un matraz lleno del líquido objeto del ensayo a 15° es de 40,3858 gramos. Llenando luego el matraz con agua a 15° el peso de esta última fué de 50,4636 gramos. Se tiene:

$$\tau L \frac{15^0}{15^0} = \frac{40{,}3858}{50{,}4636} = 0{,}80030;$$

$$\tau L \frac{15^0}{4^0} = 0{,}80030 \cdot 0{,}999126 = 0{,}79960;$$

$$\varrho_{15}{}^0 = 0{,}79960 + 20 \cdot 0{,}000012 = 0{,}79984.$$

Ejemplo II

En otro caso el peso de líquido a 20° fué 60,5836 gramos y el peso de agua a la misma temperatura fué 49,2643 gramos. Se tiene entonces:

$$\tau L \frac{20^0}{20^0} = \frac{60{,}5836}{49{,}3643} = 1{,}22728;$$

$$\tau L \frac{20^0}{4^0} = 1{,}22728 \cdot 0{,}998230 = 1{,}22511;$$

$$\varrho_{20}{}^0 = 1{,}22511 - 22{,}5 \cdot 0{,}000012 = 1{,}22484.$$

La corrección de vacío (para determinar la densidad) es, por tanto, necesaria siempre que la densidad haya de determinarse por lo menos exactamente hasta la cuarta cifra decimal (pues entonces la relación de pesos sólo discrepa de la unidad en menos de 0,05).

Densidad del agua (ϱw)
a distintas temperaturas t (°C) **y logaritmos respectivos**

t	ϱw	lg ϱw	t	ϱw	lg ϱw
+0,0	0,999868	9999426	17,5	0,998713	9994407
0,5	899	9562	18,0	622	4012
1,0	927	9682	18,5	528	3603
1,5	950	9783	19,0	432	3185
2,0	968	9861	19,5	332	2750
2,5	982	9922	20,0	230	2306
3,0	992	9966	20,5	126	1854
3,5	998	9991	21,0	019	1388
4,0	1,000000	0000000	21,5	0,997909	0910
4,5	0,999998	9999991	22,0	797	0422
5,0	992	9966	22,5	682	9989922
5,5	982	9922	23,0	565	9412
6,0	968	9861	23,5	445	8889
6,5	951	9787	24,0	323	8358
7,0	929	9692	24,5	198	7814
7,5	904	9583	25,0	071	7260
8,0	876	9461	25,5	0,996941	6694
8,5	844	9322	26,0	810	6124
9,0	808	9166	26,5	676	5540
9,5	769	8997	27,0	539	4943
10,0	727	8814	27,5	400	4337
10,5	681	8614	28,0	259	3723
11,0	632	8402	28,5	116	3099
11,5	580	8176	29,0	0,995971	2467
12,0	525	7937	29,5	823	1821
12,5	466	7680	30,0	673	1167
13,0	404	7411	30,5	521	0504
13,5	339	7129	31,0	367	9979832
14,0	271	6832	31,5	211	9151
14,5	200	6524	32,0	052	8458
15,0	126	6203	32,5	0,994892	7760
15,5	050	5872	33,0	729	7048
16,0	0,998970	5524	33,5	564	6328
16,5	887	5164	34,0	398	5602
17,0	801	4789	34,5	229	4865

Tabla XV

Determinación gravimétrica de volúmenes. I a

Una vasija de vidrio de exactamente 1 litro de cabida a t^o contiene w gramos de agua a la misma temperatura, pesados en el aire con pesas de latón.

t	w	lg w	t	w	lg w
0	998,81	9994833	17,2	997,71	9990034
1	998,87	9995090	17,4	997,67	9989882
2	998,91	9995268	17,6	997,64	9989726
3	998,94	9995373	17,8	997,60	9989568
4	998,94	9995407	18,0	997,56	9989408
5	998,94	9995373	18,2	997,53	9989247
6	998,91	9995268	18,4	997,49	9989082
7	998,87	9995099	18,6	997,45	9988915
8	998,82	9994868	18,8	957,41	9988746
9	998,75	9994572	19,0	997,37	9988576
10	998,67	9994220	19,2	997,33	9988402
11	998,58	9993807	19,4	997,29	9988228
12	998,47	9993341	19,6	997,25	9988053
13	998,35	9992811	19,8	997,21	9987875
14	998,21	9992232	20,0	997,17	9987696
14,2	998,19	9992111	20,2	997,13	9987518
14,4	998,16	9991989	20,4	997,09	9987335
14,6	998,13	9991862	20,6	997,05	9987152
14,8	998,10	9991732	20,8	997,00	9986965
15,0	998,07	9991601	21,0	996,96	9986777
15,2	998,04	9991470	21,2	996,92	9986586
15,4	998,01	9991336	21,4	996,87	9986394
15,6	997,98	9991201	21,6	996,83	9986202
15,8	997,94	9991062	21,8	996,78	9986006
16,0	997,91	9990923	22,0	996,74	9985810
16,2	997,88	9990779	22,2	996,69	9985610
16,4	997,85	9990635	22,4	996,65	9985392
16,6	997,81	9990488	22,6	996,60	9985205
16,8	997,78	9990339	22,8	996,55	9985000
17,0	997,74	9990187	23,0	996,51	9984795

Si el volumen de una vasija de vidrio es V_t a t^o, a t'^o será: $V_{t'} = V_t \left(1 + \frac{t' - t}{40\,000}\right)$

Tabla XV

Determinación gravimétrica de volúmenes. I a

Una vasija de vidrio de exactamente 1 litro de cabida a t° contiene w gramos de agua a la misma temperatura, pesados en el aire con pesas de latón.

t	w	lg w	t	w	lt w
23,2	996,46	9984586	29,2	994,85	9977580
23,4	996,41	9984377	29,4	994,79	9977323
23,6	996,36	9984167	29,6	994,73	9977061
23,8	996,31	9983954	29,8	994,67	9976799
24,0	996,26	9983740	30,0	994,61	9976537
24,2	996,21	9983522	30,2	994,55	9976275
24,4	996,16	9983304	30,4	994,49	9976008
24,6	996,11	9983086	30,6	994,43	9975738
24,8	996,06	9982864	30,8	994,37	9975467
25,0	996,01	9982641	31,0	994,31	9975196
25,2	995,96	9982415	31,2	994,24	9974925
25,4	995,91	9982188	31,4	994,18	9974650
25,6	995,86	9981961	31,6	994,12	9974375
25,8	995,80	9981734	31,8	994,05	9974100
26,0	995,75	9981503	32,0	993,99	9973820
26,2	995,70	9981267	32,2	993,93	9973540
26,4	995,64	9981032	32,4	993,86	9973261
26,6	995,59	9980796	32,6	993,80	9972977
26,8	995,53	9980544	32,8	993,73	9972693
27,0	995,48	9980321	33,0	993,67	9972409
27,2	995,42	9980077	33,2	993,60	9972120
27,4	995,37	9979832	33,4	993,54	9971832
27,6	995,31	9979588	33,6	993,47	9971544
27,8	995,26	9979344	33,8	993,40	9971246
28,0	995,20	9979095	34,0	993,33	9970953
28,2	995,14	9978846	34,2	993,27	9970660
28,4	995,08	9978598	34,4	993,20	9970367
28,6	995,03	9978344	34,6	993,13	9970070
28,8	994,97	9978091	34,8	993,06	9969768
29,0	994,91	9977838	35,0	993,00	9969471

Si el volumen de una vasija de vidrio es V_t a t°, a t'° será $V_{t'} = V_t\left(1 + \frac{t' - t}{40\,000}\right)$.

Tabla XV

Determinación gravimétrica de volúmenes. I b

Una vasija de vidrio de exatamente 1 litro de cabida a t^{o}, contiene q gramos de mercurio a la misma temperatura, pesados en el aire con pesas de latón.

t	q	lg q
0	13596,2	1334176
1	13593,7	1333377
2	13591,2	1332578
3	13588,8	1331811
4	13586,3	1331012
5	13583,8	1330313
6	13581,4	1329445
7	13578,9	1328646
8	13576,4	1327846
9	13574,0	1327078
10	13571,5	1326279
11	13569,1	1325510
12	13566,6	1324710
13	13564,1	1323910
14	13561,7	1323141
15	13559,2	1322341
16	13556,8	1321572
17	13554,3	1320771
18	13551,9	1320002
19	13549,4	1319200
20	13547,0	1318431
21	13544,5	1317630
22	13542,0	1316828
23	13539,6	1316059
24	13537,1	1315256
25	13534,7	1314487
26	13532,2	1313684
27	13529,8	1312914
28	13527,3	1312111
29	13524,9	1311341
30	13522,4	1310537

Si el volumen de una vasija de vidrio es V_t a t^o, a t'^o será $V_{t'} = V_t\left(1 + \frac{t'-t}{40\,000}\right)$.

Determinación gravimétrica de volúmenes. II

Una vasija de exactamente 1 litro de cabida a 20° o 28° contiene a la temperatura $t°$ resp. las cantidades de agua w_{20} o w_{28} pesando en el aire con pesas de latón

t	w_{20}	w_{28}	t	w_{20}	w_{28}
0	998,31	998,11	17,2	997,64	997,44
1	998,40	998,20	17,4	997,61	997,41
2	998,46	998:26	17,6	997,58	997,38
3	998,51	998,31	17,8	997,55	997,35
4	998,45	998,34	18,0	997,51	997,31
5	998,56	998,36	18,2	997,48	997,28
6	998,56	998,36	18,4	997,45	997,25
7	998,55	998,35	18,6	997,42	997,22
8	998,52	998,32	18,8	997,38	997,18
9	998,48	998,28	19,0	997,35	997,15
10	998,42	998,22	19,2	997,31	997,11
11	998,35	998,15	19,4	997,28	997,08
12	998,27	998,07	19,6	997,24	997,04
13	998,17	997,97	19,8	997,21	997,01
14	998,06	997,86	20,0	997,17	996,97
14,2	998,04	997,84	20,2	997,14	996,94
14,4	998,02	997,82	20,4	997,10	996,90
14,6	997,99	997,79	20,6	997,06	996,86
14,8	997,97	997,77	20,8	997,02	996,82
15,0	997,94	997,74	21,0	996,99	996,79
15,2	997,92	997,72	21,2	996,95	996,75
15,4	997,89	997,69	21,4	996,91	996,71
15,6	997,87	997,67	21,6	996,87	996,67
15,8	997,84	997,64	21,8	996,83	996,63
16,0	997,81	997,61	22,0	996,79	996,59
16,2	997,78	997,58	22,2	996,75	996,55
16,4	997,76	997,56	22,4	996,71	996,51
16,6	997,73	997,53	22,6	996,66	996,46
16,8	997,70	997,50	22,8	996,62	996,42
17,0	997,67	997,47	23,0	996,58	996,38

Determinación gravimétrica de volúmenes. II

Una vasija de exactamente 1 litro de cabida a 20° o 28° contiene a la temperatura t^0 resp. las cantidades de agua w_{20} o w_{28} pesando en el aire con pesas de latón.

t	w_{20}	w_{28}	t	w_{20}	w_{28}
23,2	996,54	996,34	29,2	995,08	994,88
23,4	996,49	996,29	29,4	995,03	994,83
23,6	996,45	996,25	29,6	994,97	994,77
23,8	996,41	996,21	29,8	994,92	994,72
24,0	996,36	996,16	30,0	994,86	994,66
24,2	996,32	996,12	30,2	994,81	994,61
24,4	996,27	996,07	30,4	994,75	994,55
24,6	996,23	996,03	30,6	994,69	994,49
24,8	996,18	995,98	30,8	994,64	994,44
25,0	996,14	995,94	31,0	994,58	994,38
25,2	996,09	995,89	31,2	994,52	994,32
25,4	996,04	995,84	31,4	994,47	994,27
25,6	996,00	995,80	31,6	994,41	994,21
25,8	995,95	995,75	31,8	994,35	994,15
26,0	995,90	995,70	32,0	994,29	994,09
26,2	995,85	995,65	32,2	994,23	994,03
26,4	995,80	995,60	32,4	994,17	993,97
26,6	995,75	995,55	32,6	994,11	993,91
26,8	995,70	995,50	32,8	994,05	993,85
27,0	995,65	995,45	33,0	993,99	993,79
27,2	995,60	995,40	33,2	993,93	993,73
27,4	995,55	995,35	33,4	993,87	993,67
27,6	995,50	995,30	33,6	993,81	993,61
27,8	995,45	995,25	33,8	993,75	993,55
28,0	995,40	995,20	34,0	993,68	993,48
28,2	995,35	995,15	34,2	993,62	993,42
28,4	995,29	995,09	34,4	993,56	993,36
28,6	995,24	995,04	34,6	993,50	993,30
28,8	995,19	994,99	34,8	993,43	993,23
29,0	995,14	994,94	35,0	993,37	993,17

Correcciones de temperatura para el análisis volumétrico

Corrección del volumen del agua y de las soluciones normales contenidas en vasijas de vidrio para referirlo a la temperatura normal de 20°.

Temperatura	Agua y soluciones 0,1 norm.	HCl n.	Acido oxálico n.	H_2SO_4 n.	HNO_3 n.	Na_2CO_3 n.	NaOH n.
°C.	milílitros por litro						
5	+ 1,36	+ 2,23	+ 2,38	+ 3,24	+ 3,30	+ 3,32	+ 3,51
6	1,36	2,15	2,30	3,09	3,14	3,16	3,32
7	1,35	2,07	2,21	2,93	2,98	2,98	3,13
8	1,32	1,97	2,10	2,76	2,80	2,79	2,93
9	1,28	1,85	1,99	2.58	2,61	2,60	2,72
10	1,22	1,73	1,86	2,39	2,41	2,40	2,51
11	1,16	1,60	1,72	2,19	2,21	2,19	2,29
12	1,09	1,45	1,57	1,98	1,99	1,98	2,06
13	0,98	1,30	1,40	1,76	1,76	1,76	1,83
14	0,88	1,14	1,23	1,53	1,53	1,53	1,58
15	0,76	0,97	1,05	1,30	1,30	1,29	1,33
16	0,63	0,79	0,85	1,06	1,05	1,05	1,08
17	0,49	0,61	0,65	0,81	0,80	0,80	0,82
18	0,34	0,41	0,44	0,55	0,54	0,56	0,55
19	0,17	0,21	0,23	0,28	0,27	0,27	0,28
20	0	0	0	0	0	0	0
21	— 0,19	— 0,22	0,24	— 0,28	— 0,28	— 0,28	— 0,29
22	0,38	0,44	0,49	0,56	0,57	0,56	0,59
23	0,59	0,67	0,75	0,85	0,87	0,85	0,90
24	0,80	0,91	1,02	1,15	1,17	1,15	1,21
25	1,03	1,17	1,29	1,46	1,48	1,46	1,52
26	1,26	1,43	1,57	1,78	1,80	1,77	1,84
27	1,51	1,70	1,85	2,11	2,13	2,09	2,17
28	1,76	1,92	2,14	2.45	2,46	2,41	2,50
29	1,99	2,26	2,44	2,79	2,80	2,75	2,87
30	2,30	2,55	2,77	3,13	3,14	3,09	3,19

TABLA XVII

Densidad y concentración de las soluciones acuosas

a) Acido sulfúrico

Densidad $\varrho 20^0$	Concentración Peso °/₀	Concentración Mol/litro	Densidad $\varrho 20^0$	Concentración Pso. °/₀	Concentración M./l.	Densidad $\varrho 20^0$	Concentración Pso. °/₀	Concentración M./l.	Densidad $\varrho 20^0$	Concentración Pso. °/₀	Concentración M./l.
1,000	0,2609	0,02660	1,235	32,01	4,031	1,470	57,36	8,598	1,705	78,06	13,57
1,005	0,9855	0,1010	1,240	32,61	4,123	1,475	57,84	8,699	1,710	78,49	13,69
1,010	1,731	0,1783	1,245	33,22	4,216	1,480	58,31	8,799	1,715	78,93	13,80
1,015	2,485	0,2595	1,250	33,82	4,310	1,485	58,78	8,899	1,720	79,37	13,92
1,020	3,242	0,3372	1,255	34,42	4,404	1,490	59,24	9,000	1,725	79,81	14,04
1,025	4,000	0,4180	1,260	35,01	4,498	1,495	59,70	9,100	1,730	80,25	14,16
1,030	4,746	0,4983	1,265	35,60	4,592	1,500	60,17	9,202	1,735	80,70	14,28
1,035	5,493	0,5796	1,270	36,19	4,686	1,505	60,62	9,303	1,740	81,16	14,40
1,040	6,237	0,6613	1,275	36,78	4,781	1,510	61,08	9,404	1,745	81,62	14,52
1,045	6,956	0,7411	1,280	37,36	4,876	1,515	61,54	9,506	1,750	82,09	14,65
1,050	7,704	0,8250	1,285	37,95	4,972	1,520	62,00	9,608	1,755	82,57	14,78
1,055	8,415	0,9054	1,290	38,53	5,068	1,525	62,45	9,711	1,760	83,06	14,90
1,060	9,129	0,9865	1,295	39,10	5,163	1,530	62,91	9,813	1,765	83,57	15,04
1,065	9,843	1,066	1,300	39,68	5,259	1,535	63,36	9,916	1,770	84,08	15,17
1,070	10,56	1,152	1,305	40,25	5,356	1,540	63,81	10,02	1,775	84,61	15,31
1,075	11,26	1,235	1,310	40,82	5,452	1,545	64,26	10,12	1,780	85,16	15,46
1,080	11,96	1,317	1,315	41,39	5,549	1,550	64,71	10,23	1,785	85,74	15,61
1,085	12,66	1,401	1,320	41,95	5,646	1,555	65,15	10,33	1,790	86,35	15,76
1,090	13,36	1,484	1,325	42,51	5,743	1,560	65,59	10,43	1,795	86,99	15,92
1,095	14,04	1,567	1,330	43,07	5,840	1,565	66,03	10,54	1,800	87,69	16,09
1,100	14,73	1,652	1,335	43,62	5,938	1,570	66,47	10,64	1,805	88,43	16,27
1,105	15,41	1,735	1,340	44,17	6,035	1,575	66,51	10,74	1,810	89,23	16,47
1,110	16,08	1,820	1,345	44,72	6,132	1,580	67,35	10,85	1,815	90,12	16,68
1,115	16,76	1,905	1,350	45,26	6,229	1,585	67,79	10,96	1,820	91,11	16,91
1,120	17,43	1,990	1,355	45,80	6,327	1,590	68,23	11,06	1,821	91,33	16,96
1,125	18,09	2,075	1,360	46,33	6,424	1,595	68,66	11,16	1,822	91,56	17,01
1,130	18,76	2,161	1,365	46,86	6,522	1,600	69,09	11,27	1,823	91,78	17,06
1,135	19,42	2,247	1,370	47,39	6,620	1,605	69,53	11,38	1,824	92,00	17,11
1,140	20,08	2,334	1,375	47,92	6,718	1,610	69,96	11,48	1,825	92,25	17,17
1,145	20,73	2,420	1,380	48,45	6,817	1,615	70,39	11,59	1,826	92,51	17,22
1,150	21,38	2,507	1,385	48,97	6,915	1,620	70,82	11,70	1,827	92,77	17,28
1,155	22,03	2,594	1,390	49,48	7,012	1,625	71,25	11,80	1,828	93,03	17,34
1,160	22,67	2,681	1,395	49,99	7,110	1,630	71,67	11,91	1,829	93,33	17,40
1,165	23,31	2,768	1,400	50,50	7,208	1,635	72,09	11,02	1,830	93,64	17,47
1,170	23,95	2,857	1,405	51,01	7,307	1,640	72,52	12,13	1,831	93,94	17,54
1,175	24,58	2,945	1,410	51,52	7,406	1,645	72,95	12,24	1,832	94,32	17,62
1,180	25,21	3,033	1,415	52,02	7,505	1,650	73,37	13,34	1,833	94,72	17,70
1,185	25,84	3,122	1,420	52,51	7,603	1,655	73,89	12,45			
1,190	26,47	3,211	1,425	53,01	7,702	1,660	74,22	12,56			
1,195	27,10	3,302	1,430	53,50	7,801	1,665	74,64	12,67			
1,200	27,72	3,391	1,435	54,00	7,901	1,670	75,07	12,78			
1,205	28,33	3,481	1,440	54,49	8,000	1,675	75,49	12,89			
1,210	28,95	3,572	1,445	54,97	8,099	1,680	75,92	12,00			
1,215	29,57	3,663	1,450	55,45	8,198	1,685	76,34	13,12			
1,220	30,18	3,754	1,455	55,93	8,297	1,690	76,77	13,23			
1,225	30,79	3,846	1,460	56,41	8,397	1,695	77,20	13,34			
1,230	31,40	3,938	1,465	56,89	8,497	1,700	77,63	13,46			

La concentración de los ácidos de densidad más elevada no puede determinarse unívocamente por vía aerométrica.

Densidad y concentración de las soluciones acuosas

b) Acido clorhídrico

Densidad $\varrho 20^\circ$	Concentración Peso %	Mol/litro	Densidad $\varrho 20^\circ$	Concentración Peso %	Mol/litro	Densidad $\varrho 20^\circ$	Concentración Peso %	Mol/litro
1,000	0,3600	0,09872	1,070	14,49$_5$	4,253	1,140	28,18	8,809
1,005	1,360	0,3748	1,075	15,48$_5$	4,565	1,145	29,17	9,159
1,010	2,364	0,6547	1,080	16,47	4,878	1,150	30,14	9,505
1,015	3,374	0,9391	1,085	17,45	5,192	1,155	31,14	9,863
1,020	4,388	1,227	1,090	18,43	5,509$_5$	1,160	32,14	10,22$_5$
1,025	5,408	1,520	1,095	19,41	5,829	1,165	33,16	10,59$_5$
1,030	6,433	1,817	1,100	20,39	6,150	1,170	34,18	10,97
1,035	7,464	2,118	1,105	21,36	6,472	1,175	35,20	11,34
1,040	8,490	2,421	1,110	22,33	6,796	1,180	36,23	11,73
1,045	9,510	2,725	1,115	23,39	7,122	1,185	37,27	12,11
1,050	10,52	3,029	1,120	24,25	7,449	1,190	38,32	12,50
1,055	11,52	3,333	1,125	25,22	7,782	1,195	39,37	12,90
1,060	12,51	3,638	1,130	26,20	8,118	1,198	40,00	13,14
1,065	13,50	3,944	1,135	27,18	8,459			

S. norm.

Tabla XVII

Densidad y concentración de las soluciones acuosas

c) Acido nítrico

Densidad $\varrho 20^{\circ}$	Concentración		Densidad $\varrho 20^{\circ}$	Concentración		Densidad $\varrho 20^{\circ}$	Concentración	
	Peso %	Mol/litro		Peso %	Mol/litro		Peso %	Mol/litro
1,000	0,3333	0,05231	1,190	31,47	5,943	1,380	62,70	13,73
1,005	1,255	0,2001	1,195	32,21	6,107	1,385	63,72	14,01
1,010	2,164	0,3468	1,200	32,94	6,273	1,390	64,74	14,29
1,015	3,073	0,4950	1,205	33,68	6,440	1,395	65,84	14,57
1,020	3,982	0,6445	1,210	34,41	6,607	1,400	66,97	14,88
1,025	4,883	0,7943	1,215	35,16	6,778	1,405	68,10	15,18
1,030	5,784	0,9454	1,220	35,93	6,956	1,410	69,23	15,49
1,035	6,661	1,094	1,225	36,70	7,135	1,415	70,39	15,81
1,040	7,530	1,243	1,230	37,48	7,315	1,420	71,63	16,14
1,045	8,398	1,393	1,235	38,25	7,497	1,425	72,86	16,47
1,050	9,259	1,543	1,240	39,02	7,679	1,430	74,09	16,81
1,055	10,12	1,694	1,245	39,80	7,863	1,435	75,35	17,16
1,060	10,97	1,845	1,250	40,58	8,049	1,440	76,71	17,53
1,065	11,81	1,997	1,255	41,36	8,237	1,445	78,07	17,90
1,070	12,65	2,148	1,260	42,14	8,426	1,450	79,43	18,28
1,075	13,48	2,301	1,265	42,92	8,616	1,455	80,88	18,68
1,080	14,31	2,453	1,270	43,70	8,808	1,460	82,39	19,09
1,085	15,13	2,605	1,275	44,48	9,001	1,465	83,91	19,51
1,090	15,95	2,759	1,280	45,27	9,195	1,470	85,50	19,95
1,095	16,76	2,913	1,285	46,06	9,394	1,475	87,29	20,43
1,100	17,58	3,068	1,290	46,85	9,590	1,480	89,07	20,92
1,105	18,39	3,224	1,295	47,63	9,789	1,485	91,13	21,48
1,110	19,19	3,381	1,300	48,42	9,990	1,490	93,49	22,11
1,115	2,000	3,539	1,305	49,21	10,19	1,495	95,46	22,65
1,120	20,79	3,696	1,310	50,00	10,39	1,500	96,73	23,02
1,125	21,59	3,854	1,315	50,85	10,61	1,501	96,98	23,10
1,130	22,38	4,012	1,320	51,71	10,83	1,502	97,23	23,18
1,135	23,16	4,171	1,325	52,56	11,05	1,503	97,49	23,25
1,140	23,94	4,330	1,330	53,41	11,27	1,504	97,74	23,33
1,145	24,71	4,489	1,335	54,27	11,49	1,505	97,99	23,40
1,150	25,48	4,649	1,340	55,13	11,72	1,506	98,25	23,48
1,155	26,24	4,810	1,345	56,04	11,96	1,507	98,50	23,56
1,160	27,00	4,970	1,350	56,95	12,20	1,508	98,76	23,63
1,165	27,76	5,132	1,355	57,86	12,44	1,509	99,01	23,71
1,170	28,51	5,293	1,360	58,78	12,68	1,510	99,26	23,79
1,175	29,25	5,455	1,365	59,69	12,93	1,511	99,52	23,86
1,180	30,00	5,618	1,370	60,67	13,19	1,512	99,77	23,94
1,185	30,74	5,780	1,375	61,79	13,46	1,513	100,0	24,01

Tabla XVII

Densidad y concentración de las soluciones acuosas

d) Hidróxido potásico

Densidad $\varrho 20^\circ$	Concentración Peso %	Concentración Mol/litro	Densidad $\varrho 20^\circ$	Concentración Peso %	Concentración Mol/litro	Densidad $\varrho 20^\circ$	Concentración Peso %	Concentración Mol/litro
1,000	0,197	0,0351	1,180	19,35	4,07	1,360	36,73$_5$	8,90$_5$
1,005	0,743	0,133	1,185	19,86	4,19$_5$	1,365	37,19	9,05
1,010	1,29$_6$	0,233	1,190	20,37	4,32	1,370	37,65	9,19
1,015	1,84	0,333	1,195	20,88	4,45	1,375	38,10$_5$	9,34
1,020	2,38	0,433$_5$	1,200	21,38	4,57	1,380	38,56	9,48
1,025	2,93	0,536	1,205	21,88	4,70	1,385	39,01	9,63
1,030	3,48	0,639$_5$	1,210	22,38	4,83	1,390	39,46	9,78
1,035	4,03	0,744	1,215	22,88	4,95	1,395	39,92	9,93
1,040	4,58	0,848	1,220	23,38	5,08	1,400	40,37	10,07
1,045	5,12	0,954	1,225	23,87	5,21	1,405	40,82	10,22
1,050	5,66	1,06	1,230	24,37	5,34	1,410	41,26	10,37
1,055	6,20	1,17	1,235	24,86	5,47	1,415	41,71	10,52
1,060	6,74	1,27	1,240	25,36	5,60	1,420	42,15$_5$	10,67
1,065	7,28	1,38	1,245	25,85	5,74	1,425	42,60	10,82
1,070	7,82	1,49	1,250	26,34	5,87	1,430	43,04	10,97
1,075	8,36	1,60	1,255	26,83	6,00	1,435	43,48	11,12
1,080	8,89	1,71	1,260	27,32	6,13$_5$	1,440	43,92	11,28
1,085	9,43	1,82	1,265	27,80	6,27	1,445	44,36	11,42
1,090	9,96	1,94	1,270	28,29	6,40	1,450	44,79	11,58
1,095	10,49	2,05	1,275	28,77	6,54	1,455	45,23	11,73
1,100	11,03	2,16	1,280	29,25	6,67	1,460	45,66	11,88
1,105	11,56	2,28	1,285	29,73	6,81	1,465	46,09$_5$	12,04
1,110	12,08	2,39	1,290	30,21	6,95	1,470	46,53	12,19
1,115	12,61	2,51	1,295	30,68	7,08	1,475	46,96	12,35
1,120	13,14	2,62	1,300	31,15	7,22	1,480	47,39	12,50
1,125	13,66	2,74	1,305	31,62	7,36	1,485	47,82	12,66
1,130	14,19	2,86	1,310	32,09	7,49	1,490	48,25	12,82
1,135	14,70$_5$	2,97$_5$	1,315	32,56	7,63	1,495	48,67$_5$	12,97
1,140	15,22	3,09	1,320	33,03	7,77	1,500	49,10	13,13
1,145	15,74	3,21	1,325	33,50	7,91	1,505	49,53	13,29
1,150	16,26	3,33	1,330	33,97	8,05	1,510	40,95	13,45
1,155	16,78	3,45	1,335	34,43	8,19	1,515	50,38	13,60
1,160	17,29	3,58	1,340	34,90	8,33$_5$	1,520	51,80	13,76
1,165	17,81	3,70	1,345	35,36	8,48	1,525	51,22	13,92
1,170	18,32	3,82	1,350	35,82	8,62	1,530	51,64	14,08
1,175	18,84	3,94$_5$	1,355	36,28	8,76	1,535	52,05	14,24

TABLA XVII

Densidad y concentración de las soluciones acuosas

e) Hidróxido sódico

Densidad $\varrho 20^\circ$	Concentración Peso %	Concentración Mol/litro	Densidad $\varrho 20^\circ$	Concentración Peso %	Concentración Mol/litro	Densidad $\varrho 20^\circ$	Concentración Peso %	Concentración Mol/litro
1,000	0,159	0,0398	1,180	16,44	4,850	1,360	33,06	11,24
1,005	0,602	0,151	1,185	16,89	5,004	1,365	33,54	11,45
1,010	1,04$_5$	0,264	1,190	17,34$_5$	5,160	1,370	34,03	11,65
1,015	1,49	0,378	1,195	17,80	5,317	1,375	34,52	11,86
1,020	1,94	0,494	1,200	18,25$_5$	5,476	1,380	35,01	12,08
1,025	2,39	0,611	1,205	18,71	5,636	1,385	35,50$_5$	12,29
1,030	2,84	0,731	1,210	19,16	5,796	1,390	36,00	12,51
1,035	3,29	0,851	1,215	19,62	5,958	1,395	36,49$_5$	12,73
1,040	3,74$_5$	0,971	1,220	20,07	6,122	1,400	36,99	12,95
1,045	4,20	1,097	1,225	20,53	6,286	1,405	37,49	13,17
1,050	4,65$_5$	1,222	1,230	20,98	6,451	1,410	37,99	13,39
1,055	5,11	1,347	1,235	21,44	6,619	1,415	38,49	13,61
1,060	5,56	1,474	1,240	21,90	6,788	1,420	38,99	13,84
1,065	6,02	1,602	1,245	22,36	6,958	1,425	39,49$_5$	14,07
1,070	6,47	1,731	1,250	22,82	7,129	1,430	40,00	14,30
1,075	6,93	1,862	1,255	23,27$_5$	7,302	1,435	40,51$_5$	14,53
1,080	7,38	1,992	1,260	23,73	7,475	1,440	41,03	14,77
1,085	7,83	2,123	1,265	24,19	7,650	1,445	41,55	15,01
1,090	8,28	2,257	1,270	24,64$_5$	7,824	1,450	42,07	15,25
1,095	8,74	2,391	1,275	25,10	8,000	1,455	42,59	15,49
1,100	9,19	2,527	1,280	25,56	8,178	1,460	43,12	15,74
1,105	9,64$_5$	2,664	1,285	26,02	8,357	1,465	43,64	15,98
1,110	10,10	2,802	1,290	26,48	8,539	1,470	44,17	16,23
1,115	10,55$_5$	2,942	1,295	26,94	8,722	1,475	44,69$_5$	16,48
1,120	11,01	3,082	1,300	27,41	8,906	1,480	45,22	16,73
1,125	11,46	3,224	1,305	27,87	9,092	1,485	45,75	16,98
1,130	11,92	3,367	1,310	28,33	9,278	1,490	46,27	17,23
1,135	12,37	3,510	1,315	28,80	9,466	1,495	46,80	17,49
1,140	12,83	3,655	1,320	29,26	9,656	1,500	47,33	17,75
1,145	13,28	3,801	1,325	29,73	9,847	1,505	47,85	18,00
1,150	13,73	3,947	1,330	30,20	10,04	1,510	48,38	18,26
1,155	14,18	4,095	1,335	30,67	10,23	1,515	48,90$_5$	18,52
1,160	14,64	4,244	1,340	31,14	10,43	1,520	49,44	18,78
1,165	15,09	4,395	1,345	31,62	10,63	1,525	49,97	19,05
1,170	15,54	4,545	1,350	32,10	10,83	1,530	50,50	19,31
1,175	15,99	4,697	1,355	32,58	11,03			

Densidad y concentración de las soluciones acuosas

f) Amoníaco

Densidad $\varrho 20^0$	Concentración Peso °/₀	Concentración Mol/litro	Densidad $\varrho 20^0$	Concentración Peso °/₀	Concentración Mol/litro	Densidad $\varrho 20^0$	Concentración Peso °/₀	Concentración Mol/litro
0,998	0,0465	0,0273	0,958	9,87	5,55	0,918	21,50	11,59
0,996	0,512	0,299	0,956	10,40$_5$	5,84	0,916	22,12$_5$	11,90
0,994	0,977	0,570	0,954	10,95	6,13	0,914	22,75	12,21
0,992	1,43	0,834	0,952	11,49	6,42	0,912	23,39	12,52
0,990	1,89	1,10	0,950	12,03	6,71	0,910	24,03	12,84
0,988	2,35	1,36$_5$	0,948	12,58	7,00	0,908	24,68	13,16
0,986	2,82	1,63$_5$	0,946	13,14	7,29	0,906	25,33	13,48
0,984	3,30	1,91	0,944	13.71	7,60	0,904	26,00	13,80
0,982	3,78	2,18	0,942	14,29	7,91	0,902	26,67	14,12
0,980	4,27	2,46	0,940	14,88	8,21	0,900	27,33	14,44
0,978	4,76	2,73	0,938	15,47	8,52	0,898	28,00	14,76
0,976	5,25	3,01	0,936	16,06	8,83	0,896	28,67	15,08
0,974	5,75	3,29	0,934	16,65	9,13	0,894	39,33	15,40
0,972	6,25	3,57	0,932	17,24	9,44	0,892	30,00	15,71
0,970	6,75	3,84	0,930	17,85	9,75	0,890	30,68$_5$	16,04
0,968	7,26	4,12	0,928	18,45	10,06	0,888	31,37	16,36
0,966	7,77	4,41	0,926	19,06	10,37	0,886	32,09	16,69
0,964	8,29	4,69	0,924	19,67	10,67	0,884	32,84	17,05
0,962	8,82	4,98	0,922	20,27	10,97	0,882	33,59$_5$	17,40
0,960	9,34	5,27	0,920	20,88	11,28	0,880	34,35	17,75

TABLA XVII

Densidad y concentración de las soluciones acuosas

g) Carbonato sódico*)

Densidad $\varrho 20^0$	Concentración Peso °/₀	Concentración Mol/litro	Densidad $\varrho 20^0$	Concentración Peso °/₀	Concentración Mol/litro	Densidad $\varrho 20^0$	Concentración Peso °/₀	Concentración Mol/litro
1,000	0,19	0,018	1,065	6,43	0,646	1,130	12,52	1,335
1,005	0 67	0,063₅	1,070	6,90	0;696	1,135	13,00	1,392
1,010	1,14	0,109	1,075	7,38	0,748	1,140	13,45	1,446
1,015	1,62	0,155	1,080	7,85	0,800	1,145	13,90	1,501
1,020	2,10	0,202	1,085	8,33	0,853	1,150	14,35	1,557
1,025	2,57	0,248	1,090	8,80	0,905	1,155	14,75	1,607
1,030	3,05	0,296	1,095	9,27	0,958	1,160	15,20	1,663
1,035	3,54	0,346	1,100	9,75	1,012	1,165	15,60	1,714
1,040	4,03	0,395	1,105	10,22	1,065	1,170	16,03	1,769
1,045	4,50	0,444	1,110	10,68	1,118	1,175	16,45	1,823
1,050	4,98	0,493	1,115	11,14	1,172	1,180	16,87	1,878
1,055	5,47	0,544	1,120	11,60	1,226	1,185	17,30	1,934
1,060	5,95	0,595	1,125	12,05	1,279	1,190	17,70	1,987

*) Porcentajes referidos al Na_2CO_3 anhidro.

TABLA XVIII

Temperatura y densidad del mercurio

t	ϱ	t	ϱ	t	ϱ
−10°	13,6202	+30°	13,5217	+70°	13,4244
0°	5955	40°	4973	80°	4003
+10°	5708	50°	4729	90°	3762
20°	5462	60°	4486	100°	3522

Logaritmos de los valores $\frac{n^2 - 1}{n^2 + 2}$

para valores de n comprendidos entre 1,300 y 1,699 con partes proporcionales para la cuarta decimal

n	0	1	2	3	4	5	6	7	8	9
1,30	2718	2732	2745	2758	2771	2784	2797	2810	2823	2836
31	2849	2862	2874	2887	2900	2912	2925	2938	2950	2963
32	2975	2987	3000	3012	3024	3036	3048	3061	3073	3085
33	3097	3109	3120	3132	3144	3156	3168	3179	3191	3203
34	3214	3226	3237	3249	3260	3272	3283	3294	3305	3317
35	3328	3339	3350	3361	3372	3383	3394	3405	3416	3427
36	3438	3449	3460	3470	3481	3492	3502	3513	3524	3534
37	3545	3555	3566	3576	3586	3597	3607	3617	3628	3638
38	3648	3658	3668	3679	3689	3699	3709	3719	3729	3739
39	3748	3758	3768	3778	3788	3797	3807	3817	3827	3836
40	3846	3855	3865	3874	3884	3893	3903	3912	3922	3931
41	3940	3950	3959	3968	3077	3987	3996	4005	4014	4023
42	4032	4041	4050	4059	4068	4077	4086	4095	4104	4113
43	4122	4131	4139	4148	4157	4166	4174	4183	4191	4200
44	4209	4217	4226	4234	4243	4251	4260	4268	4277	4285
45	4293	4302	4310	4318	4327	4335	4343	4351	4359	4368
46	4376	4384	4392	4400	4408	4416	4424	4432	4440	4448
47	4456	4464	4472	4480	4488	4496	4503	4511	4519	4527
48	4534	4542	4550	4558	4565	4573	4580	4588	4596	4603
49	4611	4618	4626	4633	4641	4648	4656	4663	4671	4678
50	4685	4693	4700	4707	4715	4722	4729	4736	4744	4751
51	4758	4765	4772	4779	4787	4794	4801	4808	4815	4822
52	4829	4836	4843	4850	4857	4864	4871	4878	4884	4891
53	4898	4905	4912	4919	4925	4932	4939	4946	4953	4959
54	4966	4973	4979	4986	4993	4999	5006	5012	5019	5026
55	5032	5039	5045	5052	5058	5065	5071	5078	5084	5090
56	5097	5103	5110	5116	5122	5129	5135	5141	5147	5154
57	5160	5166	5173	5179	5185	5191	5197	5203	5210	5216
58	5222	5228	5234	5240	5246	5252	5258	5264	5270	5276
59	5282	5288	5294	5300	5306	5312	5318	5324	5330	5336
60	5342	5348	5353	5359	5365	5371	5377	5382	5388	5394
61	5400	5405	5411	5417	5423	5428	5434	5440	5445	5451
62	5456	5462	5468	5473	5479	5484	5490	5495	5501	5507
63	5512	5518	5523	5529	5534	5539	5545	5550	5556	5561
64	5567	5572	5577	5583	5588	5593	5599	5604	5609	5615
65	5620	5625	5630	5636	5641	5646	5651	5657	5662	5667
66	5672	5677	5683	5688	5693	5698	5703	5708	5713	5718
67	5724	5729	5734	5739	5744	5749	5754	5759	5764	5769
68	5774	5779	5784	5789	5794	5799	5804	5808	5813	5818
69	5823	5828	5833	5838	5843	5847	5852	5857	5822	5867

P. P.

	13	12	11
1	1,3	1,2	1,1
2	2,6	2,4	2,2
3	3,9	3,6	3,3
4	5,2	4,8	4,4
5	6,5	6,0	5,5
6	7,8	7,2	6,6
7	9,1	8,4	7,7
8	10,4	9,6	8,8
9	11,7	10,8	9,9

	10	9	8
1	1,0	0,9	0,8
2	2,0	1,8	1,6
3	3,0	2,7	2,4
4	4,0	3,6	3,2
5	5,0	4,5	4,0
6	6,0	5,4	4,8
7	7,0	6,3	5,6
8	8,0	7,2	6,4
9	9,0	8,1	7,2

	7	6	5
1	0,7	0,6	0,5
2	1,4	1,2	1,0
3	2,1	1,8	1,5
4	2,8	2,4	2,0
5	3,5	3,0	2,5
6	4,2	3,6	3,0
7	4,9	4,2	3.5
8	5,6	4,8	4,0
9	6,3	5,4	4,5

TABLA XX

Solubilidad a 20° de algunas substancias importantes

Substancia	Fórmula	%	Anh.° %	mol/l.	$\rho_{20°}$
Carbonato amónico (comercial)	NH_4HCO_3 / $NH_4CO_2NH_2$ } . . .	*20*	—	*1,36*	*1,07*
Cloruro amónico . . .	NH_4Cl	27,1	—	5,45	1,075
Alumbre de amonio y hierro	$NH_4Fe(SO_4)_2 \cdot 12$ aq .	*42,9*	*23,7*	*1,08*	*1,22*
Sal de Mohr	$(NH_4)_2Fe(SO_4)_2 \cdot 6$ aq.	29,3	21,2	0,889	1,19
Nitrato amónico . . .	NH_4NO_3	65,2	—	10,6	1,308
*Oxalato amónico . .	$(NH_4)_2C_2O_4$. aq	4,862	4,246	0,349	1,0188
Sulfato amónico . . .	$(NH_4)_2SO_4$	43,0	—	4,06	1,247
Cloruro de bario . . .	$BaCl_2 \cdot 2$ aq	30,9	26,3	1,62	1,28
Hidróxido de bario .	$Ba(OH)_2 \cdot 8$ aq	6,91	3,75	0,228	1,04
*Nitrato de bario . .	$Ba(NO_3)_2$	8,268	—	0,338	1,0691
*Cloruro de plomo . .	$PbCl_2$	0,971	—	0,0351	1,0070
Nitrato de plomo . . .	$Pb(NO_3)_2$	34,3	—	1,45	1,40
Acido bórico	H_3BO_3	4,75	—	0,780	1,015
*Sulfato de cadmio . .	$CdSO_4 \cdot {}^8/_3$ aq	53,42	43,42	3,367	1,6165
Cloruro cálcico	$CaCl_2 \cdot 6$ aq	84,3	42,7	5,50	1,43
Hidróxido cálcico . .	$Ca(OH)_2$	0,163	—	0,0220	1,001
Sulfato cálcico	$CaSO_4 \cdot 2$ aq	0,258	0,204	0,0150	1,101
Anhídrido crómico . .	CrO_3	62,6	—	—	—
Cloruro ferroso	$FeCl_2 \cdot 4$ aq	63,8	40,7	4,78	1,49
Cloruro férrico	$FeCl_3 \cdot 6$ aq	79,8	47,9	4,49	0,52
Sulfato ferroso	$FeSO_4 \cdot 7$ aq	38,43	21,00	1,693	1,225
*Alumbre de potasio .	$KAl(SO_4)_2 \cdot 12$ aq . . .	10,43	5,677	0,231	1,0527
Bicarbonato potásico.	$KHCO_3$	24,9	—	2,93	1,18
*Dicromato potásico .	$K_2Cr_2O_7$	10,822	—	0,396	1,0768
*Bromuro potásico . .	KBr	39,73	—	4,573	1,3701
Carbonato potásico .	$K_2CO_3 \cdot 2$ aq	68,5	53,1	6,21	1,58
*Clorato potásico . .	$KClO_3$	6,793	—	0,578	1,0420
*Cloruro potásico . . .	KCl	25,58	—	4,028	1,1739
*Cromato potásico . .	K_2CrO_4	38,94	—	2,764	1,3785
Ferricianuro potásico	$K_3Fe(CN)_6$	30,9	—	1,11	1,18
Ferrocianuro potásico	$K_4Fe(CN)_6 \cdot 3$ aq . . .	22,6	19,7	0,621	1,16

Observación: Los números cursivos se refieren a 15°.

TABLA XX

Solubilidad a 20° de algunas substancias importantes

Substancia	Fórmula	%	Anh.° %	mol/l.	$\rho_{20°}$
Hidróxido potásico	$KOH \cdot 2 aq$	86,7	52,8	14,4	1,53
*Yodato potásico	KIO_3	7,478	—	0,372	1,0643
Yoduro potásico	KI	59,1	—	6,09	1,71
Nitrato potásico	KNO_3	24,1	—	2,76	1,16
Nitrito potásico	KNO_2	75,4	—	14,6	1,65
*Perclorato potásico	$KClO_4$	1,647	—	0,120	1,0085
*Permanganato potás.	$KMnO_4$	5,946	—	0,391	1,0397
*Sulfato potásico	K_2SO_4	9,91	—	0,614	1,0807
*Sulfato de cobre	$CuSO_4 \cdot 5 aq$	27,06	17,30	1,297	1,1965
Cloruro magnésico	$MgCl_2 \cdot 6 aq$	75,4	35,3	4,93	1,33
Sulfato magnésico	$MgSO_4 \cdot 7 aq$	61,4	30,0	3,26	1,31
*Sulfato manganoso	$MnSO_4 \cdot 5 aq$	61,61	38,59	3,800	1,4866
Acetato sódico	$NaC_2H_3O_2 \cdot 3 aq$	52,6	31,7	4,52	1,17
Bicarbonato sódico	$NaHCO_3$	8,76	—	1,13	1,08
*Carbonato sódico	$Na_2CO_3 \cdot 10 aq$	48,65	18,02	2,030	1,1941
*Cloruro sódico	$NaCl$	26,403	—	5,421	1,2001
Hidróxido sódico	$NaOH \cdot aq$	75,6	52,1	20,2	1,55
Nitrato sódico	$NaNO_3$	46,8	—	7,60	1,38
Nitrito sódico	$NaNO_2$	45,0	—	8,67	1,33
*Oxalato sódico	$Na_2C_2O_4$	3,302	—	0,253	1,0255
Fosfato disódico	$Na_2HPO_4 \cdot 12 aq$	21,5	8,52	0,648	1,08
*Sulfato sódico	$Na_2SO_4 \cdot 10 aq$	36,34	16,02	1,297	1,1501
Sulfato sódico	$Na_2SO_4 \cdot 7 aq$	40,7	20,35	1,94	1,20
Tetraborato sódico	$Na_2B_4O_7 \cdot 10 aq$	4,9	2,6	0,13	1,02
Tiosulfato sódico	$Na_2S_2O_3 \cdot 5 aq$	64,6	41,17	3,62	1,39
*Acido oxálico	$H_2C_2O_4 \cdot 2 aq$	11,68	8,34	0,962	1,0383
*Cloruro mercúrico	$HgCl_2$	6,167	—	0,239	1,0518
Nitrato de plata	$AgNO_3$	68,3	—	8,76	2,18
Cloruro de estroncio	$SrCl_2 \cdot 6 aq$	58,9	35,0	3,07	1,39
Cloruro de cinc	$ZnCl_2 \cdot 1,5 aq$	94,1	78,6	12,0	2,08
Sulfato de cinc	$ZnSO_4 \cdot 7 aq$	62,9	35,3	3,21	1,47
Cloruro estannoso	$SnCl_2 \cdot 2 aq$	86,3	72,5	7,92	2,07

Puente de Wheatstone. Logaritmos de los valores de a: (1000—a) para variaciones de a de 1 a 999

La característica es. — 3 para los valores de a desde 001 a 009; — 2 para a desde 010 a 090; — 1 para a desde 091 a 499.

a	0	1	2	3	4	5	6	7	8	9
00	—	00 043	30 190	47 842	60 380	70 115	78 076	84 815	90 658	95 817
01	00 436	04 619	08 442	11 962	15 225	18 265	21 112	23 790	26 316	28 708
02	30 980	33 144	35 208	37 184	39 076	40 894	42 641	44 325	45 949	47 518
03	49 035	50 504	51 927	53 308	54 650	55 954	57 222	58 457	59 660	60 834
04	61 979	63 096	64 188	65 256	66 299	67 321	68 321	69 301	70 260	71 202
05	72 125	73 030	73 919	74 793	75 650	76 493	77 322	78 136	78 938	79 726
06	80 502	81 266	82 019	82 760	83 490	84 210	84 919	85 619	86 309	86 990
07	87 662	88 324	88 978	89 624	90 262	90 892	91 514	92 129	92 736	93 337
08	93 930	94 517	95 097	95 671	96 238	96 800	97 355	97 905	98 449	98 987
09	99 520	00 048	00 570	01 087	01 600	02 107	02 610	03 108	03 602	04 092
10	04 576	05 056	05 532	06 005	06 472	06 937	07 397	07 853	08 306	08 755
11	09 200	09 642	10 081	10 516	10 947	11 376	11 801	12 223	12 641	13 057
12	13 470	13 880	14 287	14 691	15 092	15 490	15 886	16 279	16 669	17 057
13	17 442	17 825	18 205	18 583	18 958	19 331	19 703	20 071	20 437	20 801
14	21 163	21 523	21 880	22 236	22 589	22 940	23 289	23 637	23 982	24 326
15	24 667	25 007	25 344	25 681	26 015	26 347	26 678	27 007	27 335	27 660
16	27 984	28 307	28 628	28 946	29 263	29 579	29 894	30 207	30 519	30 829
17	31 137	31 445	31 750	32 054	32 357	32 659	32 958	33 257	33 555	33 851
18	34 146	34 440	34 732	35 023	35 313	35 601	35 889	36 175	36 460	36 744
19	37 026	37 308	37 589	37 869	38 146	38 423	38 700	38 975	39 250	39 522
20	39 794	40 065	40 335	40 604	40 872	41 138	41 405	41 670	41 933	42 197
21	42 459	42 720	42 981	43 241	43 499	43 757	44 013	44 270	44 525	44 779
22	45 033	45 285	45 537	45 788	46 039	46 288	46 537	46 785	47 031	47 279
23	47 524	47 768	48 013	48 256	48 499	48 741	48 982	49 223	49 463	49 702
24	49 940	50 178	50 415	50 651	50 887	51 122	51 357	51 591	51 823	52 056
25	52 288	52 519	52 750	52 980	53 209	53 438	53 667	53 894	54 122	54 348
26	54 574	54 800	55 024	55 249	55 472	55 696	55 918	56 141	56 362	56 583
27	56 804	57 024	57 244	57 463	57 681	57 899	58 117	58 334	58 550	58 766
28	58 983	59 198	59 413	59 627	59 841	60 053	60 267	60 479	60 691	60 903
29	61 114	61 324	61 535	61 745	61 955	62 163	62 372	62 580	62 788	62 995
30	63 202	63 409	63 615	63 821	64 026	64 232	64 436	64 641	64 844	65 048
31	65 251	65 454	65 656	65 858	66 061	66 262	66 463	66 664	66 865	67 064
32	67 264	67 464	67 663	67 861	68 060	68 258	68 456	68 653	68 850	69 048
33	69 244	69 440	69 636	69 831	70 028	70 222	70 417	70 612	70 806	71 000
34	71 194	71 386	71 580	71 772	71 966	72 158	72 350	72 542	72 733	72 925
35	73 116	73 307	73 496	73 687	73 877	74 067	74 256	74 446	74 634	74 823
36	75 012	75 201	75 389	75 577	75 764	75 952	76 139	76 327	76 513	76 700
37	76 886	77 072	77 258	77 444	77 630	77 815	78 001	78 185	78 370	78 555
38	78 739	78 923	79 107	79 291	79 475	79 658	79 842	80 025	80 208	80 391
39	80 573	80 756	80 939	81 120	81 303	81 484	81 666	81 847	82 028	82 210
40	82 391	82 571	82 753	82 934	83 113	83 294	83 474	83 654	83 834	84 013
41	84 193	84 372	84 552	84 731	84 910	85 089	85 268	85 447	85 626	85 803
42	85 982	86 160	86 338	86 516	86 695	86 872	87 050	87 228	87 404	87 582
43	87 760	87 937	88 113	88 291	88 467	88 644	88 821	88 997	89 173	89 350
44	89 526	89 703	89 879	90 054	90 231	90 407	90 582	90 758	90 934	91 110
45	91 285	91 461	91 636	91 811	91 987	92 161	92 336	92 512	92 687	92 861
46	93 037	93 211	93 386	93 561	93 736	93 910	94 085	94 259	94 434	94 608
47	94 782	94 956	95 131	95 305	95 479	95 653	95 828	96 002	96 176	96 350
48	96 524	96 698	96 872	97 046	97 220	97 393	97 568	97 741	97 915	98 089
49	98 263	98 436	98 611	98 784	98 958	99 132	99 305	99 479	99 653	99 826
a	0	1	2	3	4	5	6	7	8	9

Puente de Wheatstone. Logaritmos de los valores de a: (1000—a) para valores de a de 1 a 999

a	0	1	2	3	4	5	6	7	8	9
50	00 000	00 174	00 347	00 521	00 695	00 868	01 042	01 216	01 389	01 564
51	01 737	01 911	02 085	02 259	02 432	02 607	02 780	02 954	03 128	03 302
52	03 476	03 650	03 824	03 998	04 172	04 347	04 521	04 695	04 869	05 044
53	05 218	05 392	05 566	05 741	05 915	06 090	06 264	06 439	06 614	06 789
54	06 963	07 139	07 313	07 488	07 664	07 839	08 013	08 189	08 364	08 539
55	08 715	08 890	09 066	09 242	09 418	09 593	09 769	09 946	10 121	10 297
56	10 474	10 650	10 827	11 003	11 179	11 356	11 533	11 709	11 887	12 063
57	12 240	12 418	12 596	12 772	12 950	13 128	13 305	13 484	13 662	13 840
58	14 018	14 197	14 374	14 553	14 732	14 911	15 090	15 269	15 448	15 628
59	15 807	15 987	16 166	16 346	16 526	16 706	16 887	17 066	17 247	17 429
60	17 609	17 790	17 972	18 153	18 334	18 516	18 697	18 880	19 061	19 244
61	19 427	19 609	19 792	19 975	20 158	20 342	20 525	20 709	20 893	21 077
62	21 261	21 445	21 630	21 815	21 999	22 185	22 370	22 556	22 742	22 928
63	23 114	23 300	23 487	23 673	23 861	24 048	24 236	24 423	24 611	24 799
64	24 988	25 177	25 366	25 554	25 744	25 933	26 123	26 313	26 504	26 693
65	26 884	27 075	27 267	27 458	27 650	27 842	28 034	28 228	28 420	28 614
66	28 806	29 000	29 194	29 388	29 583	29 778	29 972	30 169	30 364	30 560
67	30 756	30 952	31 150	31 347	31 544	31 742	31 940	32 139	32 337	32 536
68	32 736	32 936	33 135	33 336	33 537	33 738	33 939	34 142	34 344	34 546
69	34 749	34 952	35 156	35 359	35 564	35 768	35 974	36 179	36 385	36 591
70	36 798	37 005	37 212	37 420	37 628	37 837	38 045	38 255	38 465	38 676
71	38 886	39 097	39 309	39 521	39 733	39 947	40 159	40 373	40 587	40 802
72	41 017	41 234	41 450	41 666	41 883	42 101	42 319	42 537	42 756	42 976
73	43 196	43 417	43 638	43 859	44 082	44 304	44 528	44 751	44 976	45 200
74	45 426	45 652	45 878	46 106	46 333	46 562	46 791	47 020	47 250	47 481
75	47 712	47 944	48 177	48 409	48 643	48 878	49 113	49 349	49 585	49 822
76	50 060	50 298	50 537	50 777	51 018	51 259	51 501	51 744	51 987	52 232
77	52 476	52 721	52 969	53 215	53 463	53 712	53 961	54 212	54 463	54 715
78	54 967	55 221	55 475	55 730	55 987	56 243	56 501	56 759	57 019	57 280
79	57 541	57 803	58 067	58 330	58 595	58 862	59 128	59 396	59 665	59 935
80	60 206	60 478	60 750	61 025	61 300	61 577	61 854	62 131	62 411	62 692
81	62 974	63 256	63 540	63 825	64 111	64 399	64 687	64 977	65 268	65 560
82	65 854	66 149	66 445	66 743	67 042	67 341	67 643	67 946	68 250	68 555
83	68 863	69 171	69 481	69 793	70 106	70 421	70 737	71 054	71 372	71 693
84	72 016	72 340	72 667	72 993	73 322	73 653	73 985	74 319	74 656	74 993
85	75 333	75 674	76 018	76 363	76 711	77 060	77 411	77 764	78 120	78 477
86	78 837	79 199	79 563	79 929	80 297	80 669	81 042	81 417	81 795	82 175
87	82 558	82 943	83 331	83 721	84 114	84 510	84 908	85 309	85 713	86 120
88	86 530	86 943	87 359	87 777	88 199	88 624	89 053	89 484	89 919	90 358
89	90 800	91 245	91 694	92 147	92 603	93 063	93 528	93 995	94 468	94 944
90	95 424	95 908	96 398	96 892	97 390	97 893	98 400	98 913	99 430	99 952
91	00 480	01 013	01 551	02 095	02 645	03 200	03 762	04 329	04 903	05 483
92	06 070	06 663	07 264	07 871	08 486	09 108	09 738	10 376	11 022	11 676
93	12 338	13 010	13 691	14 381	15 081	15 790	16 510	17 240	17 981	18 734
94	19 498	20 274	21 062	21 864	22 673	23 507	24 350	25 207	26 081	26 970
95	27 875	28 798	29 740	30 699	31 679	32 679	33 701	34 744	35 812	36 904
96	38 021	39 166	40 340	41 543	42 778	44 046	45 350	46 692	48 073	49 496
97	50 965	52 482	54 051	55 675	57 359	59 106	60 924	62 816	64 792	66 856
98	69 020	71 292	73 684	76 210	78 888	81 735	84 275	88 038	91 558	95 381
99	99 564	04 183	09 342	15 185	21 924	29 885	39 620	52 158	69 810	99 957
a	0	1	2	3	4	5	6	7	8	9

La característica es: 0 para valores de a desde 500 a 900; + 1 para a desde 919 a 910; + 2 para a desde 991 a 999.

Electroquímica

A. Equivalentes electroquímicos. Pilas normales

1 culombio (o amperio-segundo) = 1,11800 mg. de plata.

1 F (faradio) = 107,880: 0,001 11800 ≈ 96500 (lg = 98453) culombios*)

Equivalentes electroquímicos

Una corriente de 1 amperio separa o descompone:

Substancia		Fórmula	En 1 segundo		En 1 minuto	
Equivalentes mg.		—	0,010363	01547	0,62176	79362
Plata	mg.	$Ag^{\cdot}$	1,11800	04844	67,080	82659
Cobre	mg.	$Cu^{\cdot\cdot}$	0,3294	51769	19,76	29584
Agua	mg.	H_2O	0,09335	97010	5,601	74825
Gas dtante. (reducido a 0° y 760 Torr)	cm³	O_2+2H_2	0,1742	24105	10,455	01933
Oxígeno (reducido a 0° y 760 Torr)	cm³	O_2	0,05801	76353	3,481	54168
Hidrógeno (reducido a 0° y 760 Torr)	cm³	H_2	0,1162	06530	6,974	84345
			En una hora		**En un día**	
Equivalentes g.		—	0,037305	57177	0,89532	95198
Plata	g.	Ag.	4,0248	60475	96,595	98495
Cobre	g.	$Cu^{\cdot\cdot}$	1,186	07399	28,46	45420
Agua	g.	H_2O	0,3360	52640	8,065	90661
Gas dtante. (reducido a 0° y 760 Torr)	litros	O_2+2H_2	0,6272	79741	15,054	17765
Oxígeno (reducido a 0° y 760 Torr)	litros	O_2	0,2088	31983	5,012	70004
Hidrógeno (reducido a 0° y 760 Torr)	litros	H_2	0,4184	62160	10,042	00181

Fuerza electromotriz del ***Elemento Weston internacional*** (pila normal de cadmio saturada con $CdSO_4 \cdot {}^8/_3\, H_2O$)[1])

$$= 1{,}01830 - 0{,}00004075\,(t - 20^0) - 0{,}0000009444\,(t - 20^0)^2 + 0{,}0000000098\,(t - 20^0)^3 \text{ voltios } (t = 0^0 \text{ a } 40^0)$$

Fuerza electromotriz del ***Elemento Weston standard*** (con solución saturada a 4⁰ de $CdSO_4 \cdot {}^8/_3\, H_2O$)[1])

prácticamente constante = 1,0187 voltios (entre 10⁰ y 30⁰)

Fuerza electromotriz del ***Elemento Clark standard*** (pila saturada con $ZnSO_4 \cdot 7H_2O$)[2])

$$= 1{,}4325 - 0{,}00119\,(t - 15^0) - 0{,}000007\,(t - 15)^2 \text{ voltios}$$

[1]) Con amalgama de cadmio al 12 ½ %. [2]) Con amalgama de cinc al 10 %.

Fuerza electromotriz del elemento Weston internacional, según la temperatura

t	voltios	*t*	voltios	*t*	voltios	*t*	voltios
11⁰	1,01874	16⁰	1,01848	21⁰	1,01826	26⁰	1,01802
12⁰	1,01868	17⁰	1,01843	22⁰	1,01822	27⁰	1,01797
13⁰	1,01863	18⁰	1,01849	23⁰	1,01817	28⁰	1,01792
14⁰	1,01858	19⁰	1,01834	24⁰	1,01812	29⁰	1,01786
15⁰	1,01853	20⁰	1,01830	25⁰	1,01807	30⁰	1,01781

*) = 1608 amp./m

Tabla XXII

Electroquímica

B. Potenciales

a) Diagrama de potenciales para 20 ° C [1])

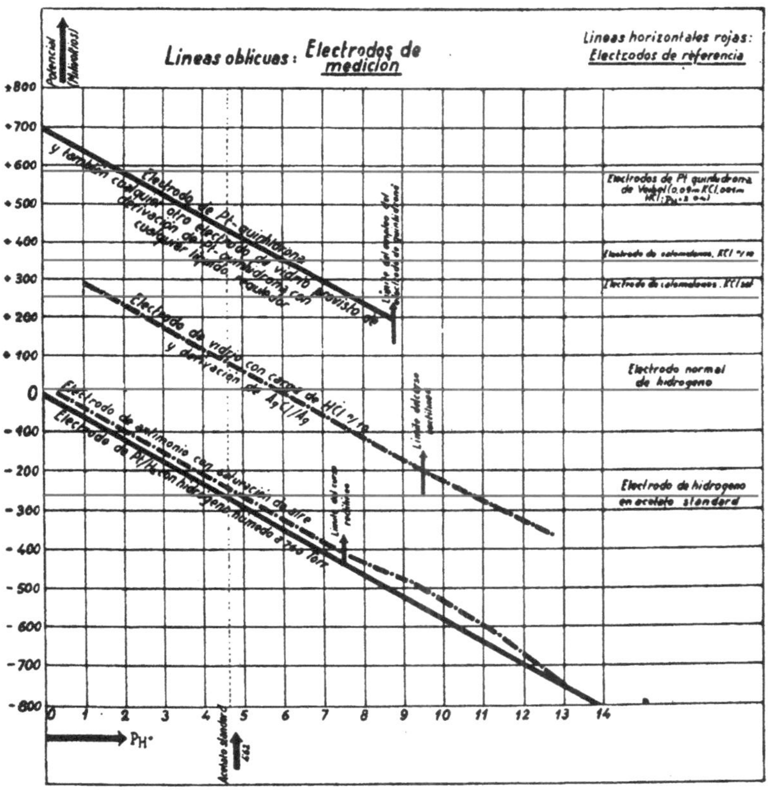

Observación: Caso de tener que emplear los electrodos designados con líneas de trazo y punto, deben verificarse exactamente.

[1]) Trazado por el Dr. P. Wulff (Francfort del Main).

TABLA XXII

Electroquímica

B. Potenciales

b) Tabla de diferencias de potencial

$E = \pi_A - \pi_B$ (en milivoltios) a 20° C

A ↓ B →	H_2 0,0	H_2 2,04	H_2 4,62	H_2 7,00	Quinh.[1]) 2,04	Quinh.[1]) 4,62	Cal. sat.	Cal. 3,5 m.	Cal. 0,1 m.	Cal. 0,1 m.	Vidrio AgCl/4,62	Sb 4,62
H_2 0,0	0	+118,5	+268,4	+406,8	—584,2	—434,3	—249,0	—253,6	—285,9	—337,9	— 81[2])	+258[3])
H_2 2,04	—118,5	0	+149,9	+288,3	—702,7	—552,8	—367,5	—372,1	—404,4	—456,4	—199[2])	+140[3])
H_2 4,62	—268,4	—149,9	0	+138,4	—852,6	—702,7	—517,4	—522,0	—554,3	—606,3	—349[2])	— 10[3])
H_2 7,00	—406,8	—288,3	—138,4	0	—991,0	—841,1	—655,8	—660,4	—692,7	—744,7	—488[2])	—149[3])
Quinh.[1]) 2,04	+584,2	+702,7	+852,6	—991,0	0	+149,9	+335,2	+330,6	+298,3	+246,3	+503[2])	+842[3])
Quinh.[1]) 4,62	+434,3	+552,8	+702,7	+841,1	—149,9	0	+185,3	+180,7	+148,4	+ 96,4	+353[2])	+692[3])
Cal. sat.	+249,0	+367,5	+517,4	+655,8	—335,2	—185,3	0	— 4,6	— 36,9	— 88,9	+168[2])	+507[3])
Cal. 3,5 m.	+253,6	+372,1	+522,0	+660,4	—330,6	—180,7	+ 4,6	0	— 32,3	— 84,3	+173[2])	+512[3])
Cal. 1,0 m.	+285,9	+404,4	+554,3	+692,7	—298,3	—148,4	+ 36,9	+ 32,3	0	— 52,0	+205[2])	+544[3])
Cal. 1,0 m.	+337,9	+456,4	+606,3	+744,7	—246,3	— 96,4	+ 88,9	+ 84,3	+ 52,0	0	+257[2])	+596[3])
Vidrio AgCl 4,62	+ 81[2])	+199[2])	+349[2])	+488[2])	—503[2])	—353[2])	—168[2])	—173[2])	—205[2])	—257[2])	0	+336[3])
Sb 4,62	—258[3])	—140[3])	+ 10[3])	+149[3])	—842[3])	—692[3])	—507[3])	—512[3])	—544[3])	—596[3])	—339[3])	0

[1]) Válido también para el electrodo de vidrio con carga de quinhidrona y derivación de platino, para cualquier grado de acidez. [2]) Inseguridad: ± 2 milivoltios. [3]) Inseguridad: ± 5 milivoltios.

En la tabla anterior, H_2 = electrodo de hidrógeno en una solución del grado de acidez indicado debajo del símbolo (0, 2, o 4, etc.), húmedo y a 760 Torr. — Quinh. = electrodo de quinhidrona (con la respectiva indicación del grado de acidez). — Cal. = electrodo de calomelanos en solución de KCl de la concentración indicada. — Vidrio, etc. = electrodo de vidrio con carga de Ag/AgCl en HCl 0,1 n., sumergido en acetato standard (grado 4,62). — Sb. 4,62 = electrodo de antimonio en acetato standard (grado 4,62) saturado de aire.

Como solución de grado 0,0 se ha tomado ácido sulfúrico 2 n, y como solución de grado 2,04, la solución de Veibel (para HCl 0,01 n, para KCl 0,09 m). El acetato standard es una sol. 0,1 n, de ácido acético y acetato sód.

Electroquímica

C. Batmometría

(Medición del p_{H+} = medición del grado de acidez)

I. Cálculo de los "grados de acidez" (p_{H+}) con las diferencias de potencial (E)[1]) respecto a los "electrodos de calomelanos" con solución de KCl 0,1 n. ($E_{c\,0,1}$), solución de KCl n. ($E_{c\,1,0}$), solución de KCl 3,5 n. ($E_{c\,3,5}$) y solución saturada de KCl ($E_{c\,sat}$). E (siempre en voltios) es positivo cuando el electrodo que se ensaya forma el polo positivo de la pila, y es negativo cuando forma el polo negativo de la misma.

a) El electrodo que se ensaya es un "electrodo de hidrógeno".

$$p_{H+} = \frac{-E_{c\,0,1} - H_{c\,0,1\,(t)}\ ^{2)}}{0{,}0581 + 0{,}0002\,(t - 20)} = \frac{-E_{c\,1,0} - H_{c\,1,0\,(t)}}{0{,}0581 + 0{,}0002\,(t - 20)} = \frac{-E_{c\,3,5} - H_{c\,3,5\,(t)}}{0{,}0581 + 0{,}0002\,(t - 20)} = \frac{-E_{c\,sat.} - H_{c\,sat.\,(t)}}{0{,}0581 + 0{,}0002\,(t - 20)}$$

b) El electrodo que se ensaya es un "electrodo de quinhidrona" solamente utilizable para $p_{H+} < 8$).

$$p_{H+} = \frac{-E_{c\,0,1} + Ch_{c\,0,1\,(t)}\ ^{2)}}{0{,}0581 + 0{,}0002\,(t - 20)} = \frac{-E_{c\,1,0} + Ch_{c\,1,0\,(t)}}{0{,}0581 + 0{,}0002\,(t - 20)} = \frac{-E_{c\,3,5} + Ch_{c\,3,5\,(t)}}{0{,}0581 + 0{,}0002\,(t - 20)} = \frac{-E_{c\,sat.} + Ch_{c\,sat.\,(t)}}{0{,}0581 + 0{,}0002\,(t - 20)}$$

---

1) Se admite de un modo general que ya se han tenido en cuenta los potenciales de difusión (según lo dicho en VIII) y además que el electrodo que se ensaya y el electrodo de comparación se hallan a la misma temperatura.

2) Véase las páginas 147 y 148.

Electroquímica

C. Batmometría

II. Cálculo de los "grados de acidez" (p_{H+}) con las diferencias de potencial respecto a los "electrodos normales de hidrógeno" (E_h). Solamente para mediciones con electrodos de "hidrógeno".

a) Medición con respecto al "electrodo de hidrógeno" en solución Veibel (HCl 0,01 n. + KCl 0,09 n.; $p_{H+} = 2.04$).

$$p_{H+} = \frac{-E_{h\ 2,04}}{0{,}0581 + 0{,}0002\ (t - 20)} + 2{,}04\,.$$

b) Medición con respecto al "electrodo de hidrógeno en mezcla de acetato standard" (HAc. 0,1 n. + Na Ac. 0,1n; $p_{H+} = 4{,}62$).

$$p_{H+} = \frac{-E_{h\ 4,62}}{0{,}0581 + 0{,}0002\ (t - 20)} + 4{,}62\,.$$

III. Cálculo de los "grados de acidez (p_{H+}) con las diferencias de potencial ($E_{quinh.}$) de "electrodos de quinhidrona" con respecto a los "electrodos de comparación de quinhidrona".

a) Medición con respecto al "electrodo de comparación de quinhidrona" según Veibel ($p_{H+} = 2{,}04$).

$$p_{H+} = \frac{-E_{quinh.\ 2,04}}{0{,}0581 + 0{,}0002\ (t - 20)} + 2{,}04\,.$$

b) Medición con respecto al "electrodo de comparación de quinhidrona en la mezcla standard de acetato" ($p_{H+} = 4{,}62$).

$$p_{H+} = \frac{E_{quinh.\ 4,62}}{0{,}0581 + 0{,}0002\ (t - 20)} + 4{,}62\,.$$

IV. Cálculo de los "grados de acidez" (p_{H+}) con las diferencias de potencial de los electrodos de "vidrio" o "antimonio" con respecto a "cualquier electrodo de comparación".

Mediante la tabla de potenciales (pág. 144) se refiere la diferencia de potencial medida a la del mismo electrodo que se ensaya con respecto al acetato standard, y siguiendo un procedimiento análogo al II b. o III b. se determina el grado de acidez.

Para más detalles véanse las aclaraciones.

V. Tabla

de los valores de $H_{(t)}$ y $Q_{(t)}$ para el "denominador" 0,0581 + 0,0002 (t — 20) (y sus logaritmos) común a los métodos I a. y I b. así como a todos los demás métodos, para temperaturas comprendidas entre 0° y 50°.

Tabla XXII

Electroquímica

C. Batmometría

Valores de $H_{(t)}$

t	KCl				t	KCl			
	0,1 n	1,0 n	3,5 n	sat.		0,1 n	0,1 n	3,5 n	sat.
0°	0,3376	0,2894	—	0,2603	26°	0,3375	0,2844	0,2512	0,2451
1°	0,3376	0,2892	—	0,2597	27°	0,3374	0,2841	0,2508	0,2444
2°	0,3376	0,2891	—	0,2592	28°	0,3373	0,2839	0,2503	0,2438
3°	0,3377	0,2889	—	0,2586	29°	0,3372	0,2836	0,2499	0,2431
4°	0,3377	0,2888	—	0,2581	30°	0,3372	0,2834	0,2495	0,2425
5°	0,3377	0,2886	—	0,2575	31°	0,3371	0,2831	0,2491	0,2418
6°	0,3378	0,2884	—	0,2570	32°	0,3370	0,2827	0,2486	0,2412
7°	0,3378	0,2883	—	0,2564	33°	0,3369	0,2824	0,2482	0,2405
8°	0,3378	0,2881	—	0,2559	34°	0,3368	0,2820	0,2477	0,2399
9°	0,3378	0,2880	—	0,2553	35°	0,3367	0,2817	0,2473	0,2392
10°	0,3379	0,2878	0,2569	0,2548	36°	0,3366	0,2814	0,2468	0,2386
11°	0,3379	0,2876	0,2566	0,2542	37°	0,3365	0,2810	0,2464	0,2379
12°	0,3379	0,2875	0,2563	0,2537	38°	0,3364	0,2807	0,2459	0,2373
13°	0.3380	0,2873	0,2560	0,2531	39°	0,3362	0,2803	0,2454	0,2366
14°	0,3380	0,2872	0,2557	0,2526	40°	0,3360	0,2800	0,2449	0,2359
15°	0,3380	0,2870	0,2554	0,2520	41°	0,3358	0,2796	0,2444	0,2352
16°	0,3381	0,2868	0,2551	0,2515	42°	0,3356	0,2792	0,2439	0,2345
17°	0,3381	0,2867	0,2548	0,2509	43°	0,3355	0,2788	0,2433	0,2338
18°	0,3380	0,2864	0,2544	0,2503	44°	0,3353	0,2784	0,2428	0,2331
19°	0,3380	0,2862	0,2541	0,2497	45°	0,3351	0,2779	0,2423	0,2324
20°	0,3379	0,2859	0,2536	0,2490	46°	0,3350	0,2775	0,2418	0,2318
21°	0,3378	0,2856	0,2532	0,2483	47°	0,3348	0,2771	0,2413	0,2311
22°	0,3378	0,2854	0,2528	0,2477	48°	0,3346	0,2767	0,2407	0,2304
23°	0,3377	0,2851	0,2524	0,2470	49°	0,3344	0,2763	0,2402	0,2297
24°	0,3377	0,2849	0,2520	0,2464	50°	0,3342	0,2759	0,2397	0,2290
25°	0,3376	0,2846	0,2516	0,2457					

Valores de $Q_{(t)}$

t					t				
0°	0,3799	0,4281	—	0,4572	6°	0,3753	0,4246	—	0,4561
1°	0,3791	0,4275	—	0,4570	7°	0,3745	0,4240	—	0,4559
2°	0,3783	0,4269	—	0,4568	8°	0,3738	0,4235	—	0,4557
3°	0,3775	0,4264	—	0,4566	9°	0,3730	0,4229	—	0,4555
4°	0,3768	0,4258	—	0,4564	10°	0,3722	0,4223	0,4532	0,4553
5°	0,3760	0,4252	—	0,4562					

(Continúa en la página 148)

Tabla XXII

Electroquímica

C. Batmometría

Valores de $Q_{(t)}$

t	KCl				t	KCl			
	0,1 n	1,0 n	3,5 n	sat.		0,1 n	1,0 n	3,5 n	sat.
11°	0,3714	0,4217	0,4528	0,4551	31°	0,3574	0,4114	0,4454	0,4527
12°	0,3707	0,4211	0,4523	0,4549	32°	0,3567	0,4110	0,4451	0,4526
13°	0,3699	0,4206	0,4519	0,4547	33°	0,3561	0,4106	0,4448	0,4525
14°	0,3691	0.4200	0,4514	0,4545	34°	0,3555	0,4103	0,4446	0,4524
15°	0,3683	0,4194	0,4510	0,4543	35°	0,3549	0,4099	0,4443	0,4524
16°	0,3675	0,4188	0,4505	0,4541	36°	0,3543	0,4095	0,4441	0,4523
17°	0,3668	0,4182	0,4501	0,4540	37°	0,3536	0,4091	0,4437	0,4522
18°	0,3662	0,4178	0,4498	0,4539	38°	0,3530	0,4087	0,4435	0,4521
19°	0,3655	0,4173	0,4494	0,4538	39°	0,3524	0,4083	0,4432	0,4520
20°	0,3648	0,4168	0,4491	0.4537	40°	0,3519	0,4079	0,4430	0,4520
21°	0,3641	0,4163	0,4487	0,4536	41°	0,3513	0,4076	0,4428	0,4519
22°	0,3634	0,4157	0,4483	0,4535	42°	0,3508	0,4072	0,4426	0.4519
23°	0,3628	0.4153	0,4481	0,4534	43°	0,3501	0,4069	0,4423	0,4518
24°	0,3621	0,4148	0,4477	0,4533	44°	0,3496	0.4066	0,4421	0,4518
25°	0,3614	0,4143	0,4473	0,4532	45°	0,3490	0,4062	0,4419	0,4517
26°	0,3608	0,4139	0,4471	0,4532	46°	0,3485	0,4059	0,4417	0,4517
27°	0,3601	0,4134	0,4467	0,4531	47°	0,3479	0,4056	0,4415	0,4516
28°	0,3595	0,4129	0,4465	0,4530	48°	0,3474	0,4053	0,4412	0,4516
29°	0,3588	0,4124	0,4461	0,4529	49°	0,3468	0,4049	0,4410	0,4515
30°	0,3581	0,4119	0,4458	0,4528	50°	0,3463	0,4046	0,4408	0,4515

Denominadores

t	Núm.	lg.	t	Núm.	lg.	t	Núm.	lg.	t	Núm.	lg.
0°	0,0541	73 320	13°	0,0567	75 358	26°	0,0593	77 305	39°	0,0619	79 169
1°	0,0543	73 480	14°	0,0569	75 511	27°	0,0595	77 452	40°	0,0621	79 309
2°	0,0545	73 640	15°	0,0571	75 664	28°	0,0597	77 597	41°	0,0623	79 449
3°	0,0547	73 799	16°	0,0573	75 815	29°	0,0599	77 743	42°	0,0625	79 588
4°	0,0549	73 957	17°	0,0575	75 967	30°	0,0601	77 887	43°	0,0627	79 727
5°	0,0551	74 115	18°	0,0577	76 118	31°	0,0603	78 032	44°	0,0629	79 865
6°	0,0553	74 273	19°	0.0579	76 268	32°	0,0605	78 176	45°	0,0631	80 003
7°	0,0555	74 429	20°	0,0581	76 418	33°	0,0607	78 319	46°	0,0633	80 140
8°	0,0557	74 586	21°	0,0583	76 567	34°	0,0609	78 462	47°	0,0635	80 277
9°	0,0559	74 741	22°	0,0585	76 716	35°	0,0611	78 604	48°	0,0637	80 414
10°	0,0561	74 896	23°	0,0587	76 864	36°	0,0613	78 689	49°	0,0639	80 550
11°	0,0563	75 051	24°	0,0589	77 012	37°	0,0615	78 852	50°	0,0641	80 686
12°	0,0565	75 205	25°	0,0591	77 159	38°	0,0617	79 029			

Electroquímica

C. Batmometría

VI. Producto iónico del agua ($K'_W = a_{H+}\ a_{OH-}$), así como valor de $\sqrt{K'_W}$ ($= a_{H+} = a_{OH-}$ en solución neutra) a diversas temperaturas

t	K'_W	$\sqrt{K'_W}$	t	K'_W	$\sqrt{K'_W}$
0^0	$10^{-14,89} = 0,13 \cdot 10^{-14}$	$10^{-7,44} = 0,36 \cdot 10^{-7}$	32^0	$10^{-13,66} = 2,19 \cdot 10^{-14}$	$10^{-6,83} = 1,48 \cdot 10^{-7}$
5^0	$10^{-14,68} = 0,21 \cdot 10^{-14}$	$10^{-7,34} = 0,46 \cdot 10^{-7}$	33^0	$10^{-13,63} = 2,35 \cdot 10^{-14}$	$10^{-6,82} = 1,53 \cdot 10^{-7}$
10^0	$10^{-14,45} = 0,36 \cdot 10^{-14}$	$10^{-7,23} = 0,59 \cdot 10^{-7}$	34^0	$10^{-13,60} = 2,51 \cdot 10^{-14}$	$10^{-6,80} = 1,59 \cdot 10^{-7}$
15^0	$10^{-14,24} = 0,58 \cdot 10^{-14}$	$10^{-7,12} = 0,76 \cdot 10^{-7}$	35^0	$10^{-13,57} = 2,71 \cdot 10^{-14}$	$10^{-6,79} = 1,65 \cdot 10^{-7}$
16^0	$10^{-14,20} = 0,63 \cdot 10^{-14}$	$10^{-7,10} = 0,79 \cdot 10^{-7}$	36^0	$10^{-13,54} = 2,92 \cdot 10^{-\ 4}$	$10^{-6,77} = 1,71 \cdot 10^{-7}$
17^0	$10^{-14,17} = 0,68 \cdot 10^{-14}$	$10^{-7,08} = 0,82 \cdot 10^{-7}$	37^0	$10^{-13,51} = 3,13 \cdot 10^{-14}$	$10^{-6\ 75} = 1,77 \cdot 10^{-7}$
18^0	$10^{-14,13} = 0,74 \cdot 10^{-14}$	$10^{-7,07} = 0,86 \cdot 10^{-7}$	38^0	$10^{-13,48} = 3,35 \cdot 10^{-14}$	$10^{-6,74} = 1,83 \cdot 10^{-7}$
19^0	$10^{-14,10} = 0,79 \cdot 10^{-14}$	$10^{-7,05} = 0,89 \cdot 10^{-7}$	39^0	$10^{-13,45} = 3,59 \cdot 10^{-14}$	$10^{-6,72} = 1,89 \cdot 10^{-7}$
20^0	$10^{-14,07} = 0,86 \cdot 10^{-14}$	$10^{-7,03} = 0,93 \cdot 10^{-7}$	40^0	$10^{-13,42} = 3,80 \cdot 10^{-14}$	$10^{-6,71} = 1,95 \cdot 10^{-7}$
21^0	$10^{-14,03} = 0,93 \cdot 10^{-14}$	$10^{-7,02} = 0,96 \cdot 10^{-7}$	50^0	$10^{-13,25} = 5,6 \cdot 10^{-14}$	$10^{-6,63} = 2,4 \cdot 10^{-7}$
22^0	$10^{-14,00} = 1,00 \cdot 10^{-14}$	$10^{-7,00} = 1,00 \cdot 10^{-7}$	60^0	$10^{-12,90} = 12,6 \cdot 10^{-14}$	$10^{-6,45} = 3,5 \cdot 10^{-7}$
23^0	$10^{-13,96} = 1,10 \cdot 10^{-14}$	$10^{-6,98} = 1,05 \cdot 10^{-7}$	70^0	$10^{-12,68} = 21 \cdot 10^{-14}$	$10^{-6,34} = 4,6 \cdot 10^{-7}$
24^0	$10^{-13,93} = 1,19 \cdot 10^{-14}$	$10^{-6,96} = 1,09 \cdot 10^{-7}$	80^0	$10^{-12,47} = 34 \cdot 10^{-14}$	$10^{-6,24} = 5,8 \cdot 10^{-7}$
25^0	$10^{-13,90} = 1,27 \cdot 10^{-14}$	$10^{-6,95} = 1,13 \cdot 10^{-7}$	90^0	$10^{-12,28} = 52 \cdot 10^{-14}$	$10^{-6,14} = 7,2 \cdot 10^{-7}$
26^0	$10^{-13,86} = 1,38 \cdot 10^{-14}$	$10^{-6,93} = 1,17 \cdot 10^{-7}$	100^0	$10^{-12,13} = 74 \cdot 10^{-14}$	$10^{-6,07} = 8,6 \cdot 10^{-7}$
27^0	$10^{-13,83} = 1,50 \cdot 10^{-14}$	$10^{-6,91} = 1,23 \cdot 10^{-7}$	120^0	$10^{-11,90} = 125 \cdot 10^{-14}$	$10^{-5,95} = 11 \cdot 10^{-7}$
28^0	$10^{-13,79} = 1,62 \cdot 10^{-14}$	$10^{-6,90} = 1,27 \cdot 10^{-7}$	140^0	$10^{-11,75} = 180 \cdot 10^{-14}$	$10^{-5,88} = 13 \cdot 10^{-7}$
29^0	$10^{-13,76} = 1,76 \cdot 10^{-14}$	$10^{-6,88} = 1,33 \cdot 10^{-7}$	160^0	$10^{-11,60} = 250 \cdot 10^{-14}$	$10^{-5,80} = 16 \cdot 10^{-7}$
30^0	$10^{-13,73} = 1,89 \cdot 10^{-14}$	$10^{-6,86} = 1,37 \cdot 10^{-7}$	180^0	$10^{-11,50} = 320 \cdot 10^{-14}$	$10^{-5,75} = 18 \cdot 10^{-7}$
31^0	$10^{-13,69} = 2,04 \cdot 10^{-14}$	$10^{-6,85} = 1,43 \cdot 10^{-7}$	200^0	$10^{-11,40} = 400 \cdot 10^{-14}$	$10^{-5,70} = 20 \cdot 10^{-7}$

Electroquímica

C. Batmometría

VII. Dependencia entre el grado de acidez (p_{H^+}) y la actividad de los hidrogeniones (a_{H^+}).

$$p_{H^+} = -\lg a_{H^+}$$
$$a_{H^+} = {}^{10}\text{Núm.}\,(-p_{H^+}).$$

EJEMPLO:

a) Dado a_{H^+}, buscado p_{H^+}.

$$a_{H^+} = 2{,}5 \cdot 10^{-5}$$

$$\lg 2{,}5 \cdot 10^{-5} = 0{,}40 - 5 = -4{,}60$$

$$p_{H^+} = 4{,}60.$$

b) Dado p_{H^+}, buscado a_{H^+}.

$$p_{H^+} = 7{,}35$$

$$a_H = \text{Núm.}\,(-7{,}35) = \text{Núm.}\,(0{,}65 - 8) = 4{,}5 \cdot 10^{-8}.$$

Regla: Diferencias iguales del grado de acidez (p_{H^+}) corresponden a iguales condiciones de la actividad de los hidrogeniones (a_{H^+}).

EJEMPLO:

p_{H^+}:	2,00	2,30	2,60	2,90
	0,30	0,30	0,30	
a_{H^+}:	Núm. (— 2,00)	Núm. (— 2,30)	Núm. (— 2,60)	Núm. (—2,90)
=	Núm. (0,00—2)	Núm. (0,70 —3)	Núm. (0,40—3)	Núm. 0,10—3)
=	$1 \cdot 10^{-2}$	$5{,}0 \cdot 10^{-3}$	$2{,}5 \cdot 10^{-3}$	$1{,}25 \cdot 10^{-3}$
=	$^1/_1$	$^1/_2$	$^1/_4$	$^1/_8$

Tabla XXII

Electroquímica

C. Batmometría

Tabla de conversión
para calcular a_{H^+} con p_{H^+} y viceversa

p_{H^+}	0	1	2	3	4	5	6	7	8	9
0	1,000	0,977	0,995	0,933	0,912	0,891	0,871	0,851	0,832	0,813
1	0,794	0,776	0,759	0,741	0,725	0,708	0,692	0,676	0,661	0,646
2	0,631	0,617	0,603	0,589	0,575	0,562	0,550	0,537	0,525	0,513
3	0,501	0,490	0,479	0,468	0,457	0,447	0,437	0,427	0,417	0,407
4	0,398	0,389	0,380	0,372	0,363	0,355	0,347	0,339	0,331	0,324
5	0,316	0,309	0,302	0,295	0,288	0,282	0,275	0,269	0,263	0,257
6	0,251	0,245	0,240	0,234	0,229	0,224	0,219	0,214	0,209	0,204
7	0,200	0,195	0,191	0,186	0,182	0,178	0,174	0,170	0,166	0,162
8	0,158	0,155	0,151	0,148	0,145	0,141	0,138	0,135	0,132	0.129
9	0,126	0,123	0,120	0,117	0,115	0.112	0,110	0,107	0,105	0,102

Los números negros de la tabla son los valores de la actividad correspondiente a las fracciones de los valores del p_{H^+} (de 0,01 en 0,01); tienen como factor una potencia de diez cuyo exponente negativo es igual al número de cifras enteras que hay detrás de la coma.

Ejemplo: Para $p_{H^+} = 3,56$ se tiene $a_{H^+} = 0,275.10^{-3}$, o viceversa: para $a_{H^+} = 0,525.10^{-6}$, se tiene $p_{H^+} = 6,28$.

VIII. "Desconexión de potenciales de difusión (de líquido)" en los puntos de contacto de las soluciones acuosas de dos electrolitos distintos.

Ha resultado dudoso que la primitiva forma de hacer la desconexión condujese al fin propuesto.

Electroquímica

C. Batmometría

Por este motivo se ha arraigado cada vez más la práctica de operar en principio con una "solución saturada de KCl como "puente" y despreciar el potencial residual de difusión.

También se ha recomendado eliminar por el "cálculo" el potencial de difusión siguiendo el procedimiento de P. Herdenson (Z. f. physik. Chem. **59**, 118 [1907]; **63**, 325 [1908]).

Para el caso de que se utilice un puente de solución saturada de KCl, A. Airola ha indicado un procedimiento para calcular el potencial de difusión remanente (véase Y. Kauko y H. Elo, Z. f. physik. Chem. (A) **184**, 216 [1939]).

"En todos los casos, al dar a conocer los resultados de la medición es preciso indicar claramente si y cómo se ha desconectado el potencial de difusión".

D. Mezclas reguladoras según Sörensen y Clark

para grados de acidez $p_{H^+} = 1{,}10$ hasta $p_{H^+} = 12{,}90$, en intervalos de 0,01 grados y válidas para 20° C.

I. Solución reguladoras

1. Acido clorhídrico 0,1 n.
2. Glicocola 0,1 n. (7,505 g. de glicocola + 5,85 g. de cloruro sódico por litro).
3. Biftalato potásico, 0,2 m. (40,836 g. por litro).
4. Citrato sódico 0,1 m. (21.008 g. de ácido nítrico monohidratado + 200 c. c. de lejía normal de sosa por litro).
5. Lejía de sosa cáustica 0,1 n. y 0,2 n.
6. Fosfato potásico primario $^1/_{15}$ m. (9,078 gr. de KH_2PH_4 por litro).
7. Fosfato sódico secundario $^1/_{15}$ m. (11,876 g. de $Na_2HPO_4 \cdot 2 H_2O$ por litro).
8. Borato sódico 0,2 m. (12,404 g. de ácido bórico + 100 c. c. de lejía de sosa cáustica normal por litro).

Siempre hay que emplear materiales purísimos ("para estudios enzimáticos, según Sörensen o según Clark y Lubs").

TABLA XXII

Electroquímica

D. Mezclas reguladoras según Sörensen y Clark

Mezclas binarias

a) de ácido clorhídrico y glicocola

Porcentaje de glicocola en la mezcla

p_{H^+}	0	1	2	3	4	5	6	7	8	9
1,1	5,7	6,6	7,5	8,4	9,3	10,2	11,1	12,0	12,8	13,7
2	14,6	15,4	16,2	17,0	17,8	18,6	19,4	20,2	21,0	21,8
3	22,6	23,2	23,9	24,5	25,2	25,8	26,4	27,0	27,7	28,3
4	28,9	29,4	30,0	30,5	31,1	31,6	32,0	32,5	32,9	33,4
5	33,8	34,2	34,6	35,0	35,4	35,8	36,2	36,7	37,1	37,6
6	38,0	38,4	38,7	39,1	39,4	39,8	40,2	40,6	40,9	41,3
7	41,7	42,1	42,4	42,8	43,1	43,5	43,9	44,2	44,6	44,9
8	45,3	45,6	46,0	46,3	46,7	47,0	47,4	47,8	48,1	48,5
9	48,9	49,2	49,5	49,8	50,1	50,4	50,7	51,0	51,3	51,6
2,0	51,9	52,2	52,5	52,8	53,1	53,4	53,7	54,0	54,3	54,6
1	54,9	55,2	55,4	55,7	55,9	56,2	56,5	56,7	57,0	57,3
2	57,6	57,9	58,2	58,4	58,7	59,0	59,3	59,5	59,8	60,0
3	60,3	60,6	61,0	61,3	61,7	62,0	62,3	62,6	63,0	63,3
4	63,6	63,9	64,2	64,5	64,8	65,1	65,4	65,7	66,0	66,3
5	66,6	66,9	67,2	67,5	67,8	68,1	68,4	68,7	69,0	69,3
6	69,6	69,9	70,2	70,5	70,8	71,1	71,4	71,8	72,1	72,5
7	72,8	73,1	73,4	73,8	74,1	74,4	74,7	75,0	75,4	75,7
8	76,0	76,3	76,6	77,0	77,3	77,6	77,9	78,2	78,6	78,9
9	79,2	79,5	79,8	80,1	80,4	80,7	81,0	81,3	81,5	81,8
3,0	82,1	82,4	82,7	82,9	83,2	83,5	83,8	84,0	84,3	84,5
1	84,8	85,0	85,3	85,5	85,8	86,0	86,2	86,4	86,7	86,9
2	87,1	87,3	87,5	87,8	88,0	88,2	88,4	88,6	88,8	89,0
3	89,2	89,4	89,6	89,7	89,9	90,1	90,3	90,5	90,6	90,8
4	91,0	91,2	91,3	91,5	91,6	91,8	91,9	92,1	92,2	92,4
5	92,5	—	—	—	—	—	—	—	—	—

Tabla XXII

Electroquímica

D. Mezclas reguladoras según Sörensen y Clark

Mezclas binarias

b) de ácido clorhídrico y citrato sódico

Porcentaje de citrato sódico en la mezcla

p_{H^+}	0	1	2	3	4	5	6	7	8	9
1,1	4,8	5,6	6,4	7,1	7,8	8,4	9,0	9,6	10,1	10,6
2	11,1	11,6	12,1	12,5	13,0	13,5	14,0	14,5	14,9	15,4
3	15,9	16,2	16,6	16,9	17,3	17,6	17,9	18,3	18,6	19,0
4	19,3	19,6	19,9	20,2	20,5	20,8	21,1	21,4	21,6	21,9
5	22,2	22,4	22,7	22,9	23,2	23,4	23,6	23,9	24,1	24,4
6	24,6	24,8	25,0	25,2	25,4	25,6	25,8	26,0	26,1	26,3
7	26,5	26,7	26,9	27,0	27,2	27,4	27,6	27,7	27,9	28,0
8	28,2	28,3	28,5	28,6	28,8	28,9	29,0	29,1	29,3	29,4
9	29,5	29,6	29,7	29,9	30,0	30,1	30,2	30,3	30,4	30,5
2,0	30,6	30,7	30,8	31,0	31,1	31,2	31,3	31,4	31,5	31,6
1	31,7	31,8	31,9	31,9	32,0	32,1	32,2	32,3	32,4	32,5
2	32,6	32,7	32,8	32,9	33,0	33,1	33,2	33,3	33,4	33,5
3	33,6	33,7	33,8	33,8	33,9	34,0	34,1	34,2	34,3	34,4
4	34,5	34,6	34,7	34,8	34,9	35,0	35,1	35,2	35,2	35,3
5	35,4	35,5	35,6	35,7	35,8	35,9	36,0	36,1	36,2	36,3
6	36,4	36,5	36,6	36,7	36,8	36,9	37,0	37,1	37,1	37,2
7	37,3	37,4	37,5	37,6	37,7	37,8	37,9	38,0	38,1	38,2
8	38,3	38,4	38,5	38,6	38,7	38,8	38,9	39,0	39,1	39,2
9	39,3	39,4	39,5	39,6	39,7	39,8	39,9	40,0	40,1	40,2
3,0	40,3	40,4	40,5	40,7	40,8	40,9	41,0	41,1	41,3	41,4
1	41,5	41,6	41,7	41,8	41,9	42,0	42,1	42,3	42,4	42,6
2	42,7	42,8	42,9	43,1	43,2	43,3	43,4	43,6	43,7	43,9
3	44,0	44,1	44,3	44,4	44,6	44,7	44,8	45,0	45,1	45,3
4	45,4	45,5	45,7	45,8	46,0	46,1	46,2	46,4	46,5	46,7
5	46,8	47,0	47,1	47,3	47,4	47,6	47,8	47,9	48,1	48,2
6	48,4	48,6	48,8	48,9	49,1	49,3	49,5	49,6	49,8	49,9
7	50,1	50,3	50,5	50,6	50,8	51,0	51,2	51,4	51,5	51,7
8	51,9	52,1	52,3	52,5	52,7	52,9	53,1	53,3	53,4	53,6
9	53,8	54,0	54,2	54,5	54,7	54,9	55,1	55,3	55,6	55,8
4,0	56,0	56,3	56,5	56,8	57,0	57,3	57,5	57,8	58,0	58,3
1	58,5	58,7	59,0	59,2	59,5	59,7	60,0	60,3	60,5	60,8
2	61,1	61,4	61,7	62,0	62,3	62,6	62,9	63,3	63,6	64,0
3	64,3	64,7	65,1	65,4	65,7	66,0	66,4	66,8	67,1	67,5
4	67,9	68,3	68,7	69,0	69,4	69,8	70,2	70,6	71,1	71,5
5	71,9	72,4	72,9	73,4	73,9	74,4	74,9	75,4	75,9	76,4
6	76,9	77,4	78,0	78,5	79,1	79,6	80,1	80,6	81,2	81,7
7	82,2	82,8	83,3	83,9	84,4	85,0	85,6	86,2	86,6	87,4
8	88,0	88,7	89,4	90,0	90,7	91,4	92,2	93,1	93,9	94,8
9	95,6	96,3	97,1	97,8	98,5	99,3	100,0	—	—	—

Tabla XXII

Electroquímica

D. Mezclas reguladoras según Sörensen y Clark

Mezclas binarias

c) de biftalato potásico y ácido clorhídrico

c. c. de HCl 0,2 n. que han de mezclarse con 50,0 c. c. de biftalato 0,2 m. y diluir con agua hasta formar 200 c. c.

p_{H^+}	0	1	2	3	4	5	6	7	8	9
2,2	46,60	46,25	45,90	45,55	45,20	44,85	44,50	44,15	43,80	43,45
3	43,10	42,75	42,40	42,05	41,70	41,35	41,00	40,65	40,30	39,95
4	39,60	39,27	38,94	38,61	38,28	37,95	37,62	37,29	36,96	36,63
5	36,30	35,97	35,64	35,31	34,98	34,65	34,32	33,99	33,66	33,33
6	33,00	32,67	32,34	32,01	31,68	31,35	31,02	30,69	30,36	30,03
7	29,70	29,38	29,06	28,74	28,42	28,10	27,78	27,46	27,14	26,82
8	26,50	26,19	25,88	25,57	25,26	24,95	24,64	24,33	24,02	23,71
9	23,40	23,10	22,80	22,50	22,20	21,90	21,60	21,30	21,00	20,70
3,0	20,40	20,11	19,82	19,53	19,24	18,95	18,66	18,37	18,08	17,79
1	17,50	17,22	16,94	16,66	16,39	16,12	15,85	15,58	15,32	15,06
2	14,80	14,54	14,28	14,02	13,77	13,52	13,27	13,02	12,78	12,54
3	12,30	12,06	11,82	11,58	11,34	11,10	10,86	10,63	10,40	10,17
4	9,95	9,73	9,51	9,29	9,08	8,87	8,66	8,45	8,25	8,05
5	7,85	7,65	7,45	7,26	7,08	6,90	6,72	6,54	6,36	6,18
6	6,00	5,83	5,66	5,49	5,32	5,15	4,98	4,81	4,64	4,47
7	4,30	4,13	3,96	3,79	3,62	3,45	3,29	3,13	2,97	2,81
8	2,65	—	—	—	—	—	—	—	—	—

Tabla XXII

Electroquímica

D. Mezclas reguladoras según Sörensen y Clark

Mezclas binarias

d) de biftalato potásico y lejía de sosa cáustica

c. c. de lejía de sosa cáustica 0,2 n. que hay que mezclar con 50,0 c. c. **de biftalato** 0,2 m. y diluir con agua hasta formar 200 c. c.

p_{H^+}	0	1	2	3	4	5	6	7	8	9
4,0	0,40	0,57	0,73	0,90	1,06	1,23	1,39	1,56	1,72	1,89
1	2,05	2,22	2,38	2,55	2,71	2,88	3,04	3,21	3,37	3,54
2	3,70	3,87	4,04	4,21	4,39	4,57	4,75	4,93	5,12	5,31
3	5,50	5,69	5,88	6,07	6,27	6,47	6,67	6,87	7,08	7,29
4	7,50	7,71	7,92	8,13	8,34	8,55	8,77	8,99	9,21	9,43
5	9,65	9,88	10,12	10,36	10,61	10,86	11,11	11,37	11,63	11,89
6	12,15	12,42	12,69	12,96	13,23	13,50	13,77	14,04	14,31	14,58
7	14,85	15,13	15,41	15,69	15,97	16,25	16,54	16,83	17,12	17,41
8	17,70	17,99	18,28	18,57	18,87	19,17	19,47	19,77	20,08	20,39
9	20,70	21,02	21,34	21,66	21,98	22,30	22,61	22,92	23,23	23,54
5,0	23,85	24,16	24,47	24,78	25,09	25,40	25,71	26,02	26,33	26,64
1	26,95	27,25	27,55	27,85	28,15	28,45	28,75	29,05	29,35	29,65
2	29,95	30,25	30,55	30,85	31,14	31,43	31,72	32,01	32,29	32,57
3	32,85	33,12	33,39	33,66	33,92	34,18	34,44	34,70	34,95	35,20
4	35,45	35,69	35,93	36,17	36,41	36,65	36,88	37,11	37,34	37,57
5	37,80	38,02	38,23	38,44	38,65	38,86	39,06	39,26	39,46	39,66
6	39,85	40,04	40,22	40,40	40,57	40,74	40,91	41,07	41,23	41,39
7	41,55	41,70	41,85	42,00	42,15	42,30	42,44	42,58	42,72	42,86
8	43,00	43,14	43,28	43,42	43,55	43,68	43,81	43,94	44,06	44,18
9	44,30	44,42	44,54	44,66	44,78	44,90	45,01	45,12	45,23	45,34
6,0	45,45	45,55	45,65	45,75	45,85	45,95	46,04	46,13	46,22	46,31
1	46,40	46,48	46,55	46,62	46,68	46,74	46,80	46,85	46,90	46,95
2	47,00	—	—	—	—	—	—	—	—	—

Electroquímica

D. Mezclas reguladoras según Sörensen y Clark

Mezclas binarias

e) de citrato sódico y lejía de sosa cáustica

Porcentaje de sosa cáustica (0,1 n.) en la mezcla

p_{H^+}	0	1	2	3	4	5	6	7	8	9
4,9	—	—	—	—	—	—	0,0	0,9	1,8	2,7
5,0	3,6	4,3	5,0	5,6	6,3	7,0	7,5	8,1	8,6	9,2
1	9,7	10,2	10,8	11,3	11,9	12,4	12,9	13,4	13,9	14,4
2	14,9	15,4	15,9	16,5	17,0	17,5	17,9	18,3	18,8	19,2
3	19,6	20,0	20,4	20,8	21,2	21,6	22,0	22,4	22,9	23,3
4	23,7	24,1	24,5	24,9	25,3	25,7	26,1	26,5	26,9	27,3
5	27,7	28,0	28,4	28,7	29,1	29,4	29,7	30,0	30,4	30,7
6	31,0	31,3	31,6	31,9	32,2	32,5	32,8	33,1	33,4	33,7
7	34,0	34,3	34,5	34,8	35,0	35,3	35,5	35,8	36,0	36,2
8	36,4	36,6	36,8	37,1	37,3	37,5	37,7	37,9	38,1	38,3
9	38,5	38,7	38,9	39,1	39,3	39,5	39,7	39,9	40,0	40,2
6,0	40,4	40,6	40,8	41,0	41,2	41,4	41,5	41,6	41,7	41,9
1	42,0	42,1	42,3	42,4	42,6	42,7	42,8	43,0	43,1	43,3
2	43,4	43,5	43,6	43,8	44,0	44,1	44,2	44,3	44,4	44,5
3	44,6	44,7	44,8	44,9	45,0	45,1	45,2	45,3	45,3	45,4
4	45,5	45,6	45,7	45,7	45,8	45,9	46,0	46,1	46,1	46,2
5	46,3	46,4	46,5	46,5	46,6	46,7	46,8	46,8	46,9	46,9
6	47,0	47,1	47,1	47,2	47,2	47,3	47,3	47,4	47,4	48,5

Tabla XXII

Electroquímica

D. Mezclas reguladoras según Sörensen y Clark

Mezclas binarias

f) de fosfato monopotásico y fosfato disódieo

Porcentaje de fosfato disódico en la mezcla

p_{H^+}	0	1	2	3	4	5	6	7	8	9
4,8	0,35	0,37	0,39	0,41	0,43	0,45	0,48	0,51	0,54	0,57
9	0,60	0,63	0,66	0,69	0,72	0,75	0,79	0,83	0,87	0,91
5,0	0,95	0,99	1,03	1,07	1,11	1,15	1,19	1,23	1,27	1,31
1	1,35	1,39	1,43	1,47	1,51	1,55	1,60	1,65	1,70	1,75
2	1,80	1,85	1,90	1,95	2,00	2,05	2,10	2,15	2,20	2,25
3	2,30	2,37	2,44	2,51	2,58	2,65	2,72	2,79	2,86	2,93
4	3,00	3,09	3,18	3,27	3,36	3,45	3,54	3,63	3,72	3,81
5	3,90	3,99	4,08	4,17	4,26	4,35	4,46	4,57	4,68	4,79
6	4,90	5,02	5,14	5,26	5,38	5,50	5,65	5,80	5,90	6,05
7	6,20	6,35	6,50	6,70	6,85	7,00	7,20	7,35	7,55	7,70
8	7,90	8,10	8,25	8,45	8,60	8,80	9,00	9,20	9,40	9,60
9	9,80	10,0	10,2	10,4	10,6	10,8	11,1	11,3	11,6	11,8
6,0	12,1	12,4	12,7	12,9	13,2	13,5	13,8	14,1	14,4	14,7
1	15,0	15,3	15,7	16,0	16,4	16,7	17,0	17,4	17,7	18,1
2	18,4	18,7	19,1	19,4	19,8	20,1	20,5	20,9	21,3	21,7
3	22,1	22,5	22,9	23,4	23,8	24,2	24,6	25,1	25,5	26,0
4	26,4	26,9	27,3	27,8	28,2	28,7	29,2	29,7	30,3	30,8
5	31,3	31,9	32,4	33,0	33,5	34,1	34,7	35,3	36,0	36,6
6	37,2	37,8	38,3	38,9	39,4	40,0	40,6	41,2	41,8	42,4
7	43,0	43,6	44,2	44,8	45,4	46,0	46,6	47,3	47,9	48,6
8	49,2	49,8	50,4	51,0	51,6	52,2	52,8	53,4	54,0	54,6
9	55,2	55,8	56,4	56,9	57,5	58,1	58,7	59,3	60,0	60,6
7,0	61,2	61,8	62,4	63,1	63,7	64,3	64,8	65,4	65,9	66,5
1	67,0	67,6	68,1	68,7	69,2	69,8	70,4	70,9	71,5	72,0
2	72,6	73,2	73,7	74,3	74,8	75,4	75,9	76,3	76,8	77,2
3	77,7	78,1	78,6	79,0	79,5	79,9	80,3	80,7	81,0	81,4
4	81,8	82,1	82,5	82,8	83,2	83,5	83,8	84,2	84,5	84,9
5	85,2	85,5	85,9	86,2	86,6	86,9	87,2	87,5	87,9	88,2
6	88,5	88,8	89,1	89,3	89,6	89,9	90,2	90,4	90,7	90,9
7	91,2	91,4	91,7	91,9	92,2	92,4	92,6	92,9	93,1	93,4
8	93,6	93,8	94,0	94,2	94,4	94,6	94,8	95,0	95,1	95,3
9	95,5	95,6	95,8	95,9	96,1	96,2	96,3	96,5	96,6	96,8
8,0	96,9	—	—	—	—	—	—	—	—	—

Tabla XXII

Electroquímica

D. Mezclas reguladoras según Sörensen y Clark

Mezclas binarias

g) de ácido clorhídrico y borato sódico

Porcentaje de borato sódico en la mezcla

p_{H^+}	0	1	2	3	4	5	6	7	8	9
7,7	—	52,5	52,6	52,7	52,8	52,9	53,0	53,1	53,2	53,3
8	53,4	53,5	53,6	53,7	53,85	53,95	54,1	54,25	54,4	54,55
9	54,65	54,75	54,85	55,0	55,1	55,25	55,35	55,5	55,6	55,75
8,0	55,85	56,0	56,1	56,25	56,35	56,5	56,6	56,75	56,9	57,0
1	57,15	57,25	57,4	57,5	57,65	57,8	57,95	58,1	58,3	58,45
2	58,65	58,8	59,0	59,2	59,4	59,6	59,8	66,0	60,2	60,45
3	60,7	60,95	61,15	61,4	61,6	61,85	62,05	62,3	62,5	62,7
4	62,95	63,2	63,45	63,65	63,9	64,1	64,35	64,55	64,8	65,0
5	65,25	65,5	65,75	66,05	66,3	66,6	66,9	67,2	67,5	67,75
6	68,0	68,25	68,55	68,8	69,1	69,4	69,7	70,0	70,4	70,8
7	71,2	71,6	72,0	72,4	72,8	73,2	73,6	74,0	74,5	75,0
8	75,5	76,0	76,5	77,0	77,5	78,0	78,5	79,0	79,5	80,0
9	80,5	81,0	81,5	82,0	82,5	83,0	83,5	84,0	84,5	85,0
9,0	85,6	86,25	86,9	87,5	88,1	88,75	89,4	90,0	91,6	91,25
1	91,9	92,5	93,1	93,75	94,4	95,0	95,6	96,25	96,9	97,5
2	98,1	98,75	99,4	100,0	—	—	—	—	—	—

Tabla XXII

Electroquímica

D. Mezclas reguladoras según Sörensen y Clark

Mezclas binarias

h) de borato sódico y sosa cáustica

Porcentaje de sosa cáustica en la mezcla

p_{H^+}	0	1	2	3	4	5	6	7	8	9
9,2	—	—	—	0,72	2,16	3,60	4,90	6,05	7,10	8,05
3	8,90	9,60	10,3	11,0	11,7	12,4	13,0	13,6	14,2	14,8
4	15,4	16,0	16,6	17,2	17,7	18,2	18,8	19,4	20,0	20,5
5	21,0	21,6	22,2	22,8	23,4	23,9	24,5	25,1	25,7	26,3
6	26,8	27,4	28,0	28,6	29,2	29,8	30,3	30,8	31,3	31,8
7	32,3	32,8	33,3	33,7	34,1	34,5	34,9	35,3	35,7	36,0
8	36,3	36,6	36,9	37,2	37,5	37,7	38,0	38,3	38,6	38,8
9	39,0	39,3	39,6	39,8	40,0	40,2	40,4	40,6	40,8	40,9
10,0	41,0	41,2	41,4	41,6	41,8	41,9	42,1	42,3	42,5	42,6
1	42,7	42,9	43,1	43,2	43,3	43,4	43,6	43,7	43,8	43,9
2	44,0	44,2	44,3	44,4	44,5	44,6	44,8	44,9	45,0	45,1
3	45,2	45,4	45,5	45,6	45,7	45,8	45,9	46,0	46,1	46,2
4	46,3	46,4	46,5	46,6	46,7	46,8	46,9	$46,9_5$	$47,0_5$	47,1
5	47,2	47,3	$47,3_5$	$47,4_5$	47,5	47,6	47,7	$47,7_5$	$47,8_5$	47,9
6	48,0	$48,0_5$	48,1	48,2	$48,2_5$	48,3	$48,3_5$	48,4	48,5	$48,5_5$
7	48,6	$48,6_5$	48,7	$48,7_5$	48,8	$48,8_5$	48,9	$48,9_5$	49,0	$49,0_5$
8	49,1	$49,1_5$	49,2	49,2	$49,2_5$	49,3	$49,3_5$	49,4	49,4	$49,4_5$
9	49,5	$49,5_5$	49,6	49,6	$49,6_5$	49,7	$49,7_5$	49,8	49,8	$49,8_5$
11,0	49,9	$49,9_5$	$49,9_5$	50,0	—	—	—	—	—	—

Tabla XXII

Electroquímica

D. Mezclas reguladoras según Sörensen y Clark

Mezclas binarias

i) de glicocola y sosa cáustica

Porcentaje de sosa cáustica en la mezcla

p_{H^+}	0	1	2	3	4	5	6	7	8	9
8,5	—	—	—	5,00	5,11	5,22	5,33	5,44	5,56	5,68
6	5,80	5,92	6,04	6,16	6,28	6,41	6,54	6,68	6,82	6,96
7	7,10	7,24	7,38	7,52	7,66	7,81	7,96	8,12	8,28	8,44
8	8,60	8,77	8,94	9,12	9,30	9,48	9,66	9,84	10,02	10,21
9	10,4	10,6	10,8	11,0	11,2	11,4	11,6	11,8	12,0	12,2
9,0	12,4	12,6	12,8	13,0	13,2	13,4	13,6	13,8	14,0	14,3
1	14,6	14,8	15,1	15,3	15,6	15,8	16,0	16,3	16,5	16,8
2	17,0	17,2	17,4	17,6	17,9	18,2	18,5	18,8	19,1	19,4
3	19,7	19,9	20,1	20,3	20,5	20,8	21,1	21,4	21,7	22,0
4	22,3	22,5	22,8	23,1	23,4	23,7	24,0	24,3	24,6	24,9
5	25,2	25,4	25,6	25,9	26,2	26,5	26,8	27,1	27,4	27,7
6	28,0	28,3	28,6	28,9	29,2	29,5	29,8	30,1	30,4	30,7
7	31,0	31,3	31,6	31,9	32,2	32,5	32,8	33,1	33,4	33,6
8	33,8	34,1	34,4	34,7	35,0	35,2	35,4	35,6	35,8	36,0
9	36,2	36,5	36,7	36,9	37,1	37,3	37,5	37,7	37,9	38,1
10,0	38,3	38,5	38,7	38,9	39,1	39,3	39,5	39,7	39,9	40,05
1	40,2	40,4	40,55	40,7	40,9	41,05	41,2	41,4	41,55	41,75
2	41,9	42,05	42,2	42,4	42,55	42,7	42,85	43,0	43,2	43,35
3	43,5	43,65	43,75	43,9	44,0	44,15	44,3	44,4	44,55	44,7
4	44,8	44,9	45,0	45,1	45,2	45,3	45,4	45,5	45,6	45,7
5	45,8	45,9	46,0	46,05	46,15	46,25	46,35	46,45	46,5	46,6
6	46,7	46,75	46,85	46,9	47,0	47,05	47,1	47,2	47,25	47,35
7	47,4	47,45	47,5	47,6	47,65	47,7	47,75	47,8	47,9	47,95
8	48,0	48,05	48,1	48,15	48,2	48,25	48,3	48,35	48,4	48,45
9	48,5	48,55	48,6	48,6	48,65	48,7	48,75	48,8	48,8	48,85
11,0	48,9	48,95	49,0	49,05	49,1	49,15	49,15	49,2	49,25	49,3
1	49,35	49,4	49,45	49,5	49,55	49,6	49,6	49,65	49,7	49,75
2	49,8	49,85	49,9	49,9	49,95	50,0	50,05	50,1	50,1	50,15
3	50,2	50,25	50,3	50,3	50,35	50,4	50,45	50,5	50,5	50,55
4	50,6	50,65	50,7	50,7	50,75	50,8	50,85	50,9	50,9	50,95
5	51,0	51,05	51,1	51,1	51,15	51,2	51,25	51,3	51,3	51,35
6	51,4	51,45	51,5	51,55	51,6	51,65	51,75	51,8	51,85	51,9
7	51,95	52,0	52,1	52,15	52,2	52,25	52,35	52,4	52,45	52,55
8	52,6	52,7	52,75	52,85	52,9	53,0	53,1	53,15	53,25	53,3
9	53,4	53,5	53,6	53,7	53,8	53,9	54,0	54,1	54,2	54,3
12,0	54,45	54,6	54,75	54,85	55,0	55,15	55,25	55,4	55,55	55,65
1	55,8	55,95	56,1	56,3	56,45	56,6	56,75	56,9	57,1	57,25
2	57,4	57,6	57,8	58,0	58,2	58,4	58,6	58,8	59,0	59,2
3	59,4	59,65	59,9	60,1	60,35	60,6	60,85	61,1	61,3	61,55
4	61,8	62,2	62,5	62,9	63,2	63,6	64,0	64,3	64,7	65,0
5	65,4	65,9	66,3	66,8	67,2	67,7	68,2	68,6	69,1	69,5
6	70,0	70,5	71,0	71,5	72,0	72,5	73,0	73,5	74,0	74,5
7	75,0	75,6	76,2	76,8	77,4	78,0	78,6	79,2	79,8	80,4
8	81,0	81,6	82,3	83,1	84,0	84,9	85,8	86,7	87,7	88,8
9	90,0	—	—	—	—	—	—	—	—	—

Electroquímica

E. Actividad y coeficiente de actividad

Concentración iónica e intensidad iónica

La "concentración iónica" de una solución de un electrólito cualquiera viene dada por la igualdad:

$$\Gamma = \Sigma\, c_i\, n_i^2, \tag{1}$$

y la "intensidad iónica", por la fórmula:

$$I = \frac{\Gamma}{2} = \frac{1}{2} \Sigma\, c_i\, n_i^2, \tag{2}$$

en las que c_i es la concentración y n_i la valencia de la especie de ion considerada. Han de sumarse los valores correspondientes a todas las distintas especies de iones presentes en la solución.

Para un electrólito "simple" de concentración total c, que esté disociado en la fracción α (grado de disociación real), la igualdad (1) se transforma en la siguiente:

$$\Gamma = \alpha \cdot c \cdot \Sigma\, z_i\, n_i^2 = \alpha \cdot c \cdot w. \tag{3}$$

en la que z_i es el número de iones de una especie que pueden formarse de cada molécula.

En la tabla siguiente están recopilados los valores de $w = \Sigma\, z_i\, n_i^2$ para distintos tipos de electrólitos:

z_+	z_-	n_+	n_-	Ejemplo	w
1	1	1	1	KCl	2
1	2	2	1	$CaCl_2$	6
2	1	1	2	Na_2SO_4	
1	1	2	2	$MgSO_4$	8
1	3	3	1	$LaCl_3$	12
3	1	1	3	$K_3[Fe(CN)_6]$	
1	4	4	1	$Th(NO_3)_4$	20
4	1	1	4	$K_4[Fe(CN)_6]$	
2	3	3	2	$Al_2(SO_4)_3$	30
3	2	2	3	$Ca_3[Fe(CN)_6]_2$	

Electroquímica

E. Actividad y coeficiente de actividad

Con los valores de w y la igualdad (3), multiplicando por $\alpha \cdot c$ (o por c solamente, tratándose de electrólitos fuertes para los que en concentraciones moderadas el grado de disociación α es aproximadamente igual a 1) se obtiene la concentración iónica Γ.

Para las mezclas de electrólitos simples, la concentración iónica total se obtiene sumando las concentraciones iónicas parciales encontradas (como se ha indicado) para los distintos componentes. Esta regla es naturalmente sólo aplicable en el caso de que en la mezcla no se verifique ninguna reacción mutua entre los distintos iones, lo que en la práctica puede admitirse siempre que sólo existan electrólitos fuertes. En presencia de electrólitos débiles cabe en ciertas circunstancias la posibilidad de que haya de tenerse en cuenta su acción mutua. (Ejemplo: una mezcla de HCl y acetato sódico.)

Ejemplo de cálculo

La concentración iónica total de una solución que es 0,36 m en $NaNO_3$, 0,05 m. en Na_2SO_4 y 0,14 m. en $MgSO_4$ (admitiendo un grado de disociación igual a 1) vale:

$$\Gamma = 0{,}36 \cdot 2 + 0{,}05 \cdot 6 + 0{,}14 \cdot 8 = 2{,}14\,,$$

y la intensidad iónica es, por tanto:

$$I = \frac{\Gamma}{2} = \frac{2{,}14}{2} = 1{,}07\,.$$

Acerca del empleo de los conceptos concentración iónica e intensidad iónica, véanse las Aclaraciones.

Indicadores, Batmometría

A. Recopilación de algunos

a) Indicadores para

N.°	Nombre	Fórmula	Peso molecular
1	Rojo de cresol (2 vir.)	$(C_6H_3C\overset{3}{H}_3O\overset{4}{H})_2CC_6H_4SO_3$	382,4
2	Tropeolina OO	$C_6H_5N\overset{4}{H}C_6H_4\overset{1}{N}_2\overset{1}{C}_6H_4\overset{4}{S}O_3Na$	375,4
3	Amarillo metanilo	$C_6H_5N\overset{4}{H}C_6H_4\overset{1}{N}_2\overset{1}{C}_6H_4\overset{3}{S}O_3Na$	375,4
4	Azul de timol (2 vir.)	$(C_6H_2\overset{2}{C}H_3C_3\overset{5}{H}_7O\overset{4}{H})_2CC_6H_4SO_3$	466,6
5	Amarillo de metilo	$(CH_3)_2NC_6H_4N_2C_6H_5$	225,3
6	Metilorange	$(CH_3)_2NC_6H_4N_2C_6H_4SO_3Na\cdot 4H_2O$	399,4
7	β-Dinitrofenol	$C_6H_3OH(NO_2)_2$ 1 : 2 : 6	184,1
8	Azul de bromofenol	$(C_6H_2\overset{4}{O}H\overset{3,5}{Br_2})_2CC_6H_4SO_3$	670,0
9	α-Dinitrofenol	$C_6H_3OH(NO_2)_2$ 1 : 2 : 4	184,1
10	Verde de bromocresol	$(C_6HC\overset{2}{H}_3O\overset{4}{H}\overset{3,5}{Br_2})_2CC_6H_4SO_3$	698,0
11	γ-Dinitrofenol	$C_6H_3OH(NO_2)_2$ 1 : 2 : 5	184,1
12	Rojo de clorofenol	$(C_6H_3\overset{4}{O}H\overset{3}{Cl})_2CC_6H_4SO_3$	423,3
13	Púrpura de bromocresol	$(C_6H_2C\overset{3}{H}_3\overset{4}{O}H\overset{5}{Br})_2CC_6H_4SO_3$	540,2
14	*p*-Nitrofenol	$C_6H_4OHNO_2$ 1 : 4	139,2
15	Azul de bromotimol	$(C_6H\overset{2}{C}H_3C_3\overset{5}{H}_7O\overset{4}{H}\overset{3}{Br})_2CC_6H_4SO_3$	624,4
16	Rojo de fenol	$(C_6H_4OH)_2CC_6H_4SO_3$	354,4
17	Rojo de cresol (1 vir.)	$(C_6H_3C\overset{3}{H}_3O\overset{4}{H})_2CC_6H_4SO_3$	382,4
18	*m*-Nitrofenol	$C_6H_4OHNO_2$ 1 : 3	139,1
19	Púrpura de *m*-cresol (1 vir.)	$(C_6H_3\overset{2}{C}H_3\overset{4}{O}H)_2CC_6H_4SO_3$	382,4
20	Azul de *p*-xilenol (1 vir.)	$(C_6H_2(C\overset{2,5}{H}_3)_2O\overset{4}{H})_2CC_6H_4SO_3$	410,5
21	Azul de timol (1 vir.)	$(C_6H_2\overset{2}{C}H_3C_3\overset{5}{H}_7O\overset{4}{H})_2CC_6H_4SO_3$	466,6
22	Violeta de β-naftol	$C_{10}H_4\overset{2}{O}H(\overset{3,6}{S}O_3Na)_2\overset{1}{N}_2\overset{1}{C}_6H_4\overset{4}{N}O_2$	497,4
23	Amarillo de alizarina R S	$N\overset{4}{O}_2S\overset{3}{O}_3NaC_6H_3\overset{1}{N}_2\overset{1}{C}_6H_3O\overset{4}{H}C\overset{3}{O}_2H\cdot H_2O$	390,3
24	Amil.° Salicil (Amil.° de alizarina GG)	$N\overset{2}{O}_2C_6H_4\overset{1}{N}_2\overset{1}{C}_6H_3O\overset{4}{H}\overset{3}{C}O_2Na$	309,2
25	Tropeolina O (Amil.° de resorcina)	$(O\overset{4,2}{H})_2C_6H_3\overset{1}{N}_2\overset{1}{C}_6H_4S\overset{4}{O}_3Na$	316,2

lg peso mol.	Colores límite [1]) superior	inferior	Semigrado[4]) (para una intensidad iónica de 0,1 y la temperatura ordinaria) $p_H + 1/2$	Error de sal: $\Delta p_H + 1/2$ al pasar a la intensidad iónica de 0,5	N.°
58 263	rojo (6,8)	amarillo (2,4)	1,15	—	1
57 449	rojo (6,8)	amarillo (2,7)	1,51	—	2
57 449	rojo (6,4)	amarillo 2,6)	1,53	—	3
66 894	rojo (3,7)	amarillo (1,5)	1,52	—	4
35 276	rojo (3,5)	amarillo (2,1)	3,31	0,05	5
60 141	rojo (4,9)	amarillo anaranjado (2,7)	3,40	aprox. 0	6
26 505	incoloro	amarillo [2])	3,56	—	7
82 607	amarillo (2,6)	azul (8,2)	3,87	— 0,1	8
26 505	incoloro	amarillo [2])	(3,90)	— 0,1	9
84 386	amarillo (1,8)	azul (4,1) [3])	4,67	— 0,2	10
26 505	incoloro	amarillo [2])	(5,10)	— 0,1	11
62 665	amarillo	rojo (5,9)	6,01	— 0,1	12
73 255	amarillo (2,5)	púrpura (6,8)	6,12	— 0,2	13
14 333	incoloro	amarillo [2])	(7,0)	—	14
79 546	amarillo (1,8)	azul (4,1)	7,07	— 0,2	15
54 949	amarillo (2,4)	rojo (6,8)	7,74	— 0,2	16
58 263	amarillo (2,4)	rojo (7,0)	8,16	— 0,2	17
14 333	incoloro	amarillo [2])	(8,26)	— 0,1	18
58 263	amarillo	púrpura	(8,32)	—	19
61 331	amarillo	azul	8,76	—	20
66 894	amarillo (1,5)	azul (3,5)	8,89	—	21
69 671	amarillo anaranjado (1,5)	violeta	10,67	— 0,29	22
59 140	amarillo	rojo pardo	10,90	— 0,33	23
49 024	amarillo claro	anaranjado oscuro	11,07	—	24
49 996	amarillo	rojo pardo	12,11	— 0,17	25

[1]) Los números entre paréntesis dan las intensidades de color relativas (molares). [2]) Máximo de absorción en el ultravioleta. [3]) El nombre Verde de bromocresol no es acertado. [4]) Los valores entre paréntesis son de procedencia extranjera y los restantes provienen del Marburger Institut.

Ind.

Tabla XXIII

Indicadores, Batmometría óptica, Colorimetría

A. Recopilación de algunos indicadores importantes

b) Indicadores para otros fines

(Análisis volumétricos, etc.)

N.°	Nombre	Fórmula	Colores límite s/i	$p_{H+^1/_2}$
1	Rojo de metilo (sol. en agua)	$C_{15}H_{14}O_2N_3Na$	rojo/amarillo	4,88
2	Rojo neutro	$C_{15}H_{16}N_4Cl$	rojo/amarillo	(7,4)
3	α-Naftolftaleína	$C_{28}H_{18}O_4$	anaranjado/azul	7,91
4	Anaranjado de α-naftol (Tropeolina 000)	$C_{10}H_{11}O_4N_2SNa$	verde amarillo/rosa gris	(8,27)
5	Tetraclorofenolftaleína	$C_{20}H_{10}O_4Cl_4$	incol./rojo cereza	8,55
6	Fenolftaleína	$C_{20}H_{14}O_4$	incoloro/rojo	9,50
7	*p*-Xilenolftaleína	$C_{24}H_{22}O_4$	incoloro/azul	9,65
8	Nitramina	$C_7H_5O_8N_5$	incol./pardo anaranjado	(~ 12)

B. Batmometría óptica

Si en una solución cuyo grado de acidez (p_{H+}) ha de medirse, un indicador monovalente con el semigrado de acidez $p_{H+^1/_2}$ acusa el grado de viraje α, es decir, se encuentra en el 100 α °/₀ en la forma límite inferior ("alcalina"), se tiene la relación:

$$p_{H+} = p_{H+^1/_2} + \Delta p_{H+},$$

en la que

$$\Delta p_{H+} = \lg \frac{\alpha}{1-\alpha}$$

o bien

$$\alpha = \frac{\text{Núm.}\,\Delta p_{H+}}{1 + \text{Núm.}\,\Delta p_{H+}}.$$

Para determinar el correspondiente valor de Δp_{H+} conociendo α (medido con el colorímetro de colores mixtos — preferiblemente uti-

Indicadores, Batmometría óptica, Colorimetría

B. Batmometría óptica

lizando luz monocromática —, o con el espectrofotómetro, etc.), lo mejor es servirse de una tabla que contenga los valores de Δp_{H+} en función de α (o viceversa). La siguiente tabla contiene una recopilación de valores de

$$\frac{\text{Núm. } \Delta p_{H+}}{1 + \text{Núm. } \Delta p_{H+}} = \alpha$$

para valores de Δp_{H+} comprendidos entre — 3,00 y + 3,00, con intervalos de 0,01. Los valores de α hay que suponerlos precedidos del guarismo 0. Por tanto, se busca en la tabla el valor de Δp_{H+} correspondiente al valor encontrado para α. Este valor de Δp_{H+} juntamente con el del semigrado de acidez del indicador, sacado de la tabla de indicadores (apartado A, *a*) nos da el valor del grado de acidez de la solución.

Ejemplo: Encontrado $\alpha = 43{,}7\,\% = 0{,}437$;

$$\Delta p_{H+} = -0{,}11\,;$$

$$p_{H+} = p_{H+\,1/2} - 0{,}11\,.$$

Si el indicador elegido es el azul de bromotimol ($p_{H+\,1/2} = 7{,}07$) se tiene:

$$p_{H+} = 7{,}07 - 0{,}11 = 6{,}96\,.$$

Indicadores, Batmometría óptica, Colorimetría

B. Batmometría óptica

Tabla de valores de $\alpha = \frac{\text{Núm. } \Delta p_{H+}}{1 + \text{Núm. } \Delta p_{H+}}$ para valores de Δp_{H+} comprendidos entre — 3,00 y + 3,00 con intervalos de 0,01

a) Valores negativos de Δp_{H+}

Δp_{H+}	9	8	7	6	5	4	3	2	1	0
— 3,0										0010
— 2,9	0010	0011	0011	0011	0011	0012	0012	0012	0013	0013
— 2,8	0013	0014	0014	0014	0014	0015	0015	0015	0016	0016
— 2,7	0016	0017	0017	0017	0018	0018	0019	0019	0020	0020
— 2,6	0020	0021	0021	0022	0022	0023	0024	0024	0025	0025
— 2,5	0026	0026	0027	0028	0028	0029	0030	0030	0031	0032
— 2,4	0033	0033	0034	0035	0035	0036	0037	0038	0039	0040
— 2,3	0041	0042	0043	0043	0045	0046	0046	0048	0049	0050
— 2,2	0051	0052	0054	0055	0056	0057	0059	0060	0061	0063
— 2,1	0064	0065	0067	0069	0070	0072	0074	0075	0077	0079
— 2,0	0081	0083	0084	0087	0089	0091	0092	0094	0097	0099
— 1,9	0101	0104	0106	0109	0111	0114	0117	0119	0122	0125
— 1,8	0127	0130	0133	0136	0139	0142	0146	0149	0153	0156
— 1,7	0160	0163	0167	0171	0175	0179	0183	0187	0192	0196
— 1,6	0200	0205	0209	0214	0219	0224	0229	0234	0240	0245
— 1,5	0251	0256	0262	0268	0274	0280	0287	0293	0300	0307
— 1,4	0313	0320	0328	0335	0343	0350	0358	0366	0375	0383
— 1,3	0391	0400	0409	0418	0428	0437	0447	0457	0467	0477
— 1,2	0488	0499	0510	0521	0533	0544	0556	0568	0581	0593
— 1,1	0606	0619	0633	0647	0661	0676	0690	0705	0720	0736
— 1,0	0752	0768	0784	0800	0818	0836	0853	0872	0890	0909
— 0,9	0928	0948	0968	0988	1009	1030	1052	1073	1096	1118
— 0,8	1141	1165	1189	1213	1238	1263	1289	1315	1341	1368
— 0,7	1396	1423	1452	1481	1510	1540	1570	1601	1632	1663
— 0,6	1695	1728	1761	1795	1829	1864	1899	1935	1971	2008
— 0,5	2045	2083	2119	2159	2199	2239	2279	2320	2361	2403
— 0,4	2445	2488	2531	2575	2619	2664	2709	2755	2801	2847
— 0,3	2894	2942	2991	3 39	3087	3137	3187	3237	3288	3339
— 0,2	3390	3442	3494	3546	3599	3652	3706	3760	3814	3868
— 0,1	3923	3978	4033	4089	4145	4201	4257	4314	4370	4428
— 0,0	4484	4541	4598	4656	4713	4770	4827	4885	4943	5000

Indicadores, Batmometría óptica, Colorimetría

B. Batmometría óptica

Tabla de valores de $\alpha = \frac{\text{Núm } \Delta p_{H+}}{1 + \text{Núm. } \Delta p_{H+}}$ para valores de Δp_{H+} comprendidos entre — 3,00 y + 3,00 con intervalos de 0,01

b) Valores positivos de Δp_{H+}

Δp_{H+}	0	1	2	3	4	5	6	7	8	9
+0,0	5000	5058	5115	5173	5230	5287	5345	5402	5459	5516
+0,1	5573	5630	5686	5743	5799	5855	5911	5967	6022	6077
+0,2	6132	6186	6240	6294	6348	6401	6454	6506	6558	6610
+0,3	6661	6713	6763	6813	6863	6913	6962	7010	7058	7106
+0,4	7153	7199	7245	7292	7336	7381	7425	7469	7512	7555
+0,5	7597	7639	7680	7721	7761	7801	7841	7881	7918	7955
+0,6	7992	8029	8065	8101	8136	8171	8205	8239	8272	8305
+0,7	8337	8368	8399	8430	8460	8490	8519	8548	8577	8604
+0,8	8632	8659	8685	8711	8737	8762	8787	8811	8835	8859
+0,9	8882	8904	8927	8949	8970	8991	9012	9032	9052	9072
+1,0	9091	9110	9128	9147	9164	9182	9201	9216	9232	9248
+1,1	9264	9280	9295	9310	9324	9339	9353	9367	9381	9394
+1,2	9407	9419	9432	9444	9456	9467	9479	9490	9501	9512
+1,3	9523	9533	9543	9553	9563	9572	9582	9591	9600	9609
+1,4	9617	9625	9634	9642	9650	9657	9665	9672	9680	9687
+1,5	9694	9700	9707	9713	9720	9726	9732	9738	9744	9750
+1,6	9755	9761	9766	9771	9776	9781	9786	9791	9795	9800
+1,7	9804	9809	9813	9817	9821	9825	9829	9833	9837	9840
+1,8	9844	9847	9851	9854	9858	9861	9864	9867	9870	9873
+1,9	9876	9879	9881	9884	9887	9889	9892	9894	9896	9899
+2,0	9901	9903	9906	9908	9910	9912	9914	9916	9918	9920
+2.1	9921	9923	9925	9926	9928	9930	9931	9933	9935	9936
+2,2	9937	9939	9940	9942	9943	9944	9945	9947	9948	9949
+2,3	9950	9951	9953	9954	9955	9956	9957	9958	9958	9959
+2,4	9960	9961	9962	9963	9964	9965	9966	9966	9967	9968
+2,5	9968	9969	9970	9971	9971	9972	9973	9973	9974	9975
+2,6	9975	9976	9976	9977	9977	9978	9978	9979	9979	9980
+2,7	9980	9981	9981	9981	9982	9982	9983	9983	9984	9984
+2,8	9984	9985	9985	9985	9986	9986	9986	9986	9987	9987
+2,9	9987	9988	9988	9988	9989	9989	9989	9989	9990	9990
+3,0	9990									

Indicadores, Batmometría óptica, Colorimetría

C. Batmometría redox e Indicadores redox

a) Batmometría redox

Del mismo modo como mediante las fuerzas electromotrices de pilas que tengan un electrodo de hidrógeno o de quinhidrona y un electrodo normal adecuado puede determinarse el grado de acidez p_{H^+} de una solución que tenga acción química sobre uno de dichos electrodos (véase la Tabla XXII C), también mediante dichas fuerzas electromotrices puede conocerse la relación de mezcla de dos substancias que por oxidación (o reducción) sean mutuamente transformables y adquieran un estado de equilibrio (que se establezca con una rapidez suficiente) cuya posición quede determinada por el potencial de un electrodo (inatacable) sumergido en dicha mezcla.

Si llamamos "estado normal" del sistema a aquél en el que ambos reactivos se hallan en la misma concentración molar, y por tanto el tránsito reducción $\rightleftarrows$ oxidación se ha realizado en el 50 %, y si llamamos "potencial normal del sistema redox" a su potencial correspondiente (determinado por la diferencia de potencial $E_{0^{1/2}}$ con relación al electrodo normal de hidrógeno, es decir, al hidrógeno a 1 atm. de presión en H_2SO_4 2 n.), de la diferencia entre el potencial del sistema y el potencial normal se obtiene también la diferencia entre el estado del sistema y el estado normal. Para estas relaciones es utilizable la fórmula siguiente, análoga a la fórmula batmométrica (página 166):

$$\Delta \pi = k \cdot \lg \frac{\alpha}{1 - \alpha},$$

en la que $\Delta \pi$ es la diferencia con relación al potencial normal (igual a la diferencia entre la f. e. m. medida y $E_{0^{1/2}}$), α es la parte alícuota del sistema total redox que se encuentra en forma oxidada y k es una magnitud cuyo valor depende de la valencia electroquímica del tránsito redox. Si el sistema redox es monovalente (como, por ejemplo, el sistema $Fe^{2+} \rightleftarrows Fe^{3+} + \ominus$), k tiene el valor 0,0581 voltios (a 20°), y se tiene entonces que

$$\lg \frac{\alpha}{1 - \alpha} = \frac{\Delta \pi \text{ (voltios)}}{0{,}0581 \text{ (voltios)}},$$

expresión que para el estado normal ($\alpha = 0{,}5$) da, naturalmente, el valor $\Delta\ \pi = 0$. En los tránsitos, n-valentes, k vale $\frac{0{,}0581\ (\text{voltios})}{n}$

En muchos sistemas redox, el potencial depende no solamente de la relación $\frac{[\text{red}]}{[\text{ox}]}$ sino también del grado de acidez. Es lo que sucede cuando en el tránsito también participa el ion hidrógeno (o el ion hidroxilo), por ejemplo, en el equilibrio

$$MnO_4^- + 8\ H^+ \rightleftharpoons Mn^{2+} + 4\ H_2O - 5\ominus .$$

En estos sistemas, para definir el potencial normal ($E_{0^1/_2}$) también hay que indicar el grado de acidez (p_{H^+}) para el que con dicho potencial el grado de transformación (α) es igual a 0,5.

En cada caso, según la forma en que participan los iones H+ ó OH-, es distinta la sensibilidad del indicador.

Si se ha determinado el grado de acidez (p_{H^+}), con la diferencia entre el valor medido de E y el valor de $E_{0^1/_2}$ correspondiente al grado de acidez encontrado y conociendo k, puede determinarse el valor numérico de lg $\frac{\alpha}{1-\alpha}$ y con éste, mediante la tabla de las páginas 168 y 169, el valor de

$$\alpha = \frac{\text{Núm.}\left(\lg \frac{\alpha}{1-\alpha}\right)}{1 + \text{Núm.}\left(\lg \frac{\alpha}{1-\alpha}\right)}$$

es decir, con el potencial medido en los electrodos se obtiene el estado de oxidación (reducción) del sistema redox en el correspondiente electrodo. Este procedimiento corresponde metódicamente a la batmometría eléctrica (medición del p_{H^+}).

Hay sistemas redox en los que la substancia reducida y la substancia oxidada se diferencian notablemente por el color y además la transformación se adapta con tal velocidad al potencial redox predominante en la solución que puede decirse que se verifica un "viraje de color redox" (análogo a los virajes de los indicadores acidimétricos). Esta clase de sistema redox de dos colores se llaman "indicadores redox".

Indicadores, Batmometría óptica, Colorimetría

C. Batmometría redox

Tales indicadores se caracterizan por su "potencial normal" (potencial redox) para el que su grado de transformación (y con él su viraje de color) tiene el valor $\alpha = 0{,}5$. En estos casos el potencial normal se determina mediante la f. e. m. con relación a un "electrodo normal completamente determinado", que es el electrodo de hidrógeno en H_2SO_4 2 n. como electrólito ($p_{H^+} = 0$). Por $E_{0^1/_2}$ hay que entender siempre en los indicadores redox la f. e. m. así definida.

Debido a la sensibilidad en los grados de acidez, que también se observa en los sistemas de indicadores redox, hay que indicar siempre el grado de acidez correspondiente al estado normal. Por tanto, $E_{0^1/_2}$ es la f. e. m. de una pila en la que uno de los electrodos se encuentra como productor de potencial del indicador redor en el grado de acidez indicado mientras que el otro electrodo está representado por el electrodo normal de hidrógeno.

En la tabla de la página 174 están recopilados los indicadores redox más usuales.

Los valores de $p_{rH^1/_2}$ de la última columna tienen la siguiente significación:

Para cada valor dado de la f. e. m. medida con relación a un electrodo normal de hidrógeno puede encontrarse un electrodo de hidrógeno tal que combinado con el electrodo normal de hidrógeno produzca una f. e. m. igual a la medida, es decir, pueda calcularse la presión (en atmósferas) que habría de tener el hidrógeno de un electrodo de esta especie para dar con una solución del mismo grado de acidez (como en la solución investigada) y con relación al electrodo normal de hidrógeno (a la presión atmosférica) la f. e. m. considerada.

Los valores así encontrados para la presión son menores o mayores que una atmósfera, según el signo y la magnitud de la f. e. m. medida; ordinariamente son menores y en parte extraordinariamente pequeños.

Se procede aquí análogamente a como se hace para caracterizar las reacciones acidimétricas (medición del a_{H^+}), donde por razones prácticas se emplea el concepto grado de acidez $p_{H^+} = -\lg a_{H^+}$) En este caso no se indica la misma presión de hidrógeno p, sino su logaritmo negativo. Si, por tanto, se ha calculado una presión de

Indicadores, Batmometría óptica, Colorimetría

C. Batmometría redox

hidrógeno de $\frac{1}{1000} = 10^{-3}$ atmósferas, se la caracteriza por el número — lg $10^{-3} = + 3$. Con una presión de $3 . 10^{-5}$ atmósferas se obtendrá el valor — lg $(3.10^{-5}) = -(0,48 - 5) = + 4,52$. Para esta expresión logarítmica se ha propuesto la designación "grado redox" y el símbolo p_{rH}[1]). Entonces el símbolo $p_{rH^{1}/_{2}}$ significa, naturalmente, el "semi-grado redor" de un indicador redox y como constante característica tiene para esta clase de substancias la misma importancia que el semi-grado de los indicadores acidimétricos.

Todavía se carece de un sistema exacto de batmometría óptica redox (de medición de grados redox) y hay ciertas dificultades de orden técnico que impiden encontrarlo. Pero especialmente nos falta aún un sistema utilizable de "mezclas reguladoras redox", si bien hay que confiar en que dentro de brevísimo plazo podrán ser colmadas las lagunas existentes. Este sector ofrece indudablemente amplias perspectivas.

---

1) Hasta ahora empleado en la forma rH ó r_H. Este nuevo símbolo, vuelto a emplear por su autor (W. M. Clark) no nos parece lógicamente ideado porque no se le asigna la significación de una función logarítmica.

Indicadores, Batmometría óptica, Colorimetría

C. Indicadores redox

b) Indicadores redox

N.°	Nombre	Solución lista para el uso	Color red./ox.	$E_{0^1/_2}$ (voltios) a 20°	$p_rH^1/_2$
1	Rojo neutro	0,05 % en alcl. al 60 %	incoloro/rojo	— 0,32 (en una solución de $p_{H^+} = 7$)	3
2	Safranina T	0,05 % en agua	incoloro/azul	— 0,29	4
3	Indigo disulfonado	0,05 % en agua	amarillento/azul	— 0,11	10
4	Indigo trisulfonado	0,05 % en agua	amarillento/azul	— 0,07	11½
5	Indigo tetrasulfonado	0,05 % en agua	amarillento/azul	— 0,03	13
6	Azul metileno	0,05 % en agua	incoloro/azul	+ 0,01	14½
7	Tionina	0,05 % en alcl. al 60 %	incoloro/violeta	+ 0,06	16
8	Azul toluileno	0,05 % en alcl. al 60 %	incol./violeta azulado	+ 0,11	18
9	Timol-indofenol	0,02 % en alcl. al 60 %	incoloro/azul[1]	+ 0,18	20
10	*m*-Cresol-indofenol	0,02 % en alcl. al 60 %	incoloro/azul[2]	+ 0,21	21½
11	2,6-Dicloro-indofenol	0,02 % en agua	incoloro/azul	+ 0,23	22
12	Porfirindina*)	—	azul/incoloro	+ 0,81	42
13	Porfirexid*)	—	rojo/incoloro	+ 0,97	47½
14	2,4-Diamino-difenilamina*)	—	incoloro/rojo	+ 0,70 (en H_2SO_4 n/4)	25
15	*p*-Nitro-difenilamina*)	—	incoloro/violeta	+ 1,06	37
16	Ferroína (sal ferrosa de la o. fenantrolina)	$^1/_{40}$ molar en agua	rojo/azulado	+ 1,14	40
17	Nitroferroína (sal ferrosa de la nitrofenantrolina*)	—	rojo/azulado	+ 1,25	44
18	Acetilemino-difenilamina*)	—	incoloro/verdeazulado	+ 0,69 (en H_2SO_4 2 n.)	24
19	Difenilbencidina*)	—	incoloro/violeta	+ 0,76 ± 0,1	26 ± 3
20	Acido difenilaminsulfónico*)	0,05 % en agua	incoloro/violeta	+ 0,83	28½
21	Ac. difenilbencidinsulfónico*)	—	incoloro/violeta	+ 0,87 ± 0,1	30 ± 3
22	Porfirindina*)	—	azul/incoloro	+ 1,2	41½
23	Porfirexid*)	—	rojo/incoloro	+ 1,34	46

[1]) Rojizo en solución con $p_{H^+} < 9$. [2]) Rojizo en solución con $p_{H^+} < 8,5$.

*) Producto todavia no comercial en Alemania.

Indicadores, Batmometría óptica, Colorimetría

D. Colorimetría

Empleando el "colorímetro absoluto", con una "solución gris" de módulo de extinción 0,500, o un dispositivo de cuña gris contrastado, como medio amortiguador de la luz, puede efectuarse la medición colorimétrica sin recurrir a una solución especial de comparación. [1]) Basta, en efecto, hacer una sola medición en la substancia coloreada que se ha de analizar, la cual servirá de base para todas las medidas que se hayan de efectuar posteriormente en cualquier solución de la misma substancia (empleando la misma luz monocromática que al hacer la medición primordial).

Siguiendo el método de las "capas equivalentes" (acordadas) puede leerse directamente en la escala del colorímetro la concentración de la solución analizada en la substancia buscada (en el lado de la solución gris o del dispositivo de cuña gris).

Modo de operar:

Supongamos que a una capa de 1 cm. de una solución (primordial) de a g/l. de la substancia coloreada corresponde una capa de b cm. de solución gris (o su equivalente en la cuña gris); el módulo de extinción, es decir, la extinción para una capa de 1 cm., de la solución primordial es, por tanto,

$0{,}500 \cdot b = \frac{b}{2}$ (medición primordial). Además se tiene:

0,5 cm. de una solución de a g/l. corresponde a $\frac{b}{2}$ cm. de solución gris,

0,5 cm. de una solución de 1 g/l. corresponde a $\frac{b}{2\,a}$ cm de solución gris;

0,5 cm. de una solución de x g/l. corresponde a $\frac{x \cdot b}{2\,a}$ cm. de solución gris;

$\frac{a}{b}$ cm. de una solución de x g/l. corresponde a x cm. de solución gris;

[1]) Para detalles véase A. Thiel: Absolutkolorimetrie (Walter de Gruyter u. Co. Berlin 1939).

D. Colorimetría

Si, por tanto, para medir la solución que se ha de analizar se emplea una capa de $\frac{a}{b}$ cm., puede leerse directamente en la escala de la solución gris (escala de la cuña gris) del colorímetro, en centímetros, la concentración de la solución en gramos por litro. El cociente $\frac{a}{b}$ se llama capa equivalente.

La concentración de las soluciones también puede expresarse en otras unidades distintas del g/l (por ejemplo, en mg/100 ml); la elección de la unidad de medida se hace ateniéndose a puntos de vista prácticos (sin perjuicio de las normas básicas expuestas en las páginas 14 y 15).

Ejemplo:

1 cm. de una solución de 2,5 g/l. corresponde a 4,0 cm. de solución gris (medición primordial).

La capa equivalente es de $\frac{2,5}{4,0} = 0,625$ cm. y, por consiguiente, 0,625 cm. de un solución de x g/l. corresponden a x cm. de solución gris.

Termoquímica

A. Puntos fijos termométricos

Los puntos fijos que damos a continuación son en parte de primer orden y en parte de segundo orden. Estos últimos están caracterizados por un asterisco y no sirven para establecer directamente la escala de temperaturas.

El punto de fusión normal del hierro está referido, al igual que todos los demás puntos de fusión (Pf), puntos de solidificación (Ps), y puntos de transformación (Pt), a la presión atmosférica normal de 760 Torr medida para la densidad 13,595 gml^{-1} del Hg. y la aceleración de la gravedad de 980,665 cm^{-2}. Para los puntos de ebullición (Pe) y de sublimación (Psubl.) hay que tener en cuenta la influencia ejercida por la presión (*p*. en Torr), mediante fórmulas de interpolación válidas entre 680 y 780 Torr (entre 750 y 760 Torr para la naftalina y la benzofenona).

Puntos fijos (°C):

1.	Pe.	del O_2	:	$-183{,}00 + 0{,}0126\,(p - 760) - 0{,}0000065\,(p - 760)^2$
2.	Psubl.	» CO_2	:	$-78{,}50 + 0{,}01595\,(p - 760) - 0{,}000011\,(p - 760)^2$
3.	Pf.	» Hg.	:	$-38{,}87$
4.	Pf.	» H_2O	:	$0{,}000$
*5.	Pt.	» $Na_2SO_4 \cdot 10H_2O$	:	$+32{,}38$
6.	Pe.	» H_2O	:	$+100{,}000 + 0{,}0367\,(p - 760) - 0{,}000023\,(p - 760)^2$
*7.	Pe.	» $C_{10}H_8$	:	$+217{,}9_6 + 0{,}058\,(p - 760)$
*8.	Pt.	» Sn	:	$+231{,}8_5$
*9.	Pe.	» $(C_6H_5)_2CO$	:	$+305{,}9 + 0{,}063\,(p - 760)$
*10.	Pt.	» Cd.	:	$+320{,}9$
*11.	Ps.	» Zn.	:	$+419{,}4_5$
12.	Pe.	» S.	:	$+444{,}60 + 0{,}0909\,(p - 760) - 0{,}000048\,(p - 760)^2$
*13.	Ps.	» Sb.	:	$+630{,}5$
14.	Ps.	» Ag.	:	$+960{,}5$
15.	Pf.	» Au	:	$+1063$
*16.	Ps.	» Cu.	:	$+1083$
*17.	Pf.	» Pd.	:	$+1557$
*18.	Pf.	» Pt.	:	$+1770$
*19.	Pf.	» W.	:	$+3400$

TABLA XXIV

Termoquímica

B. Corrección de capilaridad en los termómetros de mercurio

Si la columna de un termómetro de mercurio que indica t_1^0 sobresale del recinto en n grados, la temperatura indicada es demasiado baja cuando en el exterior hace más frío, o demasiado alta, en caso contrario. La corrección (k) que ha de hacerse puede calcularse con la diferencia entre t_1 y la temperatura exterior t_2^0 medida a la mitad de la longitud del trozo de columna que sobresale (mediante un termómetro auxiliar), empleando la fórmula $k^\circ = n \cdot (t_1 - t_2) \cdot \alpha$. El coeficiente α depende de la clase de vidrio del termómetro y de la construcción del mismo.

Para el vidrio normal de Jena 59^{III}, α tiene el valor 0,000168, o 0,000158, entre 0° y 400°, respectivamente para los termómetros de varilla desnuda y de inclusión. Para los termómetros de ambas clases, de vidrio de Jena 16^{III}, puede contarse con el valor único $\alpha = 0{,}000156$ entre $-30°$ y $+100°$.

La tabla de las páginas 179 y 180 contiene las correcciones calculadas (en °C) para termómetros de vidrio 59^{III}; los números cursivos corresponden a los termómetros de inclusión y los demás a los termómetros de varilla sin funda. El signo de k depende del de la diferencia $t_1 - t_2$.

Termoquímica

B. Corrección de capilaridad en los termómetros de mercurio

Correcciones k (°C)

n (°C)	$t_1 - t_2$ (°C) 40	60	80	100	120	140	160	180	200	220	240	260	280	300	320	340	360	380	n (°C)
20	0,1	0,2	0,3	0,3	0,4	0,5	0,5	0,6	0,7	0,7	0,8	0,9	0,9	1,0	1,1	1,1	1,2	1,3	20
	0,1	*0,2*	*0,3*	*0,3*	*0,4*	*0,4*	*0,5*	*0,6*	*0,6*	*0,7*	*0,8*	*0,8*	*0,9*	*0,9*	*1,0*	*1,1*	*1,1*	*1,2*	
40	0,3	0,4	0,5	0,7	0,8	0,9	1,1	1,2	1,3	1,5	1,6	1,7	1,9	2,0	2,1	2,3	2,4	2,6	40
	0,3	*0,4*	*0,5*	*0,6*	*0,8*	*0,9*	*1,0*	*1,1*	*1,3*	*1,4*	*1,5*	*1,6*	*1,8*	*1,9*	*2,0*	*2,1*	*2,3*	*2,4*	
60	0,4	0,6	0,8	1,0	1,2	1,4	1,6	1,8	2,0	2,2	2,4	2,6	2,8	3,0	3,2	3,4	3,6	3,8	60
	0,4	*0,6*	*0,8*	*0,9*	*1,1*	*1,3*	*1,5*	*1,7*	*1,9*	*2,1*	*2,3*	*2,5*	*2,7*	*2,8*	*3,0*	*3,2*	*3,4*	*3,6*	
80		0,8	1,1	1,3	1,6	1,9	2,1	2,4	2,7	3,0	3,2	3,5	3,8	4,0	4,3	4,6	4,8	5,1	80
		0,8	*1,0*	*1,3*	*1,5*	*1,8*	*2,0*	*2,3*	*2,5*	*2,8*	*3,0*	*3,3*	*3,5*	*3,8*	*4,0*	*4,3*	*4,5*	*4,8*	
100			1,3	1,7	2,0	2,4	2,7	3,0	3,4	3,7	4,0	4,4	4,7	5,0	5,4	5,7	6,0	6,4	100
			1,3	*1,6*	*1,9*	*2,2*	*2,5*	*2,8*	*3,2*	*3,5*	*3,8*	*4,1*	*4,4*	*4,7*	*5,1*	*5,4*	*5,7*	*6,0*	
120				2,0	2,4	2,8	3,2	3,6	4,0	4,4	4,8	5,2	5,6	6,0	6,4	6,9	7,3	7,7	120
				1,9	*2,3*	*2,7*	*3,0*	*3,4*	*3,8*	*4,2*	*4,5*	*4,9*	*5,3*	*5,7*	*6,1*	*6,4*	*6,8*	*7,2*	
140					2,8	3,3	3,8	4,2	4,7	5,2	5,6	6,1	6,6	7,1	7,5	8,0	8,5	8,9	140
					2,7	*3,1*	*3,5*	*4,0*	*4,4*	*4,9*	*5,3*	*5,7*	*6,2*	*6,6*	*7,1*	*7,5*	*8,0*	*8,4*	
160						3,8	4,3	4,8	5,4	5,9	6,4	7,0	7,5	8,1	8,6	9,1	9,7	10,2	160
						3,5	*4,0*	*4,5*	*5,1*	*5,6*	*6,1*	*6,6*	*7,1*	*7,6*	*8,1*	*8,6*	*9,1*	*9,6*	
180							4,8	5,4	6,0	6,6	7,3	7,9	8,5	9,1	9,7	10,3	10,9	11,5	180
							4,5	*5,1*	*5,7*	*6,3*	*6,8*	*7,4*	*8,0*	*8,5*	*9,1*	*9,7*	*10,2*	*10,8*	
200	Termtro. de varilla desnuda							6,0	6,7	7,4	8,1	8,7	9,4	10,1	10,7	11,4	12,1	12,8	200
	Termómetro de inclusión							*5,7*	*6,3*	*6,9*	*7,6*	*8,2*	*8,8*	*9,5*	*10,1*	*10,7*	*11,4*	*12,0*	

TABLA XXIV

Termoquímica

B. Corrección de capilaridad en los termómetros de mercurio

Correcciones k (°C)

n (°C)	$t_1 - t_2$ (°C) 40	60	80	100	120	140	160	180	200	220	240	260	280	300	320	340	360	380	n (°C)
220									7,4 ***6,9***	8,1 ***7,6***	8,9 ***8,3***	9,6 ***9,0***	10,3 ***9,7***	11,1 ***10,4***	11,8 ***11,1***	12,6 ***11,8***	13,3 ***12,5***	14,0 ***13,2***	220
240										8,9 ***8,3***	9,7 ***9,1***	10,5 ***9,9***	11,3 ***10,6***	12,1 ***11,4***	12,9 ***12,1***	13,7 ***12,9***	14,5 ***13,6***	15,3 ***14,4***	240
260											10,5 ***9,9***	11,4 ***10,7***	12,2 ***11,5***	13,1 ***12,3***	14,0 ***13,1***	14,8 ***14,0***	15,7 ***14,8***	16,6 ***15,6***	260
280												12,2 ***11,5***	13,2 ***12.4***	14,1 ***13,3***	15,0 ***14,1***	16,0 ***15.0***	16,9 ***15,9***	17,9 ***16,8***	280
300													14,1 ***13,3***	15,1 ***14,2***	16,1 ***15,2***	17,1 ***16,1***	18,1 ***17,1***	19,1 ***18,0***	300
320														16,1 ***15,2***	17,2 ***16,2***	18,3 ***17,2***	19,3 ***18,2***	20,4 ***19,2***	320
340															18,3 ***17,2***	19,4 ***18,3***	20,6 ***19,3***	21,7 ***20,4***	340
360																20,6 ***19,3***	21,8 ***20,5***	23,0 ***21,6***	360
380																	23,0 ***21,6***	24,2 ***22,8***	380
400	Termtro. de varilla desnuda ***Termómetro de inclusión***																	25,5 ***24,0***	400

Tabla XXIV

Termoquímica

C. Paso de grados Fahrenheit (°F) a grados Celsius (°C)

°F	°C	°F	°C	°F	°C	°F	°C
— 50	— 45,6	— 10	— 23,3	+ 30	— 1,2	+ 70	+ 21,1
— 49	— 45,0	— 9	— 22,8	+ 31	— 0,6	+ 71	+ 21,7
— 48	— 44,4	— 8	— 22,2	+ 32	± 0,	+ 72	+ 22,2
— 47	— 43,9	— 7	— 21,7	+ 33	+ 0,6	+ 73	+ 22,8
— 46	— 43.3	— 6	— 21,1	+ 34	+ 1,1	+ 74	+ 23,3
— 45	— 42,8	— 5	— 20.6	+ 35	+ 1,7	+ 75	+ 23,9
— 44	— 42,2	— 4	— 20,0	+ 36	+ 2 2	+ 76	+ 24,4
— 43	— 41,7	— 3	— 19,4	+ 37	+ 2,8	+ 77	+ 25,0
— 42	— 41,1	— 2	— 18,9	+ 38	+ 3,3	+ 78	+ 25,6
— 41	— 40,6	— 1	— 18,3	+ 39	+ 3,9	+ 79	+ 26,1
— 40	— 40,0	± 0	— 17,8	+ 40	+ 4,4	+ 80	+ 26,7
— 39	— 39,4	+ 1	— 17,2	+ 41	+ 5,0	+ 81	+ 27,2
— 38	— 38,9	+ 2	— 16,7	+ 42	+ 5,6	+ 82	+ 27,8
— 37	— 38,3	+ 3	— 16,1	+ 43	+ 6,1	+ 83	+ 28,3
— 36	— 37,8	+ 4	— 15,6	+ 44	+ 6,7	+ 84	+ 28,9
— 35	— 37,2	+ 5	— 15,0	+ 45	+ 7,2	+ 85	+ 29,4
— 34	— 36,7	+ 6	— 14,4	+ 46	+ 7,8	+ 86	+ 30,0
— 33	— 36,1	+ 7	— 13,9	+ 47	+ 8,3	+ 87	+ 30,6
— 32	— 35,6	+ 8	— 13,3	+ 48	+ 8,9	+ 88	+ 31,1
— 31	— 35,0	+ 9	— 12,8	+ 49	+ 9,4	+ 89	+ 31,7
— 30	— 34,4	+ 10	— 12,2	+ 50	+ 10,0	+ 90	+ 32,2
— 29	— 33,9	+ 11	— 11,7	+ 51	+ 10,6	+ 91	+ 32,8
— 28	— 33,3	+ 12	— 11,1	+ 52	+ 11,1	+ 92	+ 33.3
— 27	— 32,8	+ 13	— 10,6	+ 53	+ 11,7	+ 93	+ 33,9
— 26	— 32,2	+ 14	— 10,0	+ 54	+ 12,2	+ 94	+ 34,4
— 25	— 31,7	+ 15	— 9,4	+ 55	+ 12,8	+ 95	+ 35,0
— 24	— 31,1	+ 16	— 8,9	+ 56	+ 13,3	+ 96	+ 35,6
— 23	— 30,6	+ 17	— 8,3	+ 57	+ 13,9	+ 97	+ 36,1
— 22	— 30,0	+ 18	— 7,8	+ 58	+ 14,4	+ 98	+ 36,7
— 21	— 29,4	+ 19	— 7,2	+ 59	+ 15,0	+ 99	+ 37,2
— 20	— 28,9	+ 20	— 6,7	+ 60	+ 15,6	+ 100	+ 37,8
— 19	— 28,3	+ 21	— 6,1	+ 61	+ 16,1	+ 101	+ 38,3
— 18	— 27,8	+ 22	— 5,6	+ 62	+ 16,7	+ 102	+ 38,9
— 17	— 27,2	+ 23	+ 5,0	+ 63	+ 17,2	+ 103	+ 39,4
— 16	— 26,7	+ 24	— 4,4	+ 64	+ 17,8	+ 104	+ 40,0
— 15	— 26,1	+ 25	— 3,9	+ 65	+ 18,3	+ 105	+ 40,6
— 14	— 25,6	+ 26	— 3,3	+ 66	+ 18,9	+ 106	+ 41,1
— 13	— 25.0	+ 27	— 2,8	+ 67	+ 19,4	+ 107	+ 41,7
— 12	— 24,4	+ 28	— 2,2	+ 68	+ 20,0	+ 108	+ 42,2
— 11	— 23,9	+ 29	— 1,7	+ 69	+ 20,6	+ 109	+ 42,8

(Continúa en la página 182)

Tabla XXIV

Termoquímica

C. Paso de grados Fahrenheit (° F) a grados Celsius (° C)

° F	° C	° F	° C	° F	° C	° F	° C
+ 110	+ 43,3	+ 150	+ 65,6	+ 190	+ 87,8	+ 230	+ 110,0
+ 111	+ 43,9	+ 151	+ 66,1	+ 191	+ 88,3	+ 231	+ 110,6
+ 112	+ 44,4	+ 152	+ 66,7	+ 192	+ 88,9	+ 232	+ 111,1
+ 113	+ 45,0	+ 153	+ 67,2	+ 193	+ 89,4	+ 233	+ 111,7
+ 114	+ 45,6	+ 154	+ 67,8	+ 194	+ 90,0	+ 234	+ 112,2
+ 115	+ 46,1	+ 155	+ 68,3	+ 195	+ 90,6	+ 235	+ 112,8
+ 116	+ 46,7	+ 156	+ 68,9	+ 196	+ 91,1	+ 236	+ 113,3
+ 117	+ 47,2	+ 157	+ 69,4	+ 197	+ 91,7	+ 237	+ 113,9
+ 118	+ 47,8	+ 158	+ 70,0	+ 198	+ 92,2	+ 238	+ 114,4
+ 119	+ 48,3	+ 159	+ 70,6	+ 199	+ 92,8	+ 239	+ 115,0
+ 120	+ 48,9	+ 160	+ 71,1	+ 200	+ 93,3	+ 240	+ 115,6
+ 121	+ 49,4	+ 161	+ 71,7	+ 201	+ 93,9	+ 241	+ 116,1
+ 122	+ 50,0	+ 162	+ 72,2	+ 202	+ 94,4	+ 242	+ 116,7
+ 123	+ 50,6	+ 163	+ 72,8	+ 203	+ 95,0	+ 243	+ 117,2
+ 124	+ 51,1	+ 164	+ 73,3	+ 204	+ 95,6	+ 244	+ 117,8
+ 125	+ 51,7	+ 165	+ 73,9	+ 205	+ 96,1	+ 245	+ 118,3
+ 126	+ 52,2	+ 166	+ 74,4	+ 206	+ 96,7	+ 246	+ 118,9
+ 127	+ 52,8	+ 167	+ 75,0	+ 207	+ 97,2	+ 247	+ 119,4
+ 128	+ 53,3	+ 168	+ 75,6	+ 208	+ 97,8	+ 248	+ 120,0
+ 129	+ 53,9	+ 169	+ 76,1	+ 209	+ 98,3	+ 249	+ 120,6
+ 130	+ 54,4	+ 170	+ 76,7	+ 210	+ 98,9	+ 250	+ 121,1
+ 131	+ 55,0	+ 171	+ 77,2	+ 211	+ 99,4	+ 275	+ 135,0
+ 132	+ 55,6	+ 172	+ 77,8	+ 212	+ 100,0	+ 300	+ 148,9
+ 133	+ 56,1	+ 173	+ 78,3	+ 213	+ 100,6	+ 325	+ 162,8
+ 134	+ 56,7	+ 174	+ 78,9	+ 214	+ 101,1	+ 350	+ 176,7
+ 135	+ 57,2	+ 175	+ 79,4	+ 215	+ 101,7	+ 356	+ 180,0
+ 136	+ 57,8	+ 176	+ 80,0	+ 216	+ 102,2	+ 375	+ 190,6
+ 137	+ 58,3	+ 177	+ 80,6	+ 217	+ 102,8	+ 400	+ 204,4
+ 138	+ 58,9	+ 178	+ 81,1	+ 218	+ 103,3	+ 450	+ 232,2
+ 139	+ 59,4	+ 179	+ 81,7	+ 219	+ 103,9	+ 500	+ 260,0
+ 140	+ 60,0	+ 180	+ 82,2	+ 220	+ 104,4	+ 550	+ 287,8
+ 141	+ 60,6	+ 181	+ 82,8	+ 221	+ 105,0	+ 600	+ 315,5
+ 142	+ 61,1	+ 182	+ 83,3	+ 222	+ 105,6	+ 650	+ 343,3
+ 143	+ 61,7	+ 183	+ 83,9	+ 223	+ 106,1	+ 700	+ 371,1
+ 144	+ 62,2	+ 184	+ 84,4	+ 224	+ 106,7	+ 750	+ 399,9
+ 145	+ 62,8	+ 185	+ 85,0	+ 225	+ 107,2	+ 800	+ 426,7
+ 146	+ 63,3	+ 186	+ 85,6	+ 226	+ 107,8	+ 850	+ 454,5
+ 147	+ 63,9	+ 187	+ 86,1	+ 227	+ 108,3	+ 900	+ 482,2
+ 148	+ 64,4	+ 188	+ 86,7	+ 228	+ 108,9	+ 950	+ 510,0
+ 149	+ 65,0	+ 189	+ 87,2	+ 229	+ 109,4	+ 1000	+ 537,8

Termoquímica

D. Cálculo de equilibrios químicos con los datos termoquímicos[1]

Si se tiene una reacción reversible

$$\nu_1 S_1 + \nu_2 S_2 + \ldots \rightleftarrows \nu_1' S_1' + \nu_2' S_2' + \ldots$$

cuyo calor de reacción y entropía de reacción son conocidos para la temperatura ambiente, puede calcularse, por lo menos aproximadamente, la posición del equilibrio para cualquier otra temperatura.

Designando por p_1, p_2 , p_1', p_2' . . (en atm.) la presión parcial de cada participante en la reacción, existente en el equilibrio, la constante de equilibrio

$$K_p = \frac{(p_1')^{\nu_1'} \cdot (p_2')^{\nu_2'} \cdot \ldots}{(p_1)^{\nu_1} \cdot (p_2)^{\nu_2} \cdot \ldots}$$

para la temperatura T (° K) resulta de la igualdad

$$\lg K_p = -\frac{\mathfrak{H}_\vartheta}{4{,}573 \cdot T} + \frac{\mathfrak{S}_\vartheta}{4{,}573} + \frac{a}{4{,}573} \cdot F\left(\frac{T}{\vartheta}\right). \qquad (1)$$

en la que

ϑ = temperatura del ambiente, generalmente 25° C.

$\mathfrak{H}_\vartheta$ = calor de reacción a presión constante y a la temperatura ϑ, contado "positivamente" cuando es "absorbido" y el proceso se cumple de izquierda a derecha.

$\mathfrak{S}_\vartheta$ = entropía de reacción a la presión atmosférica y la temperatura ambiente ϑ. Se determina con los valores entrópicos normales s de cada substancia, recopilados en las tablas (p. ej., las de Landolt-Börnstein, segundo y tercer tomo suplem., tabla 330 B) mediante la fórmula

$$\mathfrak{S} = \Sigma \nu s = -\nu_1 s_1 - \nu_2 s_2 - \ldots + \nu_1' s_1' + \nu_2' s_2' + \ldots; \qquad (2)$$

a = expresión de la variación de la capacidad térmica del sistema debida a la reacción, sobre la cual más adelante daremos más detalles.

$F\left(\frac{T}{\vartheta}\right)$ = función de la temperatura cuyos valores para $\vartheta = 298{,}16$°K y para T comprendida entre 300 y 5000° K, divididos por 4,573, están recopilados en la siguiente tabla:

[1] Esta parte de las Tablas Logarítmicas (junto con las aclaraciones pertinentes) es debida al profesor Dr. H. Ulich (Carlsruhe).

Tabla XXIV

Termoquímica

D. Cálculo de equilibrios químicos con los datos termoquímicos

Tabla de la función $\frac{1}{4,573} \cdot F\left(\frac{T}{\vartheta}\right)$ para $\vartheta = 298,16\,^{\circ}$K y valores de T comprendidos entre 300 y 5000° K

T (° K)	$\frac{1}{4,573} \cdot F\left(\frac{T}{\vartheta}\right)$	T (° K)	$\frac{1}{4,573} \cdot F\left(\frac{T}{\vartheta}\right)$
300	0,000	2300	$0,256_5$
400	$0,008_5$	2400	$0,264_5$
500	$0,025_0$	2500	$0,272_5$
600	$0,043_0$	2600	$0,280_0$
700	$0,061_0$	2700	$0,287_5$
800	$0,078_5$	2800	$0,294_5$
900	$0,095_5$	2900	$0,301_0$
1000	$0,111_0$	3000	$0,308_0$
1100	$0,126_5$	3100	$0,314_5$
1200	$0,140_0$	3200	$0,320_5$
1300	$0,153_5$	3300	$0,327_0$
1400	$0,166_0$	3400	$0,332_5$
1500	$0,178_0$	3500	$0,338_5$
1600	$0,189_5$	3600	$0,344_0$
1700	$0,200_5$	3700	$0,349_5$
1800	$0,210_5$	3800	$0,355_0$
1900	$0,220_5$	3900	$0,360_5$
2000	$0,230_0$	4000	$0,365_5$
2100	$0,239_0$	4500	$0,389_5$
2200	$0,248_0$	5000	$0,411_0$

La exactitud con que mediante la fórmula (1) se obtiene el valor de K_p depende de la manera como se ha determinado a y también de la exactitud de $\mathfrak{H}$ y $\mathfrak{S}$.

Si únicamente se desconoce el calor específico de uno de los participantes en la reacción, o si se desea solamente una pequeña aproximación, se hace $a = 0$ (primera aproximación).

Si se desea una exactitud mayor y pueden obtenerse los calores específicos a la temperatura ambiente, o sus valores promedios entre 20 y 100° C, se da entonces a a el siguiente valor:

$$\Sigma \nu c = -\nu_1 c_1 - \nu_2 c_2 \cdot \cdot \cdot \cdot + \nu_1' c_1' + \nu_2 c_2' + \cdot \cdot \cdot \quad (3)$$

para la temperatura ambiente. En esta expresión, $c_1, c_2 \ldots$ representan los calores específicos molares de los participantes en la reacción a presión constante. Se hace el cálculo con este valor constante de a para la temperatura T deseada (segunda aproximación).

Termoquímica

D. Cálculo de equilibrios químicos con los datos termoquímicos

Si se conoce la dependencia entre c y la temperatura y también, por tanto, entre esta última y $\Sigma \nu c$, y se desea una exactitud muy grande, se determinan los valores medios de $\Sigma \nu c$ para los siguientes intervalos de temperatura:

$\overline{\Sigma \nu c}^{300,\,600}$ desde la temperatura ambiente hasta 600° K.

$\overline{\Sigma \nu c}^{600,\,1200}$ desde 600° hasta 1200° K.

$\overline{\Sigma \nu c}^{1200,\,2400}$ desde 1200° hasta 2400° K.

Con curvas continuas para c, puede tomarse como valor medio de $\Sigma \nu c$ la temperatura media del correspondiente intervalo, o sea 450°, 900° y 1800° K, respectivamente. En caso contrario, lo más cómodo es llevar los valores de c ó $\Sigma \nu c$ en función de T, trazar las correspondientes curvas y sacar a ojo el valor promedio para cada intervalo de temperatura. Además se calculan los siguientes valores de a:

$$\left.\begin{aligned} a_{300,\,600} &= \overline{\Sigma \nu c}^{300,\,600} \\ a_{300,\,1200} &= {}^1/_2\,(\overline{\Sigma \nu c}^{300,\,600} + \overline{\Sigma \nu c}^{600,\,1200}) \\ a_{300,\,2400} &= {}^1/_3\,(\overline{\Sigma \nu c}^{300,\,600} + \overline{\Sigma \nu c}^{600,\,1200} + \overline{\Sigma \nu c}^{1200,\,2400}). \end{aligned}\right\} \quad (4)$$

Según en que dominio de la temperatura caiga la temperatura T, se substituyen en la fórmula (1) distintos valores de a, a saber:

para $T =$ 300° a 450° K, $a_{300} = \Sigma \nu c$ para la temperatura ambiente.

para $T =$ 450° a 550° K, el valor medio de a_{300} y $a_{300,\,600}$.

para $T =$ 550° a 1100° K, $a_{300,\,600}$.

para $T =$ 1100° a 1500° K, el valor medio de $a_{300,\,600}$ y $a_{300,\,1200}$.

para $T =$ 1500° a 2600° K, $a_{300,\,1200}$.

para $T =$ 2600° a 3400° K, el valor medio de $a_{300,\,1200}$ y $a_{300,\,2400}$.

para $T >$ 3400° K $a_{300,\,2400}$.

(tercera aproximación)

Ejemplos de cálculo en las Aclaraciones.

TABLA XXV

Símbolos de fórmulas y unidades de medida

I. Símbolos de fórmulas

Longitud, superficie, volumen, ángulos

l longitud.
r radio.
d diámetro.
λ longitud de onda.
h altura.
s camino recorrido.
ε dilatación ($\Delta l/l$)
μ relación entre la contracción transversal y la dilatación longitudinal (índice de Poisson).

γ deslizamiento, resbalamiento.
F plano (sección, superficie)
α, β, γ ángulo.
φ ángulo de defasaje.
ω ángulo poliedro.
V volumen.
v volumen específico.[1]

Masa

m masa.
ϱ densidad.
v volumen específico (V/m)
I momento de inercia ($\int r^2\, ds$. $\int r^2\, dF$ ó $\int r^2\, dm$)
A peso atómico.

M peso molecular.
n valencia.
N Constante de Loschmidt. (número de Avogadro)
c concentración.
v dilución.
D índice de difusión.

Tiempo

t tiempo (instante o duración).
T período de tiempo.
T constante de tiempo.
n número de revoluciones, número de vueltas (en la unidad de tiempo).
n número de vibraciones (en la unidad de tiempo).

f frecuencia (en las magnitudes variables).
ω frecuencia cíclica ($2\pi f$)
v velocidad (símb. a des. w)
b aceleración.
g aceleración de caída.
ω velocidad angular.

---

[1]) Una magnitud se llama "específica" cuando está referida a la unidad de masa, al peso normal o al volumen normal.

Símbolos de fórmulas y unidades de medida

Fuerza y presión

- P fuerza.
- M momento de una fuerza (fuerza × brazo de palanca).
- D poder direccional (P/s ó M/α)
- p presión (fuerza × superficie).
- b altura barométrica.
- σ fuerza de tracción o compresión (tensión normal).
- τ fuerza de cizallamiento.
- γ tensión superficial.
- E módulo de elasticidad.
- G módulo de empuje.
- α índice de alargamiento ($1/E$).
- β índice de empuje ($1/G$)
- μ índice de rozamiento.
- η tenacidad (ordinaria).

Temperatura

- t temperatura, contada desde el 0 relativo.
- ϑ temperatura en relación con el tiempo.
- T temperatura absoluta.
- α coeficiente de dilatación longitudinal. $[(d\,l/d\,t)\cdot l_0]$
- γ coeficiente de dilatación cúbica. $[(d\,V/d\,t):V_0]$

Trabajo, energía, cantidad de calor

- A trabajo (símb. a des.: L).
- E energía (en general).
- U energía interna.
- Q cantidad de calor (p. ej., calor de reacción).
- L calor latente (cantidad de). (índices: s, sublimación; e, evaporación; f, fusión; t, transformación).
- S entropía.
- F energía libre $U - TS$)
- I entalpía (contenido térmico, $U + pV$; para la diferenciación: I_{th}; símb. a des. W).
- G entalpía libre $(I - TS)$
- C capacidad calorífica.
- C_v capacidad calorífica a volumen constante.
- C_p capacidad calorífica a presión constante.

Escritos con letras minúsculas, los anteriores símbolos (de a hasta c_p) representan las magnitudes específicas (véase la nota al pie de la página 186) por ej., e es el calor (capacidad) específico).

- $\varkappa$ $(C_p/C_v = c_p/c_v)$ es la relación de los calores específicos.
- W corriente térmica.
- w densidad de la corriente térmica.
- N rendimiento.
- η grado de eficacia.
- J equivalente mecánico de la caloría.
- R constante de los gases.

TABLA XXV

Símbolos de fórmulas y unidades de medida

Electricidad y magnetismo

- Q cantidad de electricidad.
- e carga elemental.
- F carga equivalente.
- σ densidad superficial de la carga eléctrica.
- F intensidad de campo eléctrico.
- U tensión eléctrica.
- I intensidad de corriente eléctrica.
- E fuerza electromotriz.
- R resistencia eléctrica.
- ϱ resistencia eléctrica específica.
- G conductancia eléctr. ($1/R$).
- $\varkappa$ conductividad eléctr. ($1/\varrho$)
- Λ conductividad equivalente.
- α grado de disociación.
- D defasaje.
- ε índice de electrización
- C capacidad eléctrica.
- H intensidad de campo magnético.
- V tensión magnética.
- Λ conductancia magnética.
- w número de espiras.
- B inducción magnética.
- μ permeabilidad (B/H).
- Φ flujo de inducción magnética.
- J intensidad de magnetización ($B - \mu_0 H$)
- $\varkappa$ susceptibilidad magnética (J/H)
- m momento magnético.
- L inductividad (coeficiente de selfinducción).
- M contrainductividad (coeficiente recíproco de inducción).
- S vector de Poynting (densidad de radiación).

Luz

- c velocidad de la luz.
- n índice de refracción de una substancia respecto al aire.
- f distancia focal.
- Φ corriente luminosa ($I\,\omega$)
- E intensidad de iluminación (de una superficie iluminada, Φ/F)
- B densidad luminosa (de una superficie luminosa).
- I intensidad luminosa (Φ/ω)
- Φ_i corriente luminosa de penetración.
- Φ_e corriente luminosa de emisión.
- ϑ grado de transparencia (Φ_e/Φ_i)
- α_i grado de absorción pura ($1 - \vartheta$)
- E extinción ($\lg 1/\vartheta$)
- m módulo de extinción (E/d; d = espesor de capa).
- ε coeficiente de extinción (m/c; c = concentración).

(Las longitudes de onda (λ) para las que son válidas las anteriores magnitudes — desde Φ_i — se indican en forma de índices).

Unidades de medida y símbolos de fórmulas

II. Algunos signos matemáticos

Signo	Escritura y nomenclatura	Aclaración
%	centésimo, por ciento	
‰	milésimo, por mil	
/	en 1, para 1, sobre 1, por cada	
...	hasta	Tres puntos a media altura de las letras minúsculas. Los límites se consideran incluídos; si el límite superior o inferior ha de quedar excluído, hay que indicarlo expresamente.
	etc. ilimitadamente	Cuando falta el número a la derecha de ...
,	coma; punto	Signo decimal; la coma abajo o el punto arriba. Para repartir en grupos números grandes no se emplean comas ni puntos, sino espacios.
+	más	
—	menos	
×	por, multiplicado por	El punto se coloca a la mitad de la altura de las letras minúsculas. Cuando los cálculos se hacen con letras pueden suprimirse los signos de multiplicación.
: / —	dividido por	En las fórmulas hay que emplear en general la raya horizontal para indicar la división; los signos : y / sólo se emplean para ahorrar espacio.
=	igual a	
≡	idénticamente igual a	
≠	no igual, desigual a	
≢	no idénticamente igual a	
≈	aproximadamente, casi igual a (en números redondos)	

Unidades de medida y símbolos de fórmulas

Signo	Escritura y nomenclatura	Aclaracion
$<$	menor que	
$>$	mayor que	
$\ll$	pequeño en comp. con	de otro orden de magnitud
$\gg$	grande en comp. con	
$\leqq$	menor o igual a a lo sumo igual a	
$\geqq$	mayor o igual a por lo menos igual a	
$\triangleq$	corresponde a (equivale)	1 cm $\triangleq$ 50 Torr significa que 1 cm. (por ej. en un dibujo) corresponde o equivale a 50 Torr.
lim.	límite	Lim. $x = a$ significa que a es el valor límite de x.
$\rightarrow$	hacia; se aproxima a; tiende a; converge hacia	$x \rightarrow a$ es lo mismo que lim. $x = a$.
$\sim$	asintóticamente igual a	$f(x) \sim \varphi(x)$ significa que $\lim\limits_{x \rightarrow \pm \infty} [f(x) - \varphi(x)] = 0$.
∞	infinito	
$\sqrt{}$ $\sqrt{}\vert$	raíz de	El signo radical tiene una raya horizontal superior en cuya extremidad puede añadirse una corta raya vertical.
log. ^{a}log. lg. ln.	logaritmo logaritmo de base a logaritmo de Briggs logaritmo natural	$\lg x = {}^{10}\log x = \log_{10} x$ $\ln x = {}^{e}\log x = \log_e x$
$^\circ$ $'$ $''$	grado minuto segundo	$1^\circ = 60'$ $1' = 60''$ Ejemplo: $32^\circ\ 15'\ 13{,}42''$

Unidades de medida y símbolos de fórmulas

III. Unidades de medida

Metro	m	Tonelada	t	Hora	h
Kilómetro	Km	Gramo	g	Minuto	m
Decímetro	dm	Kilogramo	Kg	" (uno solo)	min
Centímetro	cm	Decigramo	dg	Milisegundos [9]	σ
Milímetro	mm	Centigramo	cg	Tiempo (del reloj): los símbolos como exponentes (ejemplo: $3^h\ 15^m\ 20^s$)	
Micrón [1]	μ	Miligramo	mg		
Unidad Angström [2]	Å	Microgramo [3]	γ	Revoluciones	U
Area	a	Pond	p	Amperio	a
Hectárea	Ha, hec.	Kilopond	Kp	Voltio	v
Metro cuadrado	m^2	Atmósfera (física)	atm	Ohmio	Ω
Kilómetro cuadrado	Km^2	Atmósfera (técnica)	at	Siemens [10]	s
Decímetro cuadr.°	dm^2			Culombio	c
Centímetro cuadr.	cm^2			Julio	j
Milímetro cuadr.°	mm^2			Vatio	w
		Grados Celsius [4]	°	Faradio	f
Litro	l	Grados Celsius [5] (a contar del 0 relativo)	°C	Henrio	h
Hectolitro	Hl			Miliamperio	ma
Decilitro	dl	Grados Kelvin [5] (absolutos)	°K	Kilovatio	Kw
Centilitro	cl			Megavatio	Mw
Mililitro	ml	Caloría [6]	cal	Microfaradio	μf
Metro cúbico	m^3	Kilocaloria [7]	Kcal	Megohmio	MΩ
Decímetro cúbico	dm^3	Clausius [8]	Cl	Amperio-hora	Ah
Centímetro cúbico	cm^3			Kilovatio-hora	Kvh
Milímetro cúbico	mm^3			Kilovoltio-amperio	KvA

[1]) 1 μ 0,001 mm. — [2]) Å = 0,1 mμ = 10^{-8} cm. — [3]) Designado ordinariamente por "gamma". – [4]) Para diferencias de temperatura.— [5]) Para datos de temperatura. — [6]) En lugar de caloría-gramo. — [7]) En lugar de caloría-kilogramo (o gran caloría.) — [8]) Unidad de entropía (1 Cl = 1 cal/1° K). — [9]) Designada ordinariamente por "sigma" (usada principalmente en Fisiología). — [10]) $S = \frac{1}{\Omega}$.

B. Prefijos para designar los múltiplos y las fracciones de unidades

T	Tera[1])	$= 10^{12}$	H	Hecto-	$= 10^2$	m	Mili-	$= 10^{-3}$
G	Giga-[2])	$= 10^9$	D	Deca-	$= 10^1$	μ	Micro-	$= 10^{-6}$
M	Mega-	$= 10^6$	d	Deci-	$= 10^{-1}$	n	Nano-[3])	$= 10^{-9}$
K	Kilo-	$= 10^3$	c	Centi-	$= 10^{-2}$	p	Pico[4]	$= 10^{-12}$

[1]) De τέρας = enorme. [2]) De γίγας = gigante.
[3]) De νάννος = enano. [4]) De piccolo = sumamente pequeño.

TABLA XXVI

Unidades constantes y magnitudes de conversión de uso corriente

I. Mecánica, Geofísica, Astronomía

Milla geográfica ($^1/_{15}$ de grado ecuatorial) . . . . = 7,4215 Km
Milla marina ($^1/_{60}$ de grado de meridiano) . . . . = 1,852 Km
Milla terrestre . . . . = 7,5 Km

Dimensiones de la Tierra:

Longitud del eje . . . . = 12713,824 Km
Diámetro ecuatorial . . . . = 12756,776 Km
Longitud del ecuador . . . . = 40079,75 Km
Longitud del meridiano . . . . = 40009,152 Km
Superficie . . . . . . = $510{,}101\cdot10^6$ Km^2 = $5{,}10 \ldots \cdot10^{18}$ cm^2
Volumen . . . . = $1{,}083318\cdot10^{12}$ Km^3 = $1{,}08 \ldots \cdot10^{27}$ cm^3

Distancias astronómicas:

Tierra-Luna (media) . . . . = $3{,}84750\cdot10^5$ Km
Tierra-Sol (media) . . . . = $1{,}49506\cdot10^8$ Km
Año de luz . . . . = $9{,}454\cdot10^{17}$ cm
parsec. (distancia a la cual el diámetro de la órbita terrestre da una paralaje de 1'')
. . . . = 3,26 años de luz = $3{,}08\cdot10^{18}$ cm
Tierra-estrella fija más cercana
(α Centauro) . . . . . = 4,27 años de luz = $4{,}04\cdot10^{18}$ cm

Nudo = milla marina/hora . . . = 1,852 Km h^{-1} = 51,4 cm s^{-1}
Velocidad orbital de la Tierra . . . . = 29,77 km s^{-1}
Velocidad de rotación de la Tierra en un punto del ecuador . . . . = 465 m s^{-1}
Aceleración de la gravedad, normada . . . . . . g = 980,665 cm s^{-2}
Aceleración de la gravedad, a 45° de latitud y cero normal . . . . g = 980,629 cm s^{-2}
Aceleración de la gravedad; dependencia de la altura sobre el cero normal: por cada metro de elevación disminuye en . . . . 0,0003086 cm s^{-2}
Constante general de gravitación . . . . . $G = 6{,}67\cdot10^{-8}$ cm^3 g^{-1} s^{-2}
Densidad media de la Tierra . . . . $\varrho = 5{,}52$ g cm^{-3}
Masa de la Tierra . . . . $m = 5{,}98\cdot10^{27}$ g
Carat . . . . = 0,2051 g
Carat (métrico) . . . . = 0,200 g

Pond (peso en gramos) . . . . p = 980,665 dinas
Kilopond (peso en kilogramos) . . . . . . Kp = 0,980665 M dinas
Atmósfera (física) . . atm = 1,0333 Kp cm^{-2} = 1,01325 M dinas cm^{-2}
Atmósfera (técnica) . . at = 1,000 Kp cm^{-2} = 0,980665 M dinas cm^{-2}
Torr (mm. Hg) = $^1/_{760}$ atm = 1,3596 p cm^{-2} = 1,3332 Kdinas cm^{-2}
Bar (= 750,06 Torr) . . . . b = M dinas cm^{-2}
Milibar . . . . mb = Kdinas cm^{-2}

Unidades constantes y magnitudes de conversión de uso corriente

I. Mecánica, Geofísica, Astronomía

Atmósfera-litro (física): Atml = 10,333 kpm = 1,0133 Gdinas cm = $1{,}0133 \cdot 10^9$ erg = 24,205 cal = 101,28 J (julios).
Atmósfera-litro (técnica): Atl = 10 kpm = 0,980665 Gdinas cm = $0{,}980665 \cdot 10^9$ erg = 23,42 cal = 98,017 J.
Kilográmetro: kgm. = 98,0665 Mdinas cm = $9{,}80665 \cdot 10^7$ erg = 2,342 cal = 9,8017 J.
Caballo de vapor: HP = 75 kpm s^{-1} = $7{,}355 \cdot 10^9$ erg s^{-1} = 735,26 W (vatios).

II. Calor

Equivalente mecánico del calor:

1 cal = 4,184 J (W s) = $4{,}186 \cdot 10^7$ erg = 0,4269 kpm = 0,04131 Atml = 0,04269 atl

Constante general de los gases:

$R = 8{,}313 \cdot 10^7$ erg/°C = 0,8477 kpm/°C = 0,08204 Atml/°C = 1,986 cal/°C
lg R = 91976   92824   91403   29798
= 8,309 J/°C
91955

$R \ln x = 4{,}573 \lg x$ (cal/°C); lg 4,573 = 66020.
Calor específico (latente) de fusión del hielo (a 0° C) $l_f = 79{,}6$ cal/g.
Calor específico (latente) de vaporización del agua (a 100° C):

$l_d = 539$ cal/g.

III. Optica

Velocidad de la luz en el vacío: $c = 2{,}998 \cdot 10^{10}$ cms s^{-1}; lg c = 47683.
Longitud de onda de los rayos espectrales (en Å):

Hidrógeno H_α = 6562,793; H_β = 4861,327; H_γ = 4340,466; H_δ = 4101,738.
Helio D_3 = 5875,620.
Sodio D_1 = 5895,930; D_2 = 5889,963.
Cadmio (rojo, en el aire seco a 15° C y 1 Atm. normal) = 6438,470.
Mercurio 6907,5 (rojo); 5790,66; 5789,69; 5769,60 (amarillo); 5460,74 (verde); 4358,34 (azul);
4046,56 (violeta); 3663,17; 3650,15; 3125,6; 2967,28 (ultravioleta).

Unid.

Unidades constantes y magnitudes de conversión de uso corriente

III. Optica (continuación)

Colores espectrales [1]:

Violeta	3900 ... 4300 Å
Azul	4300 ... 4900 Å
Verde	4900 ... 5550 Å
Amarillo	5550 ... 5900 Å
Anaranjado . . .	5900 ... 6250 Å
Rojo	6250 ... 7900 Å

IV. Electricidad

1 C (culomb.) $= 3\cdot10^9$ unid. elecst. $(cm^{3/2}\,g^{1/2}\,s^{-1}) = 10^{-1}$ unid. electromag.
1 A (amper.) $= 3\cdot10^9$ unid. elecst. $(cm^{3/2}\,g^{1/2}\,s^{-2}) = 10^{-1}$ unid. electromag.
2 V (voltio) $\approx {}^1/_3\cdot10^{-2}$ unid. elecst $(cm^{1/2}\,g^{1/2}\,s^{-1} = 1{,}0005\cdot10^8$ unid. elecmag.
1 Ω (ohmio) $\approx {}^1/_9\cdot10^{-11}$ unid. elecst. $(s\,cm^{-1}) = 1{,}0005\cdot10^9$ unid. electromag.
1 VC $= 1\,Ws = 1\,VAs = 1\,J = 1{,}0005\cdot10^7\,erg\,(cm^2\,g\,s^{-2} = 0{,}2390$ cal.
1 W $= 1{,}0005\cdot10^7\,erg\,s^{-1}\,(cm^2\,g\,s^{-3}) = 1{,}3601\cdot10^{-3}$ HP.

$$F = 96500\ C = \frac{96500}{4{,}184}\,cal\ V^{-1} = 23064\ cal\ V^{-1};\ \lg 23064 = 36294.$$

$$\frac{R}{F} = \frac{8{,}309\ VC}{96500\ C\cdot{}^0C} = 8{,}610\cdot10^{-5}\ V/{}^0C;\ \lg 8{,}610 = 93502.$$

$$\frac{R}{F}\cdot\ln x = 1{,}983\cdot10^{-4}\cdot\lg x\ (V/{}^0\ );\ \lg 1{,}983 = 29724.$$

V. Atomística y Teoría cuántica

Número de Loschmidt (número de moléculas en 1 ml de un gas perfecto en estado normal): $L = 2{,}69\cdot10^{19}$.

Volumen molar de un gas perfecto en estado normal (0^0 C $= 273{,}16^0$ K; 760 Torr; 45^0 latitud). $V_{mol} = 22414$ ml; lg 22414 = 35052.

Constante general de Loschmidt (constante de Avogadro) = número de moléculas en 1 mol (de cualquier substancia): $N = L\cdot V_{mol} = 6{,}02\cdot10^{23}$.

Constante entrópica de Boltzmann: $k = R/N = 1{,}38\cdot10^{-16}$ erg/ °C.

Masa atómica (masas en reposo):

Atomo de hidrógeno	$({}^1_1H)$	=	$1{,}6729\cdot10^{-24}$ g
Protón	$({}^1_1H)^+$	=	$1{,}6720\cdot10^{-24}$ g
Neutrón	$({}^1_0n)$	=	$1{,}674\cdot10^{-24}$ g
Partículas-α	$({}^4_2He^{2+})$ . . .	=	$6{,}645\cdot10^{-24}$ g
Electrón	(e^-)	=	$0{,}9105\cdot10^{-27}$ g

---

[1]) Los límites de los diferentes colores espectrales varían mucho y el enjuiciamiento subjetivo de los colores es muy diverso. Aquí hemos dado los valores promedios (en números redondos) de varios datos.

Unidades constantes y magnitudes de conversión de uso corriente

V. Atomística y Teoría cuántica (continuación)

Cuanto elemental eléctrico (carga del electrón):
$e = 4,800 \cdot 10^{-10}$ unid. electrost. $= 1,601 \cdot 10^{-20}$ unid electromag. $=$
$= 1,601 \cdot 10^{-19}$ C.

Carga específica (carga/masa) del electrón en reposo:
$e/m = 5,272 \cdot 10^{17}$ unid. electrost. $= 1,7586 \cdot 10^{7}$ unid. electromag. $=$
$= 1,7586 \cdot 10^{8}$ C g^{-1}.

Velocidad de un electrón que ha atravesado una carga de 1 voltio:
$v = 5,932 \cdot 10^{7}$ cm s^{-1}.

Unidad de energía "voltios e" $= 1,602 \cdot 10^{-12}$ ergios $= 3,827 \cdot 10^{-20}$ cal.

Equivalente energético de la masa en reposo 1 g $= 8,9868 \cdot 10^{20}$ erg $=$ $2,147 \cdot 10^{13}$ cal.

Equivalente de masa de 1 ergio $= 1,1127 \cdot 10^{-21}$ g.

Equivalente de masa de 1 cal $= 4,658 \cdot 10^{-14}$ g.

Cuanto de acción de Planck: $h = 6,62\ (\pm 0,01) \cdot 10^{-27}$ ergios s.

Conversión de los pesos atómicos de la escala física (del espectrógrafo de masas), (A_f) en los de la escala química (analítica) (A_q)

$$A_q = \frac{16,0000}{16,0044} A_f = 0,999725\ A_f$$

$$\lg = 9998806.$$

VI. Tabla de conversión

	ergios	pcm	Kpm	Atml	atl	HPh	Kwh	J	cal
1 ergio =	1	$1,0197 \cdot 10^{-3}$	$1,0197 \cdot 10^{-8}$	$9,8688 \cdot 10^{-10}$	$1,0197 \cdot 10^{-9}$	$3,7768 \cdot 10^{-14}$	$2,7764 \cdot 10^{-14}$	$0,9995 \cdot 10^{-7}$	$2,389 \cdot 10^{-8}$
1 pcm =	980,665	1	10^{-5}	$9,6776 \cdot 10^{-7}$	10^{-6}	$3,7038 \cdot 10^{-11}$	$2,7227 \cdot 10^{-11}$	$9,8017 \cdot 10^{-5}$	$2,342 \cdot 10^{-5}$
1 Kpm =	$9,80665 \cdot 10^{7}$	10^{5}	1	$9,6776 \cdot 10^{-2}$	0,1	$3,7038 \cdot 10^{-6}$	$2,7227 \cdot 10^{-6}$	9,8017	2,342
1 Atml =	$1,0133 \cdot 10^{9}$	$1,0333 \cdot 10^{6}$	10,333	1	1,0333	$3,8271 \cdot 10^{-5}$	$2,8133 \cdot 10^{-5}$	101,28	24,21
1 atl =	$9,80665 \cdot 10^{8}$	10^{6}	10	0,96776	1	$3,7038 \cdot 10^{-5}$	$2,7227 \cdot 10^{-5}$	98,017	23,42
1 HPh =	$2,6478 \cdot 10^{13}$	$2,7 \cdot 10^{10}$	$2,7 \cdot 10^{5}$	$2,6130 \cdot 10^{4}$	$2,7 \cdot 10^{4}$	1	0,73526	$2,6464 \cdot 10^{6}$	$6,325 \cdot 10^{5}$
1 Kwh =	$3,6018 \cdot 10^{13}$	$3,6728 \cdot 10^{10}$	$3,6728 \cdot 10^{5}$	$3,5545 \cdot 10^{4}$	$3,6728 \cdot 10^{4}$	1,3601	1	$3,6 \cdot 10^{6}$	$8,604 \cdot 10^{5}$
1 J =	$1,0005 \cdot 10^{7}$	$1,0202 \cdot 10^{4}$	0,10202	$9,8738 \cdot 10^{-3}$	$1,0202 \cdot 10^{-}$[illegible]	$3,7797 \cdot 10^{-7}$	$2,7778 \cdot 10^{-7}$	1	0,2390
1 cal =	$4,186 \cdot 10^{7}$	$4,269 \cdot 10^{4}$	0,4269	$4,131 \cdot 10^{-2}$	$4,269 \cdot 10^{-}$[illegible]	$1,581 \cdot 10^{-6}$	$1,162 \cdot 10^{-6}$	4,184	1

TABLA XXVII

Unidades de medidas anticuadas

I. Conversión de grados Baumé a unidades densimétricas

n_{15^0} = grado Baumé "racional", medido a 15° C; ϱ_{15^0} = densidad, es decir, masa de 1 ml. de líquido en gramos, a 15° C, empleando: en *a*, el areómetro Baumé para líquidos densos y en *b*, el areómetro Baumé para líquidos ligeros.

n_{15^0}	ϱ_{15^0}		n_{15^0}	ϱ_{15^0}		n_{15^0}	ϱ_{15^0}	
	a	*b*		*a*	*b*		*a*	*b*
0	0,9991	1,0726	23	1,189	0,9174	46	1,467	0,8015
1	1,006	1,0648	24	1,199	0,9117	47	1,482	0,7971
2	1,013	1,0571	25	1,209	0,9060	48	1,497	0,7928
3	1,020	1,0495	26	1,219	0,9004	49	1,513	0,7885
4	1,028	1,0420	27	1,229	0,8949	50	1,529	0,7842
5	1,035	1,0346	28	1,240	0,8894	51	1,545	0,7800
6	1,042	1,0273	29	1,250	0,8841	52	1,562	0,7759
7	1,050	1,0201	30	1,261	0,8787	53	1,579	0,7718
8	1,058	1,0130	31	1,273	0,8735	54	1,597	0,7677
9	1,066	1,0060	32	1,284	0,8683	55	1,615	0,7637
10	1,074	0,9991	33	1,295	0,8631	56	1,633	0,7597
11	1,082	0,9922	34	1,307	0,8580	57	1,652	0,7558
12	1,090	0,9857	35	1,319	0,8530	58	1,671	0,7519
13	1,098	0,9790	36	1,331	0,8481	59	1,690	0,7480
14	1,106	0,9725	37	1,344	0,8432	60	1,710	0,7442
15	1,115	0,9661	38	1,356	0,8383	61	1,731	
16	1,124	0,9597	39	1,369	0,8335	62	1,752	
17	1,133	0,9534	40	1,382	0,8288	63	1,773	
18	1,142	0,9472	41	1,396	0,8241	64	1,795	
19	1,151	0,9411	42	1,409	0,8195	65	1,818	
20	1,160	0,9351	43	1,423	0,8149	66	1,841	
21	1,169	0,9291	44	1,437	0,8104			
22	1,179	0,9232	45	1,452	0,8059			

Conversión de *m* grados Twaddell en unidades densimétricas:

$$\varrho = 1{,}000 + 0{,}0005\ m.$$

Unidades de medidas anticuadas

II. Unidades de longitud, de superficie, de volumen y de peso

Alemania (Prusia)

1 vara = 12 pies	= 3,7662 m	1 cubo = 2 anker	= 68,70 l
1 ana = 2 $^{1}/_{8}$ pies	= 0,6669 m	1 anker = 30 cuartillos	= 34,35 l
1 pie	= 0,31385 m	1 cuartillo = 64 pulgadas cúbicas	= 1,145 l
1 pulgada = $^{1}/_{12}$ pie	= 2,615 m	1 libra (desde 1840) = 30 lots	= 0,5 kg[1]
1 línea = 1 $^{1}/_{12}$ pulgadas	= 2,179 mm	1 lot = 10 dracmas	= 16,67 g
1 fanega = 180 varas □	= 25,532 a	1 dracma = 10 cents	= 1,667 g
1 vara cuadrada	= 14,185 m²	1 cent = 10 granos	= 0,1667 mg
1 pulgada cuadrada	= 6,838 cm²	1 grano	= 16,67 mg
1 línea cuadrada	= 4,749 mm²	1 libra = 12 onzas	= 0,350783 kg[2]
1 pulgada cúbica	= 17,882 cm³	1 onza = 8 dracmas	= 29,232 g
1 línea cúbica	= 10,348 mm³	1 dracma = 3 escrúpulos	= 3,654 g
1 carga = 4 oxhofts	= 9,044 hl	1 escrúpulo = 20 granos	= 1,218 g
1 oxhoft = 1,5 moyos	= 2,261 hl	1 grano	= 60,9 mg
1 moyo = 2 cubos	= 1,374 hl		

Rusia [3]

1 versta = 500 ssásheni	= 1,0668 km	1 pud = 40 libras	= 16,38 kg
1 ssásheni = 3 arschín	= 2,134 m	1 libra = 32 lots	= 0,4095 kg
1 arschín = 16 verschóck	= 0,7112 m	1 lot = 3 solotník	= 12,797 g
1 verschóck	= 4,445 cm	1 solotníck = 90 dólia	= 4,266 g
1 dessiatína	= 1,0925 ha	1 dólia	= 44,435 mg

Países anglosajones (* Inglaterra, + EE. UU.)

*+	1 statute (o milla bretona) = 1,609 km		*+	1 pie cúbico	= 28,32 dm³
*	1 milla inglesa	= 1,524 km	*+	1 pulgada cúbica	= 16,39 cm³
*	1 milla náutica (o geográfica) (= $^{1}/_{60}$ grado ecuatorial)	= 1,855 km	*+	1 línea cúbica	= 16,39 mm³
*	1 fathom = 2 yardas	= 1,829 m	*	1 cuarto (imperial)	= 2,908 hl
*+	1 yarda (ana) = 3 pies	= 0,9144 m	*	1 barril = 36 galones	= 1,635 hl
*+	1 pie = 12 pulgadas	= 30,48 cm	*	1 bushel = $^{1}/_{8}$ cuarto	= 36,35 l
*+	1 pulgada = 10 líneas	= 2,540 cm	+	1 bushel	= 35,24 l
*+	1 línea	= 2,540 mm	*	1 galón = $^{1}/_{8}$ bushel	= 4,544 l
*+	1 yarda cuadrada	= 0,8361 m²	+	1 galón	= 3,785 l
*+	1 pie cuadrado	= 929,0 cm²	*	1 cuartillo = $^{1}/_{4}$ galón	= 1,136 l
*+	1 pulgada cuadrada	= 6,4515 cm²	+	1 cuartillo = $^{1}/_{4}$ galón	= 0,946 l
*+	1 línea cuadrada	= 6,4515 cm²	*	1 pinta = $^{1}/_{2}$ cuartillo	= 0,568 l
*+	1 tonelada de registro = 100 pies cubicos	= 2,832 m³	+	1 pinta = $^{1}/_{2}$ cuartillo	= 0,473 l
*+	1 yarda cúbica	= 0,7645 m³	*	1 gill = $^{1}/_{4}$ pinta	= 0,142 l
			+	1 gill = $^{1}/_{4}$ pintá	= 0,118 l
			*+	1 libra (Troy)	= 0,3732 kg
			*+	1 onza = $^{1}/_{12}$ libra	= 31,10 g
			*+	1 grano = $^{1}/_{480}$ onzas	= 64,8 mg

[1]) Peso métrico. [2]) Peso comercial (también para fines específicos).

[3]) El acento indica solamente dónde recae la acentuación de la palabra.

TABLA XXVIII

Nueva nomenclatura de los compuestos inorgánicos

Fórmula	Designación nueva o exacta (nombres vulgares permisibles)	Designación antigua o falsa (nombres vulgares)
NaCl (heteropolar)	Cloruro sódico (sal común)	Cloruro sódico
HCl (homopolar)	Hidrógeno clorado (ácido clorhídrico)	Cloruro de hidrógeno
FeO	Oxido de hierro II	Oxidulo de hierro, óxido ferroso
Fe_2O_3	Oxido de hierro III	Sesquióxido de hierro, óx. férrico
Fe_3O_4	Oxido de hierro II, III (batiduras de hierro)	Oxido ferroso férrico
Ag_2F	Fluoruro diargéntico	—
Na_2O_2	Peróxido de sodio	Superóxido de sodio
MnO_2	Oxido de manganeso IV, Dióxido de manganeso	—
N_2O	(Mon) Oxido de dinitrógeno	Oxidulo de nitrógeno
N_2O_3	Trióxido de dinitrógeno Anhídrido nitroso	Trióxido de nitrógeno
N_2O_5	Pentóxido de dinitrógeno Anhídrido nítrico	Pentóxido de nitrógeno
KSCN	Tiocianato potásico (rodanuro potásico)	Sulfocianato potásico Tiocianuro potásico Sulfocianuro potásico
$NaHCO_3$	Carbonato de sodio e hidróg.	Bicarbonato sódico
NaH_2PO_4	Fosfato de sodio y dihidrógeno Fosfato primario de sodio	—
Na_2HPO_4	Fosfato de disodio e hidrógeno Fosfato secundario de sodio	—
$(NH_4)_2Fe(SO_4)_2$	Sulfato de amonio y hierro II (como hexahidrato: sal de Mohr)	Sulfato ferroamónico
$CuSO_4 \cdot 5H_2O$	Hidrato 5 de sulfato de cobre (vitriolo de cobre, caparrosa verde)	—
$H_2[PtCl_6]$	Acido hexacloroplatínico IV	Acido cloroplatínico
$K_2[PtCl_6]$	Hexacloroplatinato IV de potasio	Cloroplatinato potásico
$K_3[Fe(CN)_6]$	Hexacianoferratotripotásico (hexa) cianoferrato III potásico (cianuro rojo)	Ferricianuro potásico
$K_4[Fe(CN)_6]$	Hexacianoferratotetrapotásico (hexa), cianoferrato II potásico (cianuro amarico)	Ferrocianuro potásiso
Fe^{3+}	Ion hierro III	Ferriion
$[H_3O]^+$	Ion hidronio	Ion hidroxonio
HSO_3^-	Ion hidrogensulfito	Ion bisulfito
$Fe(CN)_6^{4-}$	Ion cianoferrato II	Ion ferrocianuro

Nueva nomenclatura de los compuestos inorgánicos

Fórmula	Acidos	Sales
	Acidos y sales del azufre	
H_2SO_2	Acido sulfoxílico	Sulfoxilatos
$H_2S_2O_4$	Acido ditiónico	Ditionitos
H_2SO_3	Acido sulfuroso	Sulfitos
$H_2S_2O_2$	Acido tiosulfuroso	Tiosulfitos
$H_2S_2O_5$	Acido pirosulfuroso	Pirosulfitos
H_2SO_4	Acido sulfúrico	Sulfatos
$H_2S_2O_3$	Acido tiosulfúrico	Tiosulfatos
$H_2S_2O_7$	Acido pirosulfúrico	Pirosulfatos
H_2SO_5	Acido peroximonosulfúrico	Peroximonosulfatos
$H_2S_2O_6$	Acido ditiónico	Ditionatos
$H_2S_xO_6$ .... ($x = 3,4$, etc.)	Acidos politiónicos	Politionatos
$H_2S_2O_8$	Acido peroxidisulfúrico	Peroxidisulfatos
	Acidos y sales del nitrógeno	
$H_2N_2O_2$	Acido hiponitroso	Hiponitritos
H_2NO_2	Acido nitroxílico	Nitroxilatos
HNO_2	Acido nitroso	Nitritos
HNO_3	Acido nítrico	Nitratos
HNO_4	Acido peroxinítrico	Peroxinitratos
	Acidos y sales del fósforo	
H_3PO_2	Acido hipofosforoso	Hipofosfitos
H_3PO_3	Acido fosforoso	Fosfitos
$H_4P_2O_5$	Acido pirofosforoso	Pirofosfitos
$H_4P_2O_6$	Acido hipofosfórico	Hipofosfatos
H_3PO_4	Acido (orto) fosfórico	(Orto) fosfatos
$H_4P_2O_7$	Acido pirofosfórico	Pirofosfatos
HPO_3	Acido metafosfórico	Metafosfatos
H_3PO_5	Acido peroximonofosfórico	Peroximonofosfatos
$H_4P_2O_8$	Acido peroxidifosfórico	Peroxidifosfatos
	Acidos y sales del boro	
H_3BO_2	Acido boroso	—
$H_4B_2O_4$	Acido hipobórico	Hipoboratos
H_3BO_3	Acido ortobórico	Ortoboratos
HBO_2	Acido metabórico	Metaboratos
$H_2B_4O_7$	Acido tetrabórico	Tetraboratos

Para otros poliboratos, véase la página 200.

Nueva nomenclatura de los compuestos inorgánicos

Fórmula empírica	Formación del nombre con numerales griegos	Fórmula deducida de la relación anhídrido básico : anhídrido ácido	Formación del nombre con los números de dicha relación	Nombres hasta ahora usuales
		Boratos		
Na_3BO_3 . . .	(Mono) borato trisódico	$3Na_2O \cdot B_2O_3$	Borato sódico (3:1)	Ortoborato
$Na_4B_2O_5$ . . .	Diboratotetrasódico	$2Na_2O \cdot B_2O_3$	Borato sódico (2:1)	Piroborato
$NaBO_2$	(Mono) borato monosódico	$Na_2O \cdot B_2O_3$	Borato sódico (1:1)	Metaborato Monoborato
$Na_2B_4O_7$ . . .	Tetraborato-disódico	$Na_2O \cdot 2B_2O_3$	Borato sódico (1:2)	Tetraborato Piroborato
Na_3BO_5 . . .	Triborato sódico	$Na_2O \cdot 3B_2O_3$	Borato sódico (1:3)	Hexaborato Triborato
$Na_2B_8O_{13}$ . .	Octaborato-disódico	$Na_2O \cdot 4B_2O_3$	Borato sódico (1:4)	Octaborato Tetraborato
NaB_5O_8 . . .	Pentaborato sódico	$Na_2O \cdot 5B_2O_3$	Borato sódico (1:5)	Decaborato Pentaborato
$Na_2B_{12}O_{19}$ . .	Dodecaborato disódico	$Na_2O \cdot 6B_2O_3$	Borato sódico (1:6)	Dodecaborato Hexaborato
		Silicatos		
Na_4SiO_4 . . .	(Mono) silicato tetrasódico	$2Na_2O \cdot 2SiO_2$	Silicato sódico (2:1)	Ortosilicato
$Na_6Si_2O_7$ . .	Disilicato hexasódico	$3Na_2O \cdot 2SiO_2$	Silicato sódico (3:2)	Pirosilicato
$Na_8Si_3O_{10}$ . .	Trisilicato octasódico	$4Na_2O \cdot 3SiO_2$	Silicato sódico (4:3)	Pirosilicato
Na_2SiO_3 . . .	(Mono) silicato disódico	$Na_2O \cdot SiO_2$	Silicato sódico (1:1)	Metasilicato
$Na_6Si_4O_{11}$ . .	Tetrasilicato hexasódico	$3Na_2O \cdot 4SiO_2$	Silicato sódico (3:4)	Metasilicato
$Na_4Si_3O_8$ . .	Trisilicato tetrasódico	$2Na_2O \cdot 3SiO_2$	Silicato sódico (2:3)	Metasilicato
$Na_2Si_3O_7$ . .	Trisilicato disódico	$Na_2O \cdot 3SiO_2$	Silicato sódico (1:3)	Metasilicato
		Molibdatos		
Na_2MoO_4 . .	(Mono) molibdato disódico	$Na_2O \cdot MoO_3$	Molibdato sódico (1:1)	Molibdato normal
$Na_2Mo_2O_7$ . .	Dimolibdato disódico	$Na_2O \cdot 2MoO_3$	Molibdato sódico (1:2)	Dimolibdato
$Na_{10}Mo_{12}O_{41}$	Dodecamolibdato decasódico	$5Na_2O \cdot 12MoO_3$	Molibdato sódico (5:12)	Paramolibdato

Nueva nomenclatura de los compuestos inorgánicos

Fórmula empírica	Formación del nombre con numerales griegos	Fórmula deducida de la relación anhídrido básico : anhídrido ácido	Formación del nombre con los números de dicha relación	Nombres hasta ahora usuales
		Molibdatos		
$Na_2Mo_3O_{10}$.	Trimolibdato disódico	$Na_2O \cdot 3MoO_3$	Molibdato sódico (1: 3)	Trimolibdato
$Na_2Mo_4O_{13}$.	Tetramolibdato disódico	$Na_2O \cdot 4MoO_3$	Molibdato sódico (1: 4)	Tetramolibdato
		etc., hasta $Na_2O \cdot 16MoO_3$		
		Wolframatos		
Na_2WO_4 . .	(Mono) wolframato disódico	$Na_2O \cdot WO_3$	Wolframato sódico (1:1)	Wolframato normal
$Na_4W_3O_{11}$ . .	Triwolframato tetrasódico	$2Na_2O \cdot 3WO_3$	Wolframato sódico (2: 3)	Wolframato normal
$Na_2W_2O_7$ . .	Diwolframato disódico	$Na_2O \cdot 2WO_3$	Wolframato sódico (1: 2)	Diwolframato
$Na_{10}W_{12}O_{41}$.	Decawolframato decasódico	$5Na_2O \cdot 12WO_3$	Wolframato sódico (5:12)	Parawolframato
$Na_2W_3O_{10}$ . .	Triwolframato disódico	$Na_2O \cdot 3WO_3$	Wolframato sódico (1: 3)	Triwolframato
$Na_2W_4O_{13}$ . .	Tetrawolframato disódico etc.	$Na_2O \cdot 4WO_3$	Wolframato sódico (1: 4)	Tetrawolframato, con agua: metawolframato
$Na_2W_8O_{25}$ . .	Octawolframato disódico	$Na_2O \cdot 8WO_3$	Wolframato sódico (1: 8)	Octawolframato
		Vanadato		
Na_3VO_4 . . .	(Mono) vanadato trisódico	$3Na_2O \cdot V_2O_5$	Vanadato sódico (3: 1)	Ortovanadato normal
$Na_4V_2O_7$ . . .	Divanadato tetrasódico	$2Na_2O \cdot V_2O_5$	Vanadato sódico (2:1)	Pirovanadato
$NaVO_3$	(Mono) vanadato sódico	$Na_2O \cdot V_2O_5$	Vanadato sódico (1:1)	Metavanadato
$Na_2V_4O_{11}$ . .	Tetravanadato disódico	$Na_2O \cdot 2V_2O_5$	Vanadato sódico (1: 2)	Tetravanadato
NaV_3O_8 . . .	Trivanadato sódico	$Na_2O \cdot 3V_2O_5$	Vanadato sódico (1: 3)	Hexavanadato

En casos más complicados, lo mejor es emplear la fórmula. Aunque también en estos casos es posible nombrar los compuestos, resultan nombres exageradamente largos. Por ejemplo: $Ba_2(VO_2)H_2(V_5O_{16})$ se lee: pentavanadato de dibariovanadildihidrógeno.

Cálculo de errores

A. Fundamentos

Si se han hecho n medidas de la misma magnitud, cuyos resultados están expresados por los números $m_1\, m_2\, m_3$, etc., y todas las medidas son equivalentes entre sí, de manera que ninguna de ellas sea preferente a las demás, el valor más probable de la cantidad medida será el "valor promedio" $M = \frac{m_1 + m_2 + \ldots + m_n}{n}$ (media aritmética).

Las diferencias entre los resultados experimentales y este valor medio M, reciben el nombre de "errores residuales" y valen

$$f_1 = m_1 - M;\; f_2 = m_2 - M, \text{ etc.},$$

(parte de estos números son positivos, y parte negativos)

La suma de los cuadrados de los errores residuales valdrá

$$\Sigma\,(f^2) = f_1^2 + f_2^2 + \cdots f_n^2$$

(todos los cuadrados de los errores son, naturalmente, positivos)

El error medio de una observación vale: $f_m = \sqrt{\frac{\Sigma\,(f^2)}{n - 1}}$;

el error medio de la media aritmética es: $f_m = \sqrt{\frac{\Sigma\,(f^2)}{n\,(n - 1)}}$;

el error probable de una observación será:

$$f_w = 0{,}6745 \cdot f_m \approx 2/3 \cdot F_m$$ [1]) y

el error probable de la media aritmética valdrá

$$F_w = 0{,}6745 \cdot F_m \approx 2/3 \cdot F_m\,;$$

Expresión del resultado final E:

$E_m = M \pm F_m$ (el resultado final es: M con un error medio igual a $\pm F_m$) o $E_w = M \pm F_w$ (el resultado final es: M con un error probable igual a $\pm F_w$). La fórmula más usual es la de E_m.

Las consideraciones anteriores son ciertas solamente para los errores "accidentales" que hacen aparecer a los resultados parciales unas veces demasiado grandes y otras demasiado pequeños, mas no son aplicables a los "errores sistemáticos" debidos a los defectos de los métodos de medida, los cuales son siempre en el mismo sentido, así como tampoco se pueden aplicar a los "errores personales", debido a la tendencia que puede tener el observador a hacer medidas falsas y siempre en el mismo sentido. Las dos últimas causas de error deben ser corregidas de un modo adecuado.

Cuando se deba atribuir mayor o menor "peso" a las observaciones o medidas aisladas, porque haya fundados motivos para creer que su certidumbre sea mayor o menor (¡crítica rigurosa!), habrá

[1]) El signo $\approx$, significa casi igual a.

que multiplicar la observación o medida en cuestión por un factor p que exprese el "peso", al formar la medida aritmética y al calcular el cuadrado de los errores. Por tanto habrá que poner en lugar de n la suma de todos los valores p, es decir, la expresión $\Sigma(p) = p_1 + p_2 + \ldots + p_n$. en la cual se hará $p = 1$, cuando se trate de observaciones de peso "normal".

Para más detalles acerca del criterio sobre la influencia de los errores de medida propiamente dichos en el resultado de las operaciones a que están sujetas las medidas, así como de la influencia de los errores de diferentes medidas en el resultado del cálculo basado en éstas (errores compuestos) y referente al modo de buscar una disposición de medida tal que el "error relativo" del resultado de la operación (relación del error a la magnitud) sea un mínimo, consúltense las obras siguientes: (Kohlrausch, "Praktische Physik"; Ostwald-Lutler-Drucker, "Hand.— u. Hilfsbucs"; Nernst-Schoenflies, "Mathematische Behandlung der Naturwissenschaften").

B. Casos especiales[1]

Si A_m, B_m y C_m representan valores medios (en el sentido de M en el párrafo A) y a_m, b_m y c_m son sus errores medios (en el sentido de F_m en el párrafo A), de manera que los resultados finales tengan la forma:

$$E_m(A) = A_m \pm a_m,$$
$$E_m(B) = B_m \pm b_m,$$
$$E_m(C) = C_m \pm c_m,$$

los resultados finales para las sumas, diferencias, productos y cocientes [E_m (suma, etcétera)], serán:

$$E_m(A+B) = A_m + B_m \pm \sqrt{a_m^2 + b_m^2},$$
$$E_m(A+B+C) = A_m + B_m + C_m \pm \sqrt{a_m^2 + b_m^2 + c_m^2},$$
$$E_m(A-B) = A_m - B_m \pm \sqrt{a_m^2 + b_m^2},$$
$$E_m(A \cdot B) = A_m \cdot B_m \pm \sqrt{B_m^2 \cdot a_m^2 + A_m^2\, b_m^2},$$
$$E_m(A \cdot B \cdot C) = A_m\, B_m \cdot C_m \pm \sqrt{B_m^2 \cdot C_m^2 \cdot a_m^2 + A_m^2 \cdot C_m^2 \cdot b_m^2 + A_m^2\, B_m^2 \cdot c_m^2},$$
$$E_m\left(\frac{A}{B}\right) = \frac{A_m}{B_m} \pm \frac{1}{B_m^2}\sqrt{B_m^2 \cdot a_m^2 + A_m^2 \cdot b_m^2}.$$

[1]) Según G. Fenner, Die Naturwissensch. **19**, 310 (1931).

TABLA XXX

Cálculo por igualación

Método de los cuadrados mínimos (suma de los errores)

El enunciado del problema es: Dada una serie de pares de valores que representen la relación de una magnitud (y) con otra (x), como por ejemplo los valores que toma la densidad de una solución en función de su concentración, hallar la fórmula general $y = f(x)$ que liga a entrambas cantidades. Hay que resolver el problema de tal suerte que los valores de y, calculados según la fórmula hallada, correspondientes a otros de x, se aproximen lo más posible a los encontrados experimentalmente, o bien que la curva de los valores calculados con la fórmula $y = f(x)$ pase lo más cerca posible de los puntos hallados experimentalmente.

Para esto nos valemos del cálculo por igualación. Se obtiene la aproximación más grande entre el cálculo y la experiencia, cuando la suma de los cuadrados de las diferencias entre cada par de valores correspondientes de ambas series (la calculada y la medida) sea un mínimo. La ecuación que buscamos deberá satisfacer a esta condición.

La mayoría de las funciones que se presentan a los químicos son de índole sencilla, y están representadas a lo sumo por una ecuación de segundo grado, cuya forma general es:

$$y = a + b\,x + c\,x^2.$$

En esta igualdad, x e y son magnitudes dependientes entre sí, que se pueden determinar experimentalmente, mientras qué a, b y c son constantes que deben ser calculadas por el método de igualación.

Supongamos que se han verificado n medidas y que han dado los valores y_1 hasta y_n de una magnitud, correspondientes a los valores x_1, $x_2 \ldots x_n$. Podremos escribir:

$$\begin{aligned} y_1 &= a + b\,x_1 + c\,x_1^2 \\ y_2 &= a + b\,x_2 + c\,x_2^2 \\ &\vdots \\ y_n &= a + b\,x_n + c\,x_n^2 \end{aligned}$$

A la izquierda se encuentran los valores de y medidos, y a la derecha los valores de y que se pueden calcular mediante la ecuación establecida (los valores de x sirven de base). Las diferencias $y_1 - a - b\,x_1 - c\,x_1^2$, etc., hasta $y_n - a - b\,x_n - c\,x_n^2$ son las

Cálculo por igualación

desviaciones singulares entre los valores medidos y los calculados de y, y la suma de sus cuadrados debe ser un mínimo:

$$\Sigma (y - a - b x - c x^2)^2 = \text{mínimo.}$$

Esto se verifica cuando las derivadas parciales de la suma de los cuadrados de los errores respecto de a, b y c sean cero, es decir, para

$$\frac{\partial \Sigma (y - a - b x - c x^2)^2}{\partial a} = -2 \cdot \Sigma (y - a - b x - c x^2) = o$$

$$\frac{\partial \Sigma (y - a - b x - c x^2)^2}{\partial b} = -2 \Sigma [x \cdot (y - a - b x - c x^2)] = o$$

$$\frac{\partial \Sigma (y - a - b x - c x^2)^2}{\partial c} = -2 \Sigma [x^2 \cdot (y - a - b x - c x^2) = o.$$

Para n observaciones ($\Sigma a = n a$) se deduce, mediante una sencilla transformación y división por $- 2$.

$$\Sigma y = n a + b \cdot \Sigma x + c \cdot \Sigma x^2 \qquad \text{(I)}$$

$$\Sigma x y = a \cdot \Sigma x + b \cdot \Sigma x^2 + c \cdot \Sigma x^3 \qquad \text{(II)}$$

$$\Sigma x^2 y = a \cdot \Sigma x^2 + b \cdot \Sigma x^3 + c \cdot \Sigma x^4 \qquad \text{(III)}$$

Partiendo de estas ecuaciones, se pueden calcular las constantes a, b y c, después de sustituir en vez de x e y los valores observados. (Véase el ejemplo en las Aclaraciones).

Si la relación entre las magnitudes x e y es lineal (de primer grado), es decir, si se puede representar por la ecuación

$$y = a + b x$$

se habrá de satisfacer la ecuación de condición

$$\Sigma (y - a - b x)^2 = \text{mínimo},$$

y hallando las derivadas parciales respecto de a y b y mediante una transformación conveniente, se llega a las igualdades

$$a = \frac{\Sigma x \cdot \Sigma x y - \Sigma x^2 \cdot \Sigma y}{(\Sigma x)^2 - n \cdot \Sigma x^2} \quad \text{y} \quad b = \frac{\Sigma x \cdot \Sigma y - n \cdot \Sigma x y}{(\Sigma x)^2 - n \cdot \Sigma x^2}.$$

Esta operación se debe efectuar con gran número de cifras decimales, porque ambos términos — en numerador y denominador — son generalmente iguales en sus primeras cifras decimales.

En todo caso se simplifica esencialmente el cálculo si se eligen números enteros para valores de x. (Véase el ejemplo en las Aclaraciones.)

Métodos auxiliares de cálculo

A. Regla de mezclas

Para calcular las proporciones en que dos soluciones de la misma substancia y de concentraciones conocidas (caso *a*), o una solución y disolvente puro (caso *b*) han de mezclarse entre sí para obtener una solución de la concentración deseada, puede utilizarse el siguiente sencillo esquema.

Supongamos que tenemos: *a*) soluciones al 96 % y al 75 % y deseamos obtener una solución al 80 %; o bien *b*) una solución al 96 % y disolvente puro (0 %) y deseamos obtener una solución al 40 %.

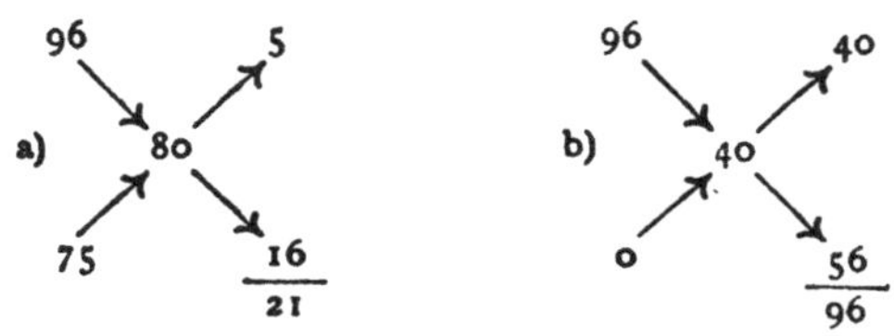

Habrá que mezclar, pues:

a) 5 partes de solución al 96 % con 16 partes de solución al 75 %;

b) 40 partes de solución al 96 % con 56 partes de disolvente.

Las "partes" son "en peso" cuando el contenido de las soluciones se indica en "porcentajes ponderales" y, en cambio, son "en volumen" cuando los porcentajes son "volumétricos".

Este método, que no requiere más aclaraciones, también puede emplearse para preparar soluciones de densidad determinada.

B. Conversión de porcentajes molares en porcentajes ponderales y viceversa

Pesos moleculares: A, B, C;
Porcentajes molares: a, b, c,
Porcentajes ponderales: p, q, r.

1. Porcentajes molares en porcentajes ponderales:

a) 2 substancias.

$$p = \frac{a - 100\frac{A}{B}}{100 - a\left(1 - \frac{A}{B}\right)}; \quad q = 100 - p.$$

Métodos auxiliares de cálculo

b) 3 substancias.

$$p = \frac{100\,aA}{\Sigma}\,; \quad q = \frac{100\,bB}{\Sigma}\,; \quad r = \frac{100\,cC}{\Sigma}$$

$$(\Sigma = aA + bB + cC).$$

2. Porcentajes ponderales en porcentajes molares:

a) 2 substancias.

$$a = \frac{100\,p}{p + q\cdot\dfrac{A}{B}}\,; \quad b = \frac{100\,q\cdot\dfrac{A}{B}}{p + q\cdot\dfrac{A}{B}}.$$

b) 3 substancias.

$$a = \frac{100\,p}{A\,\Sigma'}\,; \quad b = \frac{100\,q}{B\,\Sigma'}\,; \quad c = \frac{100\,r}{C\,\Sigma'}$$

$$\left(\Sigma' = \frac{p}{A} + \frac{q}{B} + \frac{r}{C}\right).$$

C. Método de igualación o par diferencia

Muchos cálculos pueden simplificarse considerablemente haciendo uso de la propiedad elemental de que el valor de un cociente permanece invariable cuando se aumentan o disminuyen en el mismo número a la vez su numerador y denominador. Para ello, lo mejor es redondear convenientemente uno de ambos términos de la fracción y variar luego el otro término en la misma proporción, de manera que el resultado pueda obtenerse de memoria. Los dos ejemplos siguientes aclaran este método.

1. Un picnómetro admite 99,93 gramos de agua y 130,74 gramos de una solución cuya densidad ha de determinarse. Se procede como sigue: **M. aux.**

$$\tau_L = \frac{130{,}74}{99{,}93} = \frac{130{,}74 + x}{99{,}93 + 0{,}07} = \frac{130{,}74 + 0{,}07\cdot\dfrac{1{,}3}{1{,}0}}{100{,}00}$$

$$= \frac{130{,}74 + 0{,}09}{100{,}00} = 1{,}3083\,.$$

Métodos auxiliares de cálculo

Sean, en un segundo caso, los siguientes pesos:
100,17 gramos de agua y 97,34 gramos de solución. Cálculo

$$\tau_L = \frac{97{,}34}{100{,}17} = \frac{97{,}34 - x}{100{,}17 - 0{,}17} = \frac{97{,}34 - 0{,}17 \cdot 0{,}97}{100{,}00}$$

$$= \frac{97{,}34 - 0{,}165}{100{,}00} = 0{,}9717\,.$$

2 [1]) Supongamos que una substancia que se ha de analizar, por ejemplo, cloruro amónico, gasta, con un grado de pureza del 100 %; 34,25 c. c. de una solución de plata. Si la misma cantidad (elegida arbitrariamente) de dicha substancia gasta 33,75 c. c. de la misma solución argéntica, tendremos que la pureza del cloruro amónico analizado será

$$x = \frac{33{,}75}{34{,}25} \cdot 100{,}0 = \frac{34{,}25 - 0{,}50}{34{,}25} \cdot 100{,}0$$

$$= \left(1 - \frac{0{,}50}{34{,}25}\right) \cdot 100{,}0 = 100{,}0 - \left(3 \times 0{,}50\right) = 98{,}5\,\%\,.$$

D. Regla conjunta [2])

Muchas veces es necesario deducir un resultado de una serie de proporciones ligadas mutuamente. El sencillo ejemplo siguiente muestra cómo se resuelve en una sola operación esta "cadena de proporciones".

¿Qué tanto por ciento (gramos en 100 gramos) de "goma de madera" contiene una celulosa si tratados 10 gramos de esta celulosa con 200 c. c. de lejía; si 25 c. c. de la lejía separada por aspiración de la celulosa agotada son oxidados por 20 c. c. de una disolución de dicromato potásico y ácido sulfúrico y se diluyen hasta formar 250 c. c.; si 150 c. c. de esta disolución diluída gastan por lo menos tanto yodo (con relación a una disolución de dicromato diluído de la misma manera, pero no reducida parcialmente con solución de goma de madera) como *a* c. c. de solución de tiosulfato de la que 43,05 c. c son equivalentes a 4,00 c. c. de solu-

[1]) Para más detalles sobre esta clase de análisis, véase G. Bruhns, Chem.-Ztg. **47**, 725 (1923).
[2]) Según proposición del Dr. G. Bruhns (Berlín-Charlottenburg).

Métodos auxiliares de cálculo

ción de dicromato; si 1.000 c. c. de solución de dicromato (1,5 n-) contienen 73,56 gramos de $K_2Cr_2O_7$ y si 1 gramo de $K_2Cr_2O_7$ oxida 0,1375 gramos de goma de madera (celulosa) transformándola en CO_2 y H_2O?

Se forma la siguiente "cadena", comenzando siempre a la izquierda con la misma substancia que se encuentra a la derecha en la línea anterior:

x g de goma de madera están contenidos en	100 g. de celulosa,
si tratando 10 g. de celulosa con	200 c. c. de lejía,
25 c. c. de lejía después de oxidados se diluyen hasta . . .	250 c. c.,
50 c. c. de esta solución diluída acusan una pérdida de valor de	a c. c. de tiosulfato,
43,05 c. c. de tiosulfato corresponden a	4 c. c. de solución de dicromato,
1.000 c. c. de solución de dicromato contienen	73,76 g. de $K_2Cr_2O_7$
y 1 g. de $K_2Cr_2O_7$ oxida . . .	0,1375 g. de goma de madera.

La solución al problema se encuentra tomando como factores en el numerador todas las cantidades (o letras) que escritas en rojo figuran a la derecha, y como factores en el denominador todas las cantidades (o letras) en negro que figuran a la izquierda:

$$\frac{100 \cdot 200 \cdot 250 \cdot a \cdot 4 \cdot 73{,}50 \cdot 0{,}1375}{x \cdot 10 \cdot 25 \cdot 50 \cdot 43{,}05 \cdot 1000 \cdot 1}.$$

Si se hace igual a 1 esta fracción se tiene, despejando x:

$$x = \frac{100 \cdot 200 \cdot 250 \cdot 4 \cdot 73{,}50 \cdot 0{,}1375}{10 \cdot 25 \cdot 50 \cdot 43{,}05 \cdot 1000 \cdot 1} \cdot a = 0{,}375 \cdot a.$$

Por tanto, la celulosa tratada contiene $0{,}375 \cdot a$ % de goma. El anterior ejemplo muestra cómo ha de procederse en todos los demás casos.

Métodos auxiliares de cálculo

E. Resolución de ecuaciones de segundo grado

$$x^2 + ax + b = 0; \quad x = -\frac{1}{2}a \pm \sqrt{\left(\frac{a}{2}\right)^2 - b}.$$

F. Resolución de las ecuaciones de tercer grado

$$x^3 + a\,x^2 + b\,x + c = 0.$$

Si se hace $p = b - \frac{1}{3}a^2$ y $q = 2\left(\frac{a}{3}\right)^3 - \frac{1}{3}a\,b + c$, y además

$$y = \sqrt[3]{-\frac{q}{2} \pm \sqrt{\left(\frac{p}{3}\right)^3 + \left(\frac{q}{2}\right)^2}} + \sqrt[3]{-\frac{q}{2} \mp \sqrt{\left(\frac{p}{3}\right)^3 + \left(\frac{q}{2}\right)^2}},$$

se tiene:

$$x = y - \frac{1}{3}a.$$

Si $\left(\frac{p}{3}\right)^3 + \left(\frac{q}{2}\right)^2$ es negativo y, por tanto, $\sqrt{\left(\frac{p}{3}\right)^3 + \left(\frac{q}{2}\right)^2}$ es imaginario, se hace

$$\operatorname{sen} 3\varepsilon = 4\,q : \left(-\frac{4}{3}p\right)^{3/2}$$

y

$$r = \left(-\frac{4}{3}p\right)^{1/2};$$

y entonces se tiene:

$$y_1 = r \operatorname{sen} \varepsilon; \quad y_2 = r \operatorname{sen}(60^0 - \varepsilon); \quad y_3 = -r \operatorname{sen}(60^0 + \varepsilon).$$

G. Valores numéricos frecuentemente empleados

$\pi = 3,141\,592\,65$ $\quad \pi^2 = 9,869\,6023$ $\quad \sqrt{\pi} = 1,772\,4539$

$\lg \pi = 0,497\,1499$ $\quad \lg \pi^2 = 0,994\,2997$ $\quad \lg \sqrt{\pi} = 0,248\,5749$

Base del sistema de logaritmos naturales:

$e = 2,718\,2818\ldots;$ $\quad \lg e = 0,434\,2945.$

$\ln x = \frac{\lg x}{\lg e} = 2,302\,5851 \cdot \lg x;$ $\quad \lg 2,302\,5851 = 0,362\,2157.$

Para expresar en unidades de arco un ángulo dado en grados se multiplica por $2\pi/360 = 0,017453$; $\lg 0,017453 = 24188$.

Evaluación de las radiografías[1])

Uno de los trabajos más frecuentes en el terreno de la roentgenografía es el cálculo de la constante reticular (a) de una substancia, con la distancia entre rayas medida en las radiografías por el método de Debye-Scherrer. Si la amplitud de la cámara fotográfica es de 180,0 mm., la distancia entre rayas es igual al ángulo de reflexión ϑ.

Para redes cúbicas se tiene:

$$\operatorname{sen}^2 \frac{\vartheta}{2} = \frac{\lambda^2}{4\,a^2}(h^2 + k^2 + l^2) \text{ (forma cuadrática)}$$

o bien

$$a = \frac{\lambda}{2} \cdot \left[\operatorname{sen} \frac{\vartheta}{2}\right]^{-1} \cdot \sqrt{(h^2 + k^2 + l^2)},$$

si λ es la longitud de onda de la radiación utilizada (tabla XXXIIa) y h, k y l representan los índices de Miller (tabla XXXIIb). Para marcar con índices las películas, según Hull se calcula $\vartheta/2$ mediante la regla de cálculo con los valores de la tabla XXXIIc (columna 2).

Por lo que se refiere al marcado de las redes no cúbicas, véase la bibliografía correspondiente.

a) Longitudes de onda de las radiaciones más usuales para las radiografías, en Å

(Series K)

	α_1	α_2	β
Cr	2,2889	2,2850	2,0806
Fe	1,9360	1,9321	1,7530
Co	1,7892	1,7853	1,6174
Cu	1,5412	1,5374	1,3894

[1]) Esta tabla nos ha sido facilitada por el Dr. Fr. Weibke (†), de Stuttgart.

TABLA XXXII

Evaluación de las radiografías (continuación)

b) Tablas goniométricas

$\vartheta/2$	$sen^2 \vartheta/2$	$lg\, sen^2 \vartheta/2$	$lg[sen \vartheta/2]^{-1}$	$\vartheta/2$	$sen^2 \vartheta/2$	$lg\, sen\, \vartheta^2/2$	$lg[sen \vartheta/2]^{-1}$
5,0°	0,0076	0,8806−3	1,0597	9,0°	0,0245	0,3887−2	0,8057
5,1	079	8977−3	1,0511	9,1	250	3982−2	8009
5,2	082	9146−3	1,0427	9,2	256	4076−2	7962
5,3	085	9311−3	1,0345	9,3	261	4169−2	7916
5,4	089	9473−3	1,0264	9,4	267	4261−2	7869
5,5	0092	9631−3	1,0184	9,5	0272	4352−2	7824
5,6	095	9787−3	1,0106	9,6	278	4442−2	7779
5,7	099	9941−3	1,0030	9,7	284	4531−2	7734
5,8	102	0091−2	0,9954	9,8	290	4620−2	7690
5,9	106	0239−2	9880	9,9	296	4707−2	7647
6,0	0109	0385−2	9808	10,0	0302	4793−2	7603
6,1	113	0528−2	9736	10,1	308	4879−2	7561
6,2	117	0666−2	9666	10,2	314	4964−2	7518
6,3	120	0807−2	9567	10,3	320	5047−2	7476
6,4	124	0943−2	9529	10,4	326	5130−2	7435
6,5	0128	1077−2	9461	10,5	0332	5213−2	7394
6,6	132	1209−2	9395	10,6	338	5294−2	7353
6,7	136	1339−2	9330	10,7	345	5375−2	7313
6,8	140	1467−2	9266	10,8	351	5455−2	7273
6,9	144	1594−2	9203	10,9	358	5534−2	7233
7,0	0149	1718−2	9141	11,0	0364	5612−2	7194
7,1	153	1840−2	9080	11,1	371	5690−2	7155
7,2	157	1961−2	9019	11,2	377	5767−2	7110
7,3	162	2080−2	8960	11,3	384	5843−2	7079
7,4	166	2198−2	8901	11,4	391	5918−2	7041
7,5	0170	2314−2	8843	11,5	0398	5993−2	7003
7,6	175	2428−2	8786	11,6	404	6067−2	6966
7,7	180	2541−2	8729	11,7	411	6141−2	6930
7,8	184	2653−2	8674	11,8	418	6214−2	6893
7,9	189	2763−2	8619	11,9	425	6286−2	6857
8,0	0194	2871−2	8564	12,0	0432	6358−2	6821
8,1	199	2978−2	8511	12,1	439	6429−2	6786
8,2	203	3084−2	8458	12,2	447	6499−2	6751
8,3	208	3189−2	8406	12,3	454	6569−2	6716
8,4	213	3292−2	8354	12,4	461	6639−2	6681
8,5	0219	3394−2	8303	12,5	0469	6707−2	6647
8,6	224	3495−2	8253	12,6	476	6875−2	6613
8,7	229	3595−2	8203	12,7	483	6842−2	6579
8,8	234	3693−2	8154	12,8	491	6909−2	6545
8,9	239	3790−2	8105	12,9	498	6976−2	6512

Evaluación de las radiografías (continuación)

b) Tablas goniométricas

$\vartheta/2$	$sen^2\ \vartheta/2$	$lg\ sen^2\ \vartheta/2$	$lg[sen\ \vartheta/2]^{-1}$
13,0°	0,0506	0,7042−2	0,6479
13,1	514	7107−2	6446
13,2	521	7172−2	6414
13,3	529	7236−2	6382
13,4	537	7300−2	6350
13,5	0545	7364−2	6318
13,6	553	7427−2	6287
13,7	561	7489−2	6256
13,8	569	7551−2	6225
13,9	577	7612−2	6194
14,0	0585	7674−2	6163
14,1	593	7734−2	6133
14,2	602	7794−2	6103
14,3	610	7854−2	6073
14,4	618	7913−2	6043
14,5	0627	7972−2	6014
14,6	635	8030−2	5985
14,7	644	8088−2	5956
14,8	653	8146−2	5927
14,9	661	8203−2	5898
15,0	0670	8260−2	5870
15,1	679	8316−2	5842
15,2	687	8372−2	5814
15,3	696	8428−2	5786
15,4	705	8483−2	5758
15,5	0714	8538−2	5731
15,6	723	8592−2	5704
15,7	732	8647−2	5677
15,8	741	8700−2	5650
15,9	751	8754−2	5623
16,0	0760	8807−2	5597
16,1	769	8859−2	5570
16,2	778	8912−2	5544
16,3	788	8964−2	5518
16,4	797	9015−2	5492
16,5	0807	9067−2	5467
16,6	816	9118−2	5441
16,7	826	9169 2	5416
16,8	835	9219−2	5391
16,9	845	9269−2	5366

$\vartheta/2$	$sen^2\ \vartheta/2$	$lg\ sen^2\ \vartheta/2$	$lg[sen\ \vartheta/2^{-1}]$
17,0°	0,0855	0,9319−2	0,5341
17,1	865	9368−2	5316
17,2	874	9417−2	5291
17,3	884	9466−2	5267
17,4	894	9515−2	5243
17,5	0904	9563−2	5219
17,6	914	9611−2	5195
17,7	924	9658−2	5171
17,8	934	9706−2	5147
17,9	945	9753−2	5124
18,0	0955	9800−2	5100
18,1	965	9846−2	5077
18,2	976	9892−2	5054
18,3	986	9938−2	5031
18,4	996	9984−2	5008
18,5	1007	0030−1	4985
18,6	1017	0075−1	4963
18,7	1028	0120−1	4940
18,8	1039	0164−1	4918
18,9	1049	0109−1	4896
19,0	1060	0253−1	4874
19,1	1071	0297−1	4852
19,2	1082	0340−1	4830
19,3	1092	0384−1	4808
19,4	1103	0427−1	4787
19,5	1114	0470−1	4765
19,6	1125	0513−1	4744
19,7	1136	0555−1	4722
19,8	1147	0597−1	4701
19,9	1159	0639−1	4680
20,0	1170	0681−1	4659
20,1	1181	0723−1	4639
20,2	1192	0764−1	4618
20,3	1204	0805−1	4598
20,4	1215	0846−1	4577
20,5	1226	0887−1	4557
20,6	1238	0927−1	4537
20,7	1249	0967−1	4516
20,8	1261	1007−1	4496
20,9	1273	1047−1	4477

TABLA XXXII

Evaluación de las radiografías (continuación)

b) Tablas goniométricas

$\vartheta/2$	$\text{sen}^2\,\vartheta/2$	$\lg \text{sen}^2\,\vartheta/2$	$\lg[\text{sen}\,\vartheta/2]^{-1}$
21,0°	0,1284	0,1087—1	0,4457
21,1	1296	1126—1	4437
21,2	1308	1165—1	4417
21,3	1320	1204—1	4398
21,4	1331	1243—1	4379
21,5	1343	1282—1	4359
21,6	1355	1320—1	4340
21,7	1367	1358—1	4321
21,8	1379	1396—1	4302
21,9	1391	1434—1	4283
22,0	1403	1472—1	4264
22,1	1415	1509—1	4246
22,2	1428	1546—1	4227
22,3	1440	1583—1	4208
22,4	1452	1620—1	4190
22,5	1464	1657—1	4172
22,6	1477	1693—1	4153
22,7	1489	1730—1	4135
22,8	1502	1766—1	4117
22,9	1514	1802—1	4099
23,0	1527	1838—1	4081
23,1	1539	1873—1	4063
23,2	1552	1909—1	4046
23,3	1565	1944—1	4028
23,4	1577	1979—1	4010
23,5	1590	2014—1	3993
23,6	1603	2049—1	3976
23,7	1616	2083—1	3958
23,8	1628	2118—1	3971
23,9	1641	2152—1	3924
24,0	1654	2186—1	3907
24,1	1667	2220—1	3890
24,2	1680	2254—1	3873
24,3	1693	2288—1	3856
24,4	1707	2321—1	3839
24,5	1720	2355—1	3823
24,6	1733	2388—1	3806
24,7	1746	2421—1	3790
24,8	1759	2454—1	3773
24,9	1773	2486—1	3757

$\vartheta/2$	$\text{sen}^2\,\vartheta/2$	$\lg \text{sen}^2\,\vartheta/2$	$\lg[\text{sen}\,\vartheta/2]$
25,0°	0,1786	0,2519—1	0,3741
25,1	1799	2551—1	3724
25,2	1813	2584—1	3708
25,3	1826	2616—1	3692
25,4	1840	2648—1	3676
25,5	1853	2680—1	3660
25,6	1867	2711—1	3644
25,7	1881	2743—1	3629
25,8	1894	2774—1	3613
25,9	1908	2806—1	3597
26,0	1922	2837—1	3582
26,1	1935	2868—1	3566
26,2	1949	2899—1	3551
26,3	1963	2929—1	3525
26,4	1977	2960—1	3520
26,5	1991	2991—1	3505
26,6	2005	3021—1	3490
26,7	2019	3051—1	3474
26,8	2033	3081—1	3459
26,9	2047	3111—1	3444
27,0	2061	3141—1	3430
27,1	2075	3171—1	3415
27,2	2089	3200—1	3400
27,3	2104	3230—1	3385
27,4	2118	3259—1	3371
27,5	2132	3288—1	3356
27,6	2146	3317—1	3341
27,7	2161	3346—1	3327
27,8	2175	3375—1	3313
27,9	2190	3404—1	3298
28,0	2204	3432—1	3284
28,1	2219	3461—1	3270
28,2	2233	3489—1	3256
28,3	2248	3517—1	3241
28,4	2262	3545—1	3227
28,5	2277	3573—1	3213
28,6	2291	3601—1	3199
28,7	2306	3629—1	3186
28,8	2321	3657—1	3172
28,9	2336	3684—1	3158

TABLA XXXII

Evaluación de las radiografías (continuación)

b) Tablas goniométricas

$\vartheta/2$	$\text{sen}^2\,\vartheta/2$	$\lg \text{sen}^2\vartheta/2$	$\lg[\text{sen}\,\vartheta/2]^{-1}$	$\vartheta/2$	$\text{sen}^2\,\vartheta/2$	$\lg \text{sen}^2\vartheta/2$	$\lg[\text{sen}\,\vartheta/2]^{-1}$
29,0°	0,2350	0,3711−1	0,3144	33,0°	0,2966	0,4722−1	0,2639
29,1	2365	3739−1	3131	33,1	2982	4745−1	2627
29,2	2380	3766−1	3117	33,2	2998	4769−1	2616
29,3	2395	3793−1	3104	33,3	3014	4792−1	2604
29,4	2410	3820−1	3020	33,4	3030	4815−1	2593
29,5	2425	3847−1	3077	33,5	3046	4838−1	2581
29,6	2440	3874−1	3063	33,6	3062	4861−1	2570
29,7	2455	3900−1	3050	33,7	3079	4883−1	2558
29,8	2470	3927−1	3037	33,8	3095	4906−1	2547
29,9	2485	3953−1	3023	33,9	3111	4929−1	2536
30,0	2500	3979−1	3010	34,0	3127	4951−1	2524
30,1	2515	4006−1	2997	34,1	3143	4974−1	2513
30,2	2530	4032−1	2984	34,2	3159	4996−1	2502
30,3	2545	4058−1	2971	34,3	3176	5018−1	2491
30,4	2561	4084−1	2958	34,4	3192	5040−1	2480
30,5	2576	4109−1	2945	34,5	3208	5063−1	2469
30,6	2591	4135−1	2932	34,6	3224	5085−1	2458
30,7	2607	4161−1	2920	34,7	3241	5107−1	2447
30,8	2622	4186−1	2907	34,8	3257	5128−1	2436
30,9	2637	4212−1	2894	34,9	3274	5150−1	2425
31,0	2653	4237−1	2882	35,0	3290	5172−1	2414
31,1	2668	4262−1	2869	35,1	3306	5193−1	2403
31,2	2684	4287−1	2856	35,2	3323	5215−1	2393
31,3	2699	4312−1	2844	35,3	3339	5236−1	2382
31,4	2715	4337−1	2832	35,4	3356	5258−1	2371
31,5	2730	4362−1	2819	35,5	3372	5279−1	2360
31,6	2746	4386−1	2807	35,6	3389	5300−1	2350
31,7	2761	4411−1	2795	35,7	3405	5321−1	2339
31,8	2777	4435−1	2782	35,8	3422	5342−1	2329
31,9	2792	4460−1	2770	35,9	3438	5363−1	2318
32,0	2808	4484−1	2758	36,0	3455	5384−1	2308
32,1	2824	4508−1	2746	36,1	3472	5405−1	2297
32,2	2840	4533−1	2734	36,2	3488	5426−1	2287
32,3	2855	4557−1	2722	36,3	3505	5447−1	2277
32,4	2871	4580−1	2710	36,4	3521	5467−1	2266
32,5	2887	4604−1	2698	36,5	3538	5488−1	2256
32,6	2903	4628−1	2686	36,6	3555	5508−1	2246
32,7	2919	4652−1	2674	36,7	3572	5529−1	2236
32,8	2934	4675−1	2662	36,8	3588	5549−1	2226
32,9	2950	4699−1	2651	36,9	3605	5569−1	2215

Evaluación de las radiografías (continuación)

b) Tablas goniométricas

$\vartheta/2$	$sen^2\ \vartheta/2$	$lg\ sen^2\ \vartheta/2$	$lg\ [sen\ \vartheta/2]^{-1}$
37,0°	0,3622	0,5589—1	0,2205
37,1	3639	5609—1	2195
37,2	3655	5629—1	2185
37,3	3672	5649—1	2175
37,4	3689	5669—1	2165
37,5	3706	5689—1	2156
37,6	3723	5709—1	2146
37,7	3740	5728—1	2136
37,8	3757	5748—1	2126
37,9	3773	5767—1	2116
38,0	3790	5787—1	2107
38,1	3807	5806—1	2097
38,2	3824	5826—1	2087
38,3	3841	5845—1	2078
38,4	3858	5864—1	2068
38,5	3875	5883—1	2059
38,6	3892	5902—1	2049
38,7	3909	5921—1	2040
38,8	3926	5940—1	2030
38,9	3943	5959—1	2021
39,0	3960	5977—1	2011
39,1	3978	5996—1	2002
39,2	3995	6015—1	1993
39,3	4012	6033—1	1983
39,4	4029	6052—1	1974
39,5	4046	6070—1	1965
39,6	4063	6089—1	1956
39,7	4080	6107—1	1947
39,8	4097	6125—1	1937
39,9	4115	6143—1	1928
40,0	4132	6161—1	1919
40,1	4149	6179—1	1910
40,2	4166	6197—1	1901
40,3	4183	6215—1	1892
40,4	4201	6233—1	1883
40,5	4218	6251—1	1875
40,6	4235	6269—1	1866
40,7	4252	6286—1	1857
40,8	4270	6304—1	1848
40,9	4287	6321—1	1839

$\vartheta/2$	$sen^2\ \vartheta/2$	$lg\ sen^2\ \vartheta/2$	$lg[sen\ \vartheta/2]^{-1}$
41,0°	0,4304	0,6339—1	0,1831
41,1	4321	6356—1	1822
41,2	4339	6374—1	1813
41,3	4356	6391—1	1805
41,4	4373	6408—1	1796
41,5	4391	6425—1	1787
41,6	4408	6442—1	1779
41,7	4425	6459—1	1770
41,8	4443	6476—1	1762
41,9	4460	6493—1	1753
42,0	4477	6510—1	1745
42,1	4495	6527—1	1736
42,2	4512	6544—1	1728
42,3	4529	6560—1	1720
42,4	4547	6577—1	1711
42,5	4564	6594—1	1703
42,6	4582	6610—1	1695
42,7	4599	6627—1	1687
42,8	4616	6643—1	1678
42,9	4634	6659—1	1670
43,0	4651	6676—1	1662
43,1	4669	6692—1	1654
43,2	4686	6708—1	1646
43,3	4703	6724—1	1638
43,4	4721	6740—1	1630
43,5	4738	6756—1	1622
43,6	4756	6772—1	1614
43,7	4773	6788—1	1606
43,8	4791	6804—1	1598
43,9	4808	6820—1	1590
44,0	4826	6835—1	1582
44,1	4843	6851—1	1576
44,2	4860	6867—1	1567
44,3	4878	6882—1	1559
44,4	4895	6898—1	1551
44,5	4913	6913—1	1543
44,6	4930	6929—1	1536
44,7	4948	6944—1	1528
44,8	4965	6959—1	1520
44,9	4983	6975—1	1513

Tabla XXXII

Evaluación de las radiografías (continuación)

b) Tablas goniométricas

$\vartheta/2$	$\mathrm{sen}^2\,\vartheta/2$	$\lg \mathrm{sen}^2\,\vartheta/2$	$\lg[\mathrm{sen}\,\vartheta/2]^{-1}$
45,0°	0,5000	0,6990—1	0,1505
45,1	5017	7005—1	1498
45,2	5035	7020—1	1490
45,3	5052	7035—1	1483
45,4	5070	7050—1	1475
45,5	5087	7065—1	1468
45,6	5105	7080—1	1460
45,7	5122	7095—1	1453
45,8	5140	7109—1	1445
45,9	5157	7124—1	1438
46,0	5174	7139—1	1431
46,1	5192	7153—1	1423
46,2	5209	7168—1	1416
46,3	5227	7182—1	1409
46,4	5244	7191—1	1402
46,5	5262	7211—1	1394
46,6	5279	7226—1	1387
46,7	5297	7240—1	1380
46,8	5314	7254—1	1373
46,9	5331	7268—1	1366
47,0	5349	7283—1	1359
47,1	5366	7297—1	1352
47,2	5384	7311—1	1345
47,3	5401	7325—1	1338
47,4	5418	7339—1	1331
47,5	5436	7353—1	1324
47,6	5453	7366—1	1317
47,7	5471	7380—1	1310
47,8	5488	7394—1	1303
47,9	5505	7408—1	1296
48,0	5523	7421—1	1289
48,1	5540	7435—1	1282
48,2	5557	7449—1	1276
48,3	5575	7462—1	1269
48,4	5592	7476—1	1262
48,5	5609	7489—1	1255
48,6	5627	7503—1	1249
48,7	5644	7516—1	1242
48,8	5661	7529—1	1235
48,9	5679	7542—1	1229
49,0°	0,5696	0,7556—1	0,1222
49,1	5713	7569—1	1216
49,2	5730	7582—1	1209
49,3	5748	7595—1	1203
49,4	5765	7608—1	1196
49,5	5782	7621—1	1190
49,6	5799	7634—1	1183
49,7	5817	7647—1	1177
49,8	5834	7660—1	1170
49,9	5851	7672—1	1164
50,0	5868	7685—1	1157
50,1	5885	7698—1	1151
50,2	5903	7710—1	1145
50,3	5920	7723—1	1138
50,4	5937	7736—1	1132
50,5	5954	7748—1	1126
50,6	5971	7761—1	1120
50,7	5988	7773—1	1113
50,8	6005	7785—1	1107
50,9	6022	7798—1	1101
51,0	6040	7810—1	1095
51,1	6057	7822—1	1089
51,2	6074	7835—1	1083
51,3	6091	7847—1	1077
51,4	6108	7859—1	1071
51,5	6125	7871—1	1065
51,6	6142	7883—1	1059
51,7	6159	7895—1	1053
51,8	6176	7907—1	1047
51,9	6193	7919—1	1041
52,0	6210	7931—1	1035
52,1	6227	7942—1	1029
52,2	6243	7954—1	1023
52,3	6260	7966—1	1017
52,4	6277	7978—1	1011
52,5	6294	7989—1	1005
52,6	6311	8001—1	1000
52,7	6328	8013—1	0994
52,8	6345	8024—1	0988
52,9	6361	8036—1	0982

Evaluación de las radiografías (continuación)

b) **Tablas goniométricas**

ϑ/2	sen^2 ϑ/2	lg sen^2 ϑ/2	lg[sen ϑ/2]$^{-1}$	ϑ/2	sen^2 ϑ/2	lg sen^2 ϑ/2	lg[sen ϑ/2]$^{-1}$
53,0°	0,6378	0,8047—1	0,0977	57,0°	0,7034	0,8472—1	0,0764
53,1	6395	8058—1	0971	57,1	7050	8482—1	0759
53,2	6412	8070—1	0965	57,2	7066	8491—1	0754
53,3	6428	8081—1	0959	57,3	7081	8501—1	0749
53,4	6445	8092—1	0954	57,4	7097	8511—1	0745
53,5	6462	8104—1	0948	57,5	7113	8521—1	0740
53,6	6479	8115—1	0943	57,6	7129	8530—1	0735
53,7	6495	8126—1	0937	57,7	7145	8540—1	0730
53,8	6512	8137—1	0931	57,8	7160	8549—1	0725
53,9	6528	8148—1	0926	57,9	7176	8559—1	0721
54,0	6545	8159—1	0920	58,0	7192	8568—1	0716
54,1	6562	8170—1	0915	58,1	7208	8578—1	0711
54,2	6578	8181—1	0909	58,2	7223	8587—1	0706
54,3	6595	8192—1	0904	58,3	7239	8597—1	0702
54,4	6611	8203—1	0899	58,4	7254	8606—1	0697
54,5	6628	8214—1	0893	58,5	7270	8615—1	0692
54,6	6644	8225—1	0888	58,6	7285	8625—1	0688
54,7	6661	8235—1	0882	58,7	7301	8634—1	6083
54,8	6677	8246—1	0877	58,8	7316	8643—1	0678
54,9	6694	8257—1	0872	58,9	7332	8652—1	0674
55,0	6710	8267—1	0866	59,0	7347	8661—1	0669
55,1	6726	8278—1	0861	59,1	7363	8670—1	0665
55,2	6743	8288—1	0856	59,2	7378	8679—1	0660
55,3	6759	8299—1	0851	59,3	7393	8688—1	0656
55,4	6776	8309—1	0845	59,4	7409	8697—1	0651
55,5	6792	8320—1	0840	59,5	7424	8706—1	0647
55,6	6808	8330—1	0835	59,6	7439	8715—1	0642
55,7	6824	8341—1	0830	59,7	7455	8724—1	0638
55,8	6841	8351—1	0825	59,8	7470	8733—1	0633
55,9	6857	8361—1	0819	59,9	7485	8742—1	0629
56,0	6873	8371—1	0814	60,0	7500	8751—1	0625
56,1	6889	8382—1	0809	60,1	7515	8759—1	0620
56,2	6905	8392—1	0804	60,2	7530	8768—1	0616
56,3	6921	8402—1	0799	60,3	7545	8777—1	0612
56,4	6938	8412—1	0794	60,4	7560	8785—1	0607
56,5	6954	8422—1	0789	60,5	7575	8794—1	0603
56,6	6970	8432—1	0784	60,6	7590	8802—1	0599
56,7	6986	8442—1	0779	60,7	7605	8811—1	0594
56,8	7002	8452—1	0774	60,8	7620	8820—1	0590
56,9	7018	8462—1	0769	60,9	7635	8828—1	0586

TABLA XXXII

Evaluación de las radiografías (continuación)

b) Tablas goniométricas

$\vartheta/2$	$\text{sen}^2\ \vartheta/2$	$\lg \text{sen}^2 \vartheta/2$	$\lg[\text{sen}\,\vartheta/2]^{-1}$
61,0°	0,7650	0,8836−1	0,0582
61,1	7664	8845−1	0578
61,2	7679	8853−1	0573
61,3	7694	8861−1	0569
61,4	7709	8870−1	0565
61,5	7723	8878−1	0561
61,6	7738	8886−1	0557
61,7	7752	8894−1	0553
61,8	7767	8903−1	0549
61,9	7781	8911−1	0545
62,0	7796	8919−1	0541
62,1	7810	8927−1	0537
62,2	7825	8935−1	0533
62,3	7839	8943−1	0529
62,4	7854	8951−1	0525
62,5	7868	8959−1	0521
62,6	7882	8966−1	0517
62,7	7896	8974−1	0513
62,8	7911	8982−1	0509
62,9	7925	8990−1	0505
63,0	7939	8998−1	0501
63,1	7953	9005−1	0497
63,2	7967	9013−1	0494
63,3	7981	9021−1	0490
63,4	7995	9028−1	0486
63,5	8009	9036−1	0482
63,6	8023	9043−1	0478
63,7	8037	9051−1	0475
63,8	8051	9058−1	0471
63,9	8065	9066−1	0467
64,0	8078	9073−1	0463
64,1	8092	9081−1	0460
64,2	8106	9088−1	0456
64,3	8119	9095−1	0452
64,4	8133	9103−1	0449
64,5	8147	9110−1	0445
64,6	8160	9117−1	0442
64,7	8174	9124−1	0438
64,8	8187	9131−1	0434
64,9	8201	9138−1	0431

$\vartheta/2$	$\text{sen}^2\ \vartheta/2$	$\lg \text{sen}^2 \vartheta/2$	$\lg[\text{sen}\,\vartheta/2]^{-1}$
65,0°	0,8214	0,9146−1	0,0427
65,1	8227	9153−1	0424
65,2	8241	9160−1	0420
65,3	8254	9167−1	0417
65,4	8267	9174−1	0413
65,5	8280	9180−1	0410
65,6	8293	9187−1	0406
65,7	8307	9194−1	0403
65,8	8320	9201−1	0399
65,9	8333	9208−1	0396
66,0	8346	9215−1	0393
66,1	8359	9221−1	0389
66,2	8372	9228−1	0386
66,3	8384	9235−1	0383
66,4	8397	9241−1	0379
66,5	8410	9248−1	0376
66,6	8423	9255−1	0373
66,7	8435	9261−1	0369
66,8	8448	9268−1	0366
66,9	8461	9274−1	0363
67,0	8473	9281−1	0360
67,1	8486	9287−1	0357
67,2	8498	9293−1	0353
67,3	8511	9300−1	0350
67,4	8523	9306−1	0347
67,5	8536	9312−1	0344
67,6	8548	9319−1	0341
67,7	8560	9325−1	0338
67,8	8572	9331−1	0334
67,9	8585	9337−1	0331
68,0	8597	9343−1	0328
68,1	8609	9349−1	0325
68,2	8621	9356−1	0322
68,3	8633	9362−1	0319
68,4	8645	9368−1	0316
68,5	8657	9374−1	0313
68,6	8669	9380−1	0310
68,7	8680	9385−1	0307
68,8	8692	9391−1	0304
68,9	8704	9397−1	0301

Evaluación de las radiografías (continuación)

b) Tablas goniométricas

$\vartheta/2$	sen² $\vartheta/2$	lg sen² $\vartheta/2$	lg[sen $\vartheta/2$]⁻¹
69,0	0,8716	0,9403—1	0,0298
69,1	8727	9409—1	0296
69,2	8739	9415—1	0293
69,3	8751	9420—1	0290
69,4	8762	9426—1	0287
69,5	8774	9432—1	0284
69,6	8785	9437—1	0281
69,7	8796	9443—1	0278
69,8	8808	9449—1	0276
69,9	8819	9454—1	0273
70,0	8830	9460—1	0270
70,1	8841	9465—1	0267
70,2	8853	9471—1	0265
70,3	8864	0476—1	0262
70,4	8875	9482—1	0259
70,5	8886	9487—1	0257
70,6	8897	9492—1	0254
70,7	8908	9498—1	0251
70,8	8918	9503—1	0249
70,9	8929	9508—1	0246
71,0	8940	9513—1	0243
71,1	8951	9519—1	0241
71,2	8961	9524—1	0238
71,3	8972	9529—1	0236
71,4	8983	9534—1	0233
71,5	8993	9539—1	0230
71,6	9004	9544—1	0228
71,7	9014	9549—1	0225
71,8	9024	9554—1	0223
71,9	9035	9559—1	0220
72,0	9045	0564—1	0218
72,1	9055	9569—1	0215
72,2	9066	9574—1	0213
72,3	9076	9579—1	0211
72,4	9086	9584—1	0208
72,5	9096	9588—1	0206
72,6	9106	9593—1	0203
72,7	9116	9598—1	0201
72,8	9126	9603—1	0199
72,9	9135	9607—1	0196

$\vartheta/2$	sen² $\vartheta/2$	lg sen² $\vartheta/2$	lg[sen $\vartheta/2$]⁻¹
73,0°	0,9145	0,9612—1	0,0194
73,1	9155	9617—1	0192
73,2	9165	9621—1	0189
73,3	9174	9626—1	0187
73,4	9184	9630—1	0185
73,5	9193	9635—1	0183
73,6	9203	9639—1	0180
73,7	9212	9644—1	0178
73,8	9222	9648—1	0176
73,9	9231	9652—1	0174
74,0	9240	9657—1	0172
74,1	9249	9661—1	0169
74,2	9259	9665—1	0167
74,3	9268	9670—1	0165
74,4	9277	9674—1	0163
74,5	9286	9678—1	0161
74,6	9295	9682—1	0159
74,7	9304	9687—1	0157
74,8	9313	9691—1	0155
74,9	9321	9695—1	0153
75,0	9330	9699—1	0151
75,1	9339	9703—1	0149
75,2	9347	9707—1	0147
75,3	9356	9711—1	0145
75,4	9365	9715—1	0143
75,5	9373	9719—1	0141
75,6	9382	9723—1	0139
75,7	9390	9727—1	0137
75,8	9398	9730—1	0135
75,9	9407	9734—1	0133
76,0	9415	9738—1	0131
76,1	9423	9742—1	0129
76,2	9431	9746—1	0127
76,3	9439	9749—1	0125
76,4	9447	9753—1	0124
76,5	9455	9757—1	0122
76,6	9463	9760—1	0120
76,7	9471	9764—1	0118
76,8	9479	9767—1	0116
76,9	9486	9771—1	0115

Evaluación de las radiografías (continuación)

b) Tablas goniométricas

$\vartheta/2$	$\text{sen}^2\ \vartheta/2$	$\lg \text{sen}^2\ \vartheta/2$	$\lg[\text{sen}\ \vartheta/2]^{-1}$
77,0°	0,9494	0,9774—1	0,0113
77,1	9502	9778—1	0111
77,2	9509	9781—1	0109
77,3	9517	9785—1	0108
77,4	9524	9788—1	0106
77,5	9532	9792—1	0104
77,6	9539	9795—1	0103
77,7	9546	9798—1	0101
77,8	9553	9802—1	0099
77,9	9561	9805—1	0098
78,0	9568	9808—1	0096
78,1	9575	9811—1	0094
78,2	9582	9814—1	0093
78,3	9589	9818—1	0091
78,4	9596	9821—1	0090
78,5	9603	9824—1	0088
78,6	9609	9827—1	0087
78,7	9616	9830—1	0085
78,8	9623	9833—1	0084
78,9	9629	9836—1	0082
79,0	9636	9839—1	0081
79,1	9642	9842—1	0079
79,2	9649	9845—1	0078
79,3	9655	9848—1	0076
79,4	9662	9850—1	0075
79,5	9668	9853—1	0073
79,6	9674	9856—1	0072
79,7	9680	9859—1	0071
79,8	9686	9862—1	0069
79,9	9692	9864—1	0068
80,0	9698	9867—1	0066
80,1	9704	9870—1	0065
80,2	9710	9872—1	0064
80,3	9716	9875—1	0063
80,4	9722	9878—1	0061
80,5	9728	9880—1	0060
80,6	9733	9883—1	0059
80,7	9739	9885—1	0057
80,8	9744	9888—1	0056
80,9	9750	9890—1	0055
81,0°	0,9755	0,9892—1	0,0054
81,1	9761	9895—1	0053
81,2	9766	9897—1	0051
81,3	9771	9899—1	0050
81,4	9776	9902—1	0049
81,5	9782	9904—1	0048
81,6	9747	9906—1	0047
81,7	9792	9909—1	0046
81,8	9797	9911—1	0045
81,9	0801	9913—1	0044
82,0	9806	9915—1	0042
82,1	9811	9917—1	0041
82,2	9816	9919—1	0040
82,3	9820	9921—1	0039
82,4	9825	9923—1	0038
82,5	9830	9925—1	0037
82,6	9834	9927—1	0036
82,7	9839	9929—1	0035
82,8	9843	9931—1	0034
82,9	9847	9933—1	0033
83,0	9851	9935—1	0032
83,1	9856	9937—1	0032
83,2	9860	9939—1	0031
83,3	9864	9940—1	0030
83,4	9868	9942—1	0029
83,5	9872	9944—1	0028
83,6	9876	9946—1	0027
83,7	9880	9947—1	0026
83,8	9883	9949—1	0025
83,9	9887	9951—1	0025
84,0	9891	9952—1	0024
84,1	9894	9954—1	0023
84,2	9898	9955—1	0022
84,3	9901	9957—1	0022
84,4	9905	9958—1	0021
84,5	9908	9960—1	0020
84,6	9911	9961—1	0019
84,7	9915	9963—1	0019
84,8	9918	9964—1	0018
84,9	9921	9966—1	0017
85,0	9924	9967—1	0017

Evaluación de las radiografías (continuación)

c) **Formas cuadráticas para el sistéma cúbico**

$h\,k\,l$	$h^2+k^2+l^2$	$\lg(h^2+k^2+l^2)$
100	1	0,0000
110	2	3010
111	3	4771
200	4	6021
210	5	6990
211	6	7782
220	8	9031
300, 211	9	9542
310	10	1,0000
311	11	0414
222	12	0792
320	13	1139
321	14	1461
400	16	2041
410, 322	17	2304
411, 320	18	2553
331	19	2788
420	20	1,3010
421	21	3222
332	22	3424
422	24	3802
500, 430	25	3979
510, 431	26	4150
511, 333	27	4314
520, 432	29	4624
521	30	1,4771
440	32	5051
522, 441	33	5185
530, 433	34	1,5315
531	35	5441
600, 442	36	5563
610	37	5682
611, 532	38	5789
620	40	1,6021
621, 540, 443	41	6128
541	42	6232
533	43	6335
622	44	6435
630, 542	45	6532
631	46	6628
444	48	6812
700, 632	49	6902
710, 555, 543	50	1,6990
711, 551	51	7076
640	52	7160
720, 641	53	7243
721, 633, 552	54	7324
642	56	7482
722, 544	57	7559
730	58	7634
731, 553	59	7709

Evaluación de las radiografías (continuación)

c) **Formas cuadráticas para el sistema cúbico**

$h\,k\,l$	$h^2+k^2+l^2$	$\lg(h^2+k^2+l^2)$
650, 643	61	1,7853
732, 651	62	7924
800	64	8062
810, 740, 652	65	8129
811, 741, 554	66	8195
733	67	8261
820, 644	68	8325
821, 742	69	8388
653	70	1,8451
822, 660	72	8573
830, 661	73	8633
831, 750, 743	74	8692
751, 555	75	8751
662	76	8808
832, 654	77	8865
752	78	8921
840	80	1,9031

ACLARACIONES A LAS TABLAS PRECEDENTES

Tabla I

Pesos atómicos de los elementos, y logaritmos correspondientes

La tabla contiene los pesos atómicos de los elementos conocidos con suficiente seguridad.

Según puede verse, esos pesos atómicos se dan unas veces con una cifra decimal y otras con varias. Esta manera de proceder no es arbitraria, sino que el número de cifras decimales dado indica la exactitud con que son conocidos los pesos atómicos de los elementos respectivos. De las cifras decimales dadas puede tomarse la penúltima como segura y la última como incierta.

No es, pues, lo mismo dar como peso atómico del flúor 19,0 ó 19,00 ó 19,000. Unicamente el número 19,00 indica el estado actual de nuestros conocimientos acerca de dicho peso atómico.

La "frecuencia" de los elementos, indicada en la tercera columna, es el porcentaje en peso en que entran a formar parte de la corteza terrestre (incluyendo las masas de agua y la atmósfera). Estos valores numéricos han sido sacados de una tabla del Tratado de Química inorgánica de H. Remy (1931-32), tomo II, página 394.

Tabla II

Pesos y logaritmos correspondientes de los átomos, grupos atómicos, moléculas y equivalentes más importantes, así como de sus múltiplos (hasta el séxtuplo)

En la mayoría de los cálculos químicos resulta muy útil el empleo de logaritmos, bastando en casi todos los casos una tabla de cinco cifras, tal como la que damos al final del libro. En muchos casos basta incluso con la tabla de cuatro cifras.

Aparte de la considerable pérdida de tiempo que llevan consigo los cálculos cuando no se emplean logaritmos, la probabilidad de equivocarse es también mayor al no usarlos.

Por resultar bastante incómodo el multiplicar números de cuatro y cinco cifras, se toma a veces, por ejemplo, como peso atómico del cloro el número aproximado 35,5 en vez del 35,37. Pero el mismo químico que comete este error de 0,37 %, protestaría indignado si le dijeran que al pesar el cloruro de plata en la determinación del cloro no se molestara en apreciar con toda exactitud la décima de miligramo, aunque esta magnitud — determinada con tanto cuidado — representa tan sólo unas pocas centésimas por ciento del número resultante.

También es muy frecuente entremezclar en un mismo cálculo números aproximados con otros sumamente exactos. Así, por ejemplo, al calcular la composición teórica de una substancia orgánica se toma el valor 1 : 16 para la relación H : O; en cambio, la cantidad de hidrógeno que contiene el agua resultante de la combustión se toma de una tabla calculada a base de la relación H : O = 1,01 : 16. Si en esas condiciones se hacen los cálculos con dos cifras decimales — o incluso con tres, como suelen hacerlo algunos calculadores abusando de la paciencia del papel — resulta en suma un juego con los números, el cual además de engañar a uno mismo sobre la precisión con que se han obtenido los resultados, engaña también a los demás.

Estos errores resultan imposibles cuando se emplean siempre en los cálculos las tablas precedentes; entonces ya no tiene cuenta aproximar uno u otro número a fin de facilitar la operación del cálculo, porque igual tiempo se emplea en escribir el logaritmo de un número de cuatro cifras que el logaritmo de otro de dos.

Al formar los pesos moleculares hay que tener en cuenta el número de cifras decimales permisibles.

Así, por ejemplo, podemos calcular el peso molecular del clorato de plata sumando los pesos atómicos:

$$
\begin{array}{rl}
Ag & = 107{,}880 \\
Cl & = 35{,}457 \\
O & = 48{,}000 \\
\hline
AgClO & = 191{,}337
\end{array}
$$

En este caso es lícito tomar tres cifras decimales, puesto que conocemos con la exactitud correspondiente a este número de cifras, los pesos atómicos de todos los elementos que forman el compuesto.

Pero sería, por ejemplo, completamente erróneo calcular de esta manera el peso molecular del cloruro bárico:

$$\begin{array}{rl} Ba & = 137{,}36 \\ Cl_2 & = 70{,}914 \\ 2\,H_2O & = 36{,}0320 \\ \hline BaCl_2 \cdot 2\,H_2O & = 244{,}3060\,, \end{array}$$

ya que la inseguridad de la segunda decimal del número 137,36 para el Ba subsiste en la segunda decimal de la suma. Por consiguiente, tenemos que poner

$$BaCl_2 \,.\, 2\,H_2O = 244{,}31;$$

pues el peso molecular debe solamente utilizarse con tantas cifras decimales como haya en el peso atómico, contenido en el mismo, que se conozca con la mínima exactitud.

Al disponer en la tabla los átomos que componen las moléculas o los grupos atómicos, se ha tenido por norma indicar primero el componente electropositivo de los electrólitos, por ejemplo, $K_2 \mid SO_4$; $H_2 \mid SO_4$; $K \mid OH$. Entre los diversos iones se encuentran en primer lugar los átomos que forman el esqueleto de los grupos; por ejemplo, SO_4; $PtCl_6$: $Fe(CN)_6$; NH_4 etcétera. Las sales dobles han de buscarse en los iones de máxima valencia positiva, por ejemplo, $(NH_4)_2\ Fe(SO_4)_2 \cdot 6\ O_2H$.

Los valores numéricos de la tabla II, siempre y cuando no se recurra a la tabla V, pueden utilizarse para calcular los "rendimientos" en los "trabajos preliminares. Esta forma de cálculo es de por sí muy sencilla; pero la experiencia ha enseñado que no es obvio que digamos unas palabras sobre la manera más conveniente de efectuarlo.

Sea A el peso de la substancia de partida, M_A su peso molecular, R el peso hallado para el producto de la reacción y R_t el peso teórico esperado para esta substancia; este peso se calcula con la igualdad de reacción, según la cual a $x\ M_A$ corresponde la cantidad equivalente $y\ M_R$ (M_R = peso molecular del producto de la reacción), obteniéndose $R_t = \dfrac{A \cdot y\ M_R}{x\ M_A}$. El rendimiento en tantos por ciento del rendimiento teórico es:

$$X = \frac{R}{R_t} \cdot 100 = \frac{R \cdot x\ M_A}{A \cdot y\ M_R} \,.\, 100\ \%\,.$$

Si, por ejemplo, con 50 g. de manganeso se prepara pirofosfato de manganeso ($Mn_2P_2O_7$) y se obtiene del mismo 75 g., como que 1 $Mn_2P_2O_7$ se forma de 2 MnO_2 y en este caso $x = 2$ e $y = 1$, el rendimiento es

$$X = \frac{75 \cdot 100}{R_t} = \frac{75 \cdot 2 \cdot 86{,}93}{50 \cdot 1 \cdot 283{,}82} \cdot 100 = 92\ \%.$$

$(\lg X = \lg R + \lg x + \lg M_A - \lg A - \lg y - \lg M_R + 2;$ véanse también las aclaraciones a la tabla V. El allí indicado "factor" F corresponde aquí a la relación de equivalencia antes dada $\left.\frac{y\ M_R}{x\ M_A}\right)$

Tabla III

Múltiplos superiores de algunos pesos atómicos y moleculares y logaritmos correspondientes

Esta tabla es útil especialmente para calcular la composición de las substancias orgánicas y los minerales.

Al formar los múltiplos superiores de los pesos atómicos, hay que tener en cuenta las cifras decimales permisibles. Por ejemplo, si N = 14,008 no debe tomarse incondicionalmente para N_{11} el valor 11 : 14,008 = 154,088; sino que antes bien hay que redondear este número a 154,09 (véanse las Observaciones preliminares), porque al multiplicar por 11, pasa a la segunda decimal del producto la "incertidumbre" de la tercera decimal del número 14,008. Se admite que el grado de incertidumbre es, en general, de la magnitud de "una" unidad de la última cifra decimal dada. Esta es indudablemente la incertidumbre "mínima", pero de momento no parece factible hacer una mayor diferenciación entre los elementos.

Tabla IV

A. Pesos equivalentes volumétricos y logaritmos respectivos

Como indica el encabezamiento de la tabla, las cantidades encontradas de substancia vienen dadas: en milígramos si la cantidad gastada de líquido valorado se expresa en mililitros (o centímetros cúbicos), y en gramos cuando este líquido se mide en litros. En ambos casos el resultado es naturalmente el mismo, pues si, por ejemplo, una solución de ácido clorhídrico gasta 15,0 ml. (c. c.) de solución 0,1 n. de sosa cáustica, por el primer procedimiento se encuentran 3,6465 mg. · 15,0 = 54,698 mg. de HCl, y por el segundo procedimiento resultan 3,6465 · 0,0150 = 0,054698 g., o sea exactamente la misma cantidad.

Muchas veces, especialmente en los laboratorios industriales, en lugar de emplear soluciones normales se utilizan soluciones empíricas. La tabla IV es muy práctica para pasar de estas soluciones a las normales. De todos modos, procediendo como sigue puede determinarse la normalidad de la solución que se ha de ajustar, tratando con la misma una cantidad cualquiera de substancia tipo.

Supongamos que s gramos de substancia tipo de peso equivalente a han gastado v c. c. de solución valorada. Como que s/a vales $= 1.000\ s/a$ mvales, la substancia empleada corresponde a $1\ 000\ s/a$ c. c. de una solución exactamente 1,0 n., o a $10\ 000\ s/a$ c. c. de una solución exactamente 0,1 n. Si el volumen v de solución gastada es mayor que esta cantidad, la solución valorada es más diluída (y en caso contrario más concentrada) que la solución 1,0 n. o 0,1 n. respectivamente. Su normalidad será según esto: $\frac{1\ 000\ s}{a \cdot v} \times 1,0$ n, o lo que es lo mismo: $\frac{10\,000\ s}{a \cdot v} \times 0,1$ n. El valor $\frac{1\ 000\ s}{a \cdot v}$ o $\frac{10\,000\ x}{a \cdot v}$ (según que se haya preparado una solución aproximadamente 1,0 n., 0,1 n.) es el llamado "factor" de la solución y conviene consignarlo, junto con su logaritmo, en el rótulo del frasco. El valór de a se saca de la tabla II, o — en forma de su décima parte — de la tabla IV.

B. Correcciones para tener en cuenta el empuje del aire en las pesadas exactas

Para los "análisis gravimétricos" corrientes no entra en absoluto en consideración la reducción de las pesadas al vacío, de lo que tratamos extensamente en las aclaraciones a las tablas XV y XV*a*. Estas correcciones se hallan dentro de los límites de error normales, puesto que, en general, las densidades de las substancias pesadas no se diferencian mucho entre sí. Por el contrario, algunos métodos de "análisis volumétricos" son tan exactos que en los trabajos de precisión — los cuales, como es natural, van unidos a grandes exigencias por lo que se refiere a la exactitud de los utensilios y a toda la metódica en general — es recomendable eliminar la acción del aire (empuje). Para este fin sirve el apartado *B* de la tabla IV. Con el mismo puede establecerse fácilmente cuanta substancia ha de pesarse "en el aire" para que su peso sea exactamente el que correspondería a la pesada hecha en "el vacío". Los pesos atómicos y moleculares se calculan siempre para las pesadas en el vacío.

En Δ la tabla contiene las correcciones (por mil) que deben introducirse en el peso en el vacío, caso de ser conocida la densidad de la substancia investigada (columna encabezada ϱ), para que al hacer la pesada en el aire la cantidad de substancia tomada sea tal que tenga el deseado peso en el vacío. Los valores de la densidad se han tomado tan próximos entre sí, que es posible determinar fácilmente, por interpolación, la corrección correspondiente a una densidad de valor intermedio.

Todas las correcciones son válidas para una densidad del aire igual a 0,00120 g. ml^{-1}. Por lo que se refiere a la deducción de las mismas, véanse las aclaraciones a las tablas XV y XV*a*.

C. Pesos equivalentes volumétricos ("en el aire") y logaritmos respectivos

En la tabla IV *C* hemos reunido los pesos "en el aire" ya calculados por medio de la tabla IV *B* para una serie de substancias importantes en análisis volumétrico (substancias tipo). Los valores para la densidad hasta ahora desconocidos, de las substancias indicadas con los números 4, 8 y 11 (12), han sido determinados por vez primera por H. Heinrich y H. Winkelmann.

Al utilizar en análisis volumétrico los pesos en el aire, hay que tener en cuenta por principio lo que se dice más adelante. De esta manera se obtienen soluciones cuyo contenido en substancia corresponde a los pesos equivalentes verdaderos, es decir, determinados en el vacío. Por tanto, también es posible ajustar "al vacío", por valoración, otras soluciones y, en fin, conocer la cantidad de una determinada substancia en un peso dado, en el vacío, de la substancia analizada, referida a una cantidad dada de la misma, por ejemplo, en "vales en el vacío" por litro.

Esto tiene ante todo importancia para el análisis de soluciones (aguas, etc.) cuyo contenido verbigracia en vales/litro debe indicarse. Si hay que pesar la misma substancia, como ocurre con todas las que tienen forma sólida, es preciso tomar también como base su "peso en el vacío", es decir, es preciso reducir al vacío el peso de substancia determinado en el aire (véanse las aclaraciones a las tablas XV y XV*a*), o bien hay que pesar en el aire la cantidad de substancia correspondiente al peso deseado para la misma en el vacío (véase la tabla IV *B*), lo que, como es natural, exige el previo conocimiento de la densidad de la substancia.

Tabla V

"Factores" analíticos y estequiométricos y logaritmos respectivos

Antiguamente era muy corriente para calcular los análisis buscar en una de las numerosas tablas conocidas (por ejemplo, las de Kohlmann y Frerichs) qué cantidad de la substancia buscada se halla contenida en un peso determinado de precipitado. Conocido este número se encuentra luego el tanto por ciento buscado.

Con mucha más rapidez y comodidad se llega al mismo resultado mediante el cálculo logarítmico [1]), utilizando para ello los "factores" dados en la tabla V. El "factor" F es el número por el cual se ha de multiplicar el peso N de un precipitado para obtener el peso B de una de sus partes componentes (o de una substancia relacionada con él de un modo determinado).

El "factor" es, pues, la relación de equivalencia entre la substancia buscada y la encontrada, o sea $N \cdot F = B$.

Sea S la cantidad de substancia pesada para hacer el análisis, y P el tanto por ciento de S en B. Se tendrá la relación

$$P = 100 \cdot \frac{B}{S} = 100 \cdot \frac{N \cdot F}{S};$$

o bien:

$$\lg P = \lg N + \lg F - \lg S.$$

El número 2, que debíamos considerar como log de 100, no ha sido tenido en cuenta, norma ésta que seguimos con todas las características. Nos permitimos esta libertad, porque nunca se presentará la duda de si el resultado final es por ejemplo, 0,71, 7,1 o 71.

El log de S no se resta de la suma N + lg F, sino que se agrega a esta suma el complemento de log S, el cual se puede escribir directamente con tanta facilidad como el logaritmo cuando se tiene un poco de práctica. Tendremos, pues, finalmente:

$$\lg P = \lg N + \lg F + (1 - \lg S)$$

Todo el cálculo queda, pues, reducido a escribir y sumar tres logaritmos y a buscar el número correspondiente a la suma hallada.

---

[1]) Acerca del capítulo sobre "Cálculos", véase la obra de Ostwald-Luther "Physikochemishe Messungen", páginas 1 a 28.

El ejemplo que sigue contiene todos los datos y cálculos para proceder en el caso de una substancia orgánica compleja; este ejemplo demostrará al principiante cuánto tiempo se ahorra de esta manera y cuánta escritura inútil se evita:

0,2314 g de substancia	dieron		0,4063 g CO_2 y 0,0,806 g H_2O
0,1921 g	»	»	0,0497 g AgCl (determ. del Cl)
0,2131 g	»	»	0,0554 g AgCl (» de la Ag)
0,3251 g	»	»	21,6 cm^3 N_2; $p = 748$ Torr; $t = 12^0$.

	C	H	Cl	Ag	N	O
lg N =	60885	90634	69636	74351	33445	
lg F =	43599	04887	39334	87658	07146	
1 — lg S =	63564	63564	71647	67142	48798	
lg P =	68048	59085	80617	29151	89389	15836 [1]
lg de pes. atóm. =	07954	00350	54970	03294	14638	20412
diferencias =	60094	58735	25647	25857	74751	95424
diferencias mín. =	25647	25647	25647	25647	25647	25647
diferencias =	34447	33088	00000	00210	49104	69777
relac. pes. atóm. =	22,1 :	21,4 :	1,0 :	1,0 :	3,1 :	5,0

Fórmula más probable: $C_{22}H_{21}ClAgN_3O_5$

C_{22} =	264,22 =	47,97 %;	encontrado	47,9	
H_{21} =	21,170 =	3,84 %;	»	3,9	
Cl =	35,457 =	6,44 %;	»	6,4	85,6%
Ag =	107,880 =	19,59 %;	»	19,6	
N_3 =	42,024 =	7,63 %;	»	7,8	
O_5 =	80,000 =	14,53 %;	(por diferencia)	14,4	
M =	550,75 =	100,00 %			

	C_{22}	H_{21}	Cl	Ag	N_3	O_5
lg de la suma de los átomos =	42196	32572	54970	03294	62350	90309
1 = lg M =	25903	25903	25903	25903	25903	25903
lg P =	68099	58475	80873	29197	88253	16212

[1]) $P_C + P_H + P_{Cl} + P_{Ag} + P_N$ es $47,9 + 3,9 + 6,4 + 19,6 + 7,8 = 85,6$, es decir, $P_O = 14,4$, como complemento a 100, o sea lg $P_O = 15836$.

La significación de las series de números que acabamos de dar es la siguiente. En las primeras cuatro líneas se encuentran los datos experimentales resultantes del análisis. Los pesos N de anhídrido carbónico, agua, cloruro de plata, etc., encontrados nos han de dar el tanto por ciento P de carbono, hidrógeno, cloro, etc., que contiene la substancia, lo cual se consigue del modo antedicho, multiplicando por los factores respectivos y dividiendo luego por los pesos de substancia empleada. Las tres líneas siguientes contienen los logaritmos necesarios para estos cálculos, dispuestos de manera que no necesita explicación; las sumas de los mismos dan los logaritmos de los tantos por ciento P encontrados mediante el análisis.

Si la procedencia de la substancia analizada nos da fundamento para establecer una fórmula que la represente, se pueden buscar los números correspondientes a log P y compararlos, tal como se indica más adelante, con los que teóricamente se suponen como ciertos.

En el caso de no saberse nada acerca de la constitución de la substancia investigada, los valores por ciento encontrados no tienen de momento valor alguno directo, pero pueden ser utilizados para establecer una fórmula empírica representante de la substancia analizada, para lo cual se sigue calculando del modo indicado.

La composición cuantitativa de un compuesto se encuentra condicionada por el número y el peso de los átomos que contiene su molécula y, en consecuencia, los tantos por ciento resultan como producto de los pesos atómicos conocidos y los subíndices atomicós ignorados, multiplicados por un factor constante también desconocido, es decir:

$$P_C = 12{,}010 \cdot x \cdot k,\ P_H = 1{,}0081 \cdot y \cdot k;\ P_{Cl} = 35{,}457 \cdot z \cdot k;\ \text{etc.}^{1)}$$

Para determinar los productos $x \cdot k$; $y \cdot k$; $z \cdot k$, etc., debemos dividir, pues, en primer lugar los tantos por ciento por los pesos atómicos en ellos contenidos, para lo cual se escriben los logaritmos correspondientes debajo los log P de manera que al restar resulten los logaritmos de los productos. $x \cdot k$; $y \cdot k$; $z \cdot k$. Estos productos son

3,99; 3,87; 0,18; 0,56; 0,90, —

y constituyen una serie numérica que nada nos dice en concreto. Esto es debido a que todavía contienen el factor común k, el cual puede ser o no un número entero. Pero si hacemos este factor

---

1) P_{Cl}; P_C, P_H etc., representan los tantos por ciento de carbono, hidrógeno, cloro, etc.

igual a la unidad, o a otro número entero, por lo general pequeño, que nos permita dividir todos los productos por el menor de ellos, entonces no hace falta buscar los productos en cuestión, sino que basta restar directamente de todos los logaritmos el menor de ellos [1]) tal como hemos hecho en el ejemplo dado. De esa manera se tiene la serie de productos

22,1; 21,4; 1,0; 1,0; 3,1; 5,0;

y seguramente no nos equivocaremos, habida cuenta que el factor k se ha convertido en la unidad, al suponer que la fórmula más probable del compuesto investigado es:

$$C_{22}H_{21}ClAgN_8O_5$$

Para comprobar la exactitud de esta fórmula, calculemos la composición centesimal que habría de tener teóricamente un compuesto análogo, para poder comparar de esa manera los números resultantes con los hallados en realidad. La manera de efectuar ese cálculo sin perder mucho tiempo queda especificada en el ejemplo anterior, pero hay que poner especial cuidado en la colocación de los logaritmos.

Y puesto que las discrepancias entre los tantos por ciento hallados y los valores obtenidos por el análisis químico no exceden de los errores experimentales tolerados — según muestra la serie comparativa —, la fórmula tomada como cierta es la que en efecto corresponde a la substancia investigada.

En todo el cálculo de un ejemplo tan complejo como el antedicho, no fué precisa ni una multiplicación ni una división. De no haber hecho uso de las tablas de logaritmos, se hubiera necesitado diez veces más de tiempo.

Veamos ahora hasta qué punto deben de darse cifras decimales seguras al establecer los tantos por ciento. Ya dijimos que se tomaba como norma para dar cifras decimales el considerar la penúltima como exacta y la última como incierta [2]).

Se sabe por experiencia que cuando un analista de capacidad media hace varias veces un análisis empleando métodos cuyos errores son también del orden corriente, obtiene tantos por ciento en los cuales suele variar en algunas unidades la primera cifra decimal [3]). Esta primera cifra decimal es, pues, insegura y, en consecuencia, es la única que debe tomarse, y ya en calidad de in-

---

[1]) En esta operación hay que tener en cuenta las características de los logaritmos.

[2]) Acerca de este particular véase Ostwald-Luther, "Physikochemische Messungen". Véanse también las Observaciones preliminares.

[3]) Cuando los porcentajes están comprendidos entre 10 y 50.

cierta, cuando el análisis se ha hecho una sola vez; una segunda cifra decimal carecería de significación, o mejor dicho, debe evitarse, porque daría lugar a falsa interpretación acerca de la exactitud con que se ha procedido en los análisis [1]).

Los números y los logaritmos de los "factores" a veces no se corresponden exactamente. Esto es debido al redondeamiento de los primeros; en todos los casos el logaritmo es la cantidad determinante y su utilización es general en los cálculos exactos, mientras que el número sólo se emplea para cálculos de tanteo.

Tabla VI

Cálculo de análisis «indirectos»

Mediante el análisis indirecto se determina la composición cuantitativa de una mezcla de substancias sin verificar una separación o pesada de alguna parte constituyente ni de ningún producto de transformación de las mismas. Se procede practicando determinadas transformaciones en la mezcla, cuya composición cualitativa es conocida; y por las variaciones de masa se llega a la composición cuantitativa.

Supongamos una mezcla integrada por compuestos cuyos pesos moleculares sean M_x ; M_y ; M_z, etcétera, y admitamos que en la cantidad pesada G de mezcla hay x gramos del primer compuesto, y del segundo, z del tercero, etcétera. Tendremos la relación:

$$x + y + z \ldots = G. \qquad (1)$$

Sometamos ahora esta cantidad g de mezcla a una transformación, como resultado de la cual la primera parte constituyente dé un compuesto de peso molecular $M_{x'}$; la segunda otro de peso mólecular $M_{y'}$; la tercera otro de peso $M_{z'}$; etcétera (esto no implica que todos los pesos moleculares hayan de ser distintos; puede ocurrir por ejemplo que $M_{x'} = M_{x'}$).

Si el peso total del producto resultante de la transformación es G', tendremos la nueva relación:

$$x \frac{M_{x'}}{M_x} + y \frac{M_{y'}}{M_y} + z \frac{M_{z'}}{M_z} \ldots = G'. \qquad (2)$$

Al establecer esta ecuación se ha de tener en cuenta, como es natural, la "equivalencia" de las moléculas.

Véanse también las Observaciones preliminares.

Un tercer proceso análogo nos da la relación tercera:

$$x \frac{M_{x''}}{M_x} + y \frac{M_{y''}}{M_y} + z \frac{M_{z''}}{M_z} \ldots = G''. \tag{3}$$

Se sabe que para calcular el análisis necesitamos tantas ecuaciones como incógnitas haya, es decir, en este caso tantas como compuestos distintos,

Lo antedicho quedará mejor aclarado con algunos ejemplos:

Problema. Se trata de determinar por métodos indirectos la composición cuantitativa de una mezcla integrada por cloruro potásico y bromuro potásico,

Solución 1: Transformando la mezcla en sulfato potásico. La cantidad pesada G de mezcla de substancia consta de x gramos de cloruro potásico e y gramos de bromuro potásico, y el sulfato resultante pesa G' gramos. Para simplificar pondremos KCl en vez de M_{KCl}; KBr en vez de M_{KBr} etcétera, y entonces tendremos las dos ecuaciones:

$$x + y = G, \tag{1}$$

$$x \frac{K_2 \cdot O_4}{2\,KCl} + y \frac{K_2SO_4}{2\,KBr} = G'. \tag{2}$$

Para (2) escribiremos:

$$x + y \frac{K\ l}{KBr} = G' \frac{2\,KCl}{K_2SO_4}. \tag{3}$$

Mediante la tabla II, podemos calcular muy fácilmente el valor de los factores relacionados con G' e y en la ecuación (3):

		lg 2	= 30103
lg KCl	= 87251	lg KCl	= 87251
1 — lg KBr	= 92438	1 — lg K_2SO_4	= 75878
	79689		93232

Número correspondiente: 0,62646 Número correspondiente: 0,85570

Poniendo estos valores en (3):

$$x + 0{,}62646\,y = 0{,}85570\,G', \tag{4}$$

y restando esta ecuación de la (1), se obtiene:

$$y = \frac{G - 0{,}85570\,G'}{0{,}37354}$$

Si y, el bromuro potásico, se expresa en tantos por ciento, obtenemos:

$$\text{bromuro potásico por } 100 = y \cdot \frac{100}{G}$$

$$= \frac{100}{0{,}37354} - \frac{0{,}85570}{0{,}37354} \cdot 100 \frac{G'}{G}$$

$$= 267{,}71 - 229{,}07 \frac{G'}{G}.$$

Solución 2: Transformando la mezcla en halogenuro de plata. Procediendo de manera análoga a como acabamos de decir, obtenemos:

$$x + y = G, \tag{1}$$

$$x \frac{AgCl}{KCl} + y \frac{AgBr}{KBr} = G', \tag{2}$$

$$x + y \frac{KCl}{KBr} \cdot \frac{AgBr}{KgCl} = G' \frac{KCl}{AgCl}. \tag{3}$$

lg KCl = 87251	
lg AgBr = 27369	
1 — lg KBr = 92438	lg KgCl = 87251
1 — lg AgCl = 84364	1 — lg AgCl = 84364
91422	71615

Número correspondiente: 0,82077 Número correspondiente: 0,52018

$$x + 0{,}82077\, y = 0{,}52018\, G', \tag{4}$$

$$y = \frac{G - 0{,}52018\, G'}{0{,}17923}.$$

$$\text{bromuro potásico por ciento} = y \cdot \frac{100}{G}$$

$$= \frac{100}{0{,}17923} - \frac{0{,}52018}{0{,}17923} \cdot 100 \frac{G'}{G}$$

$$= 557{,}94 - 290{,}23 \frac{G'}{G}.$$

Solución 3: Transformando la mezcla en cloruro de plata. Tenemos:

$$x + y = G', \tag{1}$$

$$x \frac{AgCl}{KCl} + y \frac{AgCl}{KBr} = G', \tag{2}$$

$$x + y \cdot \frac{KCl}{KBr} = G' \frac{KCl}{AgCl}. \tag{3}$$

lg KCl	= 87251	lg KCl	= 87251
1 — lg KBr	= 92438	1 — lg AgCl	= 84364
	79689		71615

Número correspondiente: 0,62646 Número correspondiente: 0,52018

$$x + 0{,}62646\, y = 0{,}52018\, G', \tag{4}$$

$$y = \frac{G - 0{,}52018\, G'}{0{,}37354},$$

$$\text{bromuro potásico por ciento} = y \cdot \frac{100}{G}$$

$$= \frac{100}{0{,}37354} - \frac{0{,}52018}{0{,}37354} \cdot 100 \frac{G'}{G}$$

$$= 267{,}71 - 139{,}21 \frac{G'}{G}.$$

De manera análoga se puede expresar el tanto por ciento que cualquier mezcla contiene de una de sus partes integrantes, por una ecuación de la forma

$$\text{tanto por ciento en } y = a + b \cdot \frac{G'}{G}$$

en la cual a y b pueden ser positivos o negativos.

En la tabla VI se dan los valores para a y b, además de los logaritmos correspondientes, para los casos más frecuentes de análisis indirectos.

Al adoptar un procedimiento de análisis "indirecto", hay que preguntarse de qué factores depende en cada caso la "exactitud" del método elegido. Esta exactitud varía, de una parte, con la naturaleza de las operaciones que se han de ejecutar y también conforme a la seguridad con que puedan realizarse las transformaciones bien definidas estequiométricamente, y de otra parte depende de las relaciones numéricas estequiométricas. Cuanto mayor es el coeficiente b

dado por la tabla VI, tanto más inexacto es el procedimiento considerado desde el punto de vista "puramente calculatorio", puesto que si con un valor constante de G se varía en $^1/_{1000}$, por ejemplo, el valor de G, el porcentaje y en el componente Y varía, en números redondos, en el 2 %, caso de haber transformado en sulfatos la suma KCl + NaCl, y en cambio, varía solamente en un 0,2 % cuando el producto de la reacción es AgCl. De un modo general, puede decirse que el porcentaje de error cometido al determinar G' multiplicado por $^1/_{100}$ del valor de b expresa, en orden de magnitud (la relación exacta es bastante compleja), el error del porcentaje encontrado y de la substancia en el componente Y. Es conveniente aclarar de antemano esta dependencia para poder comparar debidamente las características numéricas del método elegido con las ventajas y los inconvenientes técnicos del mismo.

Tabla VI *a*

Análisis crioscópico según Ibing - Ebert

El procedimiento que se utiliza para la "determinación crioscópica indirecta" fué indicado por G. Ibing ("Angew. Chemie", **53**. 49 [1940]) y perfeccionado luego por L. Ebert (l. c. página 128). Es obvio que este método extraordinariamente sencillo, se presta a múltiples aplicaciones.

Tabla VII (y VII*a*)

Determinación volumétrica del nitrógeno y de otros gases Tabla de reducción de gases

El nitrógeno es, de mucho, el más frecuente de los gases cuyo volumen se ha de medir como resultado de análisis químicos. Por esta razón se ha calculado la tabla VII de manera que los números contenidos en ella puedan ser utilizados directamente para el nitrógeno, mientras hay que añadir otro logaritmo para cualquiera de los otros gases. (Véanse las aclaraciones a la tabla IX).

La densidad del nitrógeno seco, a 0° C, y 760 Torr. ("densidad normal") es, según Lord Rayleigh y W. Ramsay [1]):

$$\varrho_N = 0{,}0012505 \text{ g ml}^{-1} = 1{,}2505 \text{ mg ml}^{-1}.$$

[1]) Véase Zeitschr. f. physik. Chemie, **16**, 346 (1895): Comprobado por las más recientes investigaciones; véase Landolt-Börnstein, quinta edición y tomo suplemento.

y a t^0 y presión de p mm

$$\varrho = 1{,}2505 \frac{1}{1 + \alpha t} \cdot \frac{p}{760} \text{ mg ml}^{-1}.$$

En esta fórmula, α, coeficiente de dilatación, tiene el valor [1]) $0{,}003670\ t^{-1}$.

En la tabla VII se encuentran los logaritmos (sin característica) de estos valores de ϱ para temperaturas entre 7° y 35°, y para presiones entre 670 y 789 Torr. Se tiene, pues,

$$P = \frac{V \cdot \varrho}{1000\, S} \cdot 100$$

y

$$\lg P = \lg V + \lg \varrho + (1 - \lg S)\ ^{2)}.$$

siendo

P el tanto por ciento de nitrógeno buscado,
V el número de mililitros leído.
S la substancia pesada en gramos

No resultaría práctico calcular las tablas directamente para nitrógeno húmedo, es decir, saturado de vapor de agua pura, "porque no sería aplicable al caso del nitrógeno que se recoge seco, sobre mercurio, así como tampoco se podría aprovechar para otros fines". En cambio la tabla VII tiene carácter universal. En primer término sirve para calcular el nitrógeno seco, pero también puede emplearse para calcular el nitrógeno "húmedo" y "todos los gases restantes", secos o húmedos. Si no se quiere desecar el nitrógeno, se le recoge sobre solución de potasa cáustica al 50 por 100 aproximadamente, pues entonces, según Bunsen, puede considerarse como prácticamente seco. Sin embargo, esta hipótesis no es suficiente si se requiere una gran exactitud en la determinación [3]) y por este motivo cuando se desee obtener el nitrógeno (u otro gas) completamente seco, se tratará con alguna de las substancias deshidratantes usuales y se recogerá sobre mercurio.

Caso de encontrarse húmedo, recogido sobre agua o sobre solu-

---

1) El coeficiente de dilatación del nitrógeno se diferencia, pues, notablemente del de un gas perfecto. 0,0036608 (= 1/273.16).

2) Véase atmbién la página 231.

3) A 0°C. la tensión de vapor de una solución de potasa cáustica al 51,7 por 100, es todavía de 1,5 Torr. y, por tanto, casi igual al $^1/_3$ de la tensión de vapor del agua pura (4,6 Torr); véase Landolt-Börnstein, "Physikalisch-chemische Tabellen", quinta edición, página 1382.

tente sobre el líquido de cierre del valor de la presión barométrica, y se emplea luego la tabla sin más precauciones. Para el caso muy frecuente de que el líquido de cierre sea agua, se han puesto a la izquierda de la tabla, debajo de pw, los números que se han de restar de p, según que la tensión de vapor del agua (Torr) varíe de 7° a 35°. Si, por ejemplo, se recoge nitrógeno sobre agua a 13° y 755 Torr, se busca en la tabla el valor para 13° y 755—11,2 ó 13° y 744 Torr, es decir, 06761.

Por lo general, "no hace falta interpolar" valores entre los de la tabla, es decir, basta con leer grados y milímetros sin fracciones, porque si, por ejemplo, redondeamos 13,5° y 745,5° a 13° y 746. cometemos el error máximo posible (ambos números se redondean en el mismo sentido) y obtenemos 100,24 de nitrógeno en vez de 100. En una substancia encontraríamos, por ejemplo, 10,02 por 100 de nitrógeno en vez de 10,00 por 100, ó 20,05 por 100 en vez de 20,00 por 100. Estos errores quedan muy dentro del campo de los errores corrientes [1]). No obstante, si se desea interpolar, se hallará muy facilitada la operación por las tablas diferenciales que damos.

La tabla VII*a* contiene las correcciones de las lecturas barométricas efectuadas en escala de vidrio o de latón.

Como ha encontrado L. Zechmeister (Chem.-Ztg. **52** [1928], 887), y con una exactitud por completo suficiente, entre 11° y 21° puede hacerse de un modo sencillísimo las correcciones para la humedad y la lectura barométrica hecha en escalas de ambas clases, restando en total de la presión leída tantos milímetros como grados Celsius marque el termómetro. Se presupone para ello que el líquido de cierre utilizado es el agua.

Esta regla, fácil de recordar, puede aplicarse con provecho en muchos casos.

La tabla VII puede ser también utilizada como tabla de reducción de gases para cualesquiera de estos gases recogidos secos o húmedos, es decir, sobre agua (o saturados de vapor de agua a la temperatura del ensayo). 1 ml. de nitrógeno pesa 0,0012505 g.; el log de este número es 09708. Si se resta este log del correspondiente log que la tabla VII dé para la presión y temperatura reinantes, se obtiene el log del número por el cual se ha de multiplicar el volumen me-

[1]) Cuando las substancias son muy ricas en nitrógeno, se recomienda el método de cálculo de T. Mohr (véase la tabla VIII de la página 115)

dido de gas para reducirlo en estado seco a 0° C y 760 Torr; si el gas está húmedo, se ha de restar de la presión leída la tensión del vapor de agua. En todos los casos se ha de corregir la lectura barométrica como hemos dicho.

La reducción del volumen leído a t^0 y p Torr, seco o húmedo, se lleva a cabo sumando:

el log del volumen leído en ml.
el log correspondiente de la tabla VII
el número 90292 como complemento a diez de 09708.

Ejemplo: El volumen de un gas recogido sobre agua fué leído a $t = 20°$ y $b = 756,0$ Torr (en barómetro con escala de vidrio) resultando ser 47,30 ml. Se pregunta cuál es el volumen reducido a 0° y 760 Torr del gas seco.

La corrección de humedad es 17,5 Torr, la de la lectura barométrica es 2,6 Torr y, por consiguiente, la presión parcial del gas es 756,0—17,5—2,6 = 735,9 Torr.

Además:

log 47,30	= 67486
log de la tabla VII (20°, 736 Torr)	= 05240
complemento a diez de 09708	= 90292
	63018

El número correspondiente a 63018 es 4268 y, en consecuencia, el volumen de gas reducido será 42,68 ml.

Tabla VIII

Esta tabla no necesita ninguna aclaración.

Tabla IX

Determinación volumétrica de los gases más importantes

La tabla VII se puede utilizar también para calcular el peso de otros gases cuyo volumen se ha medido seco o húmedo, a t^0 y b Torr. Según la ley de Avogadro, 1 ml. de un gas de peso molecular M pesa, dentro de la validez de la ley, M veces más que 1 ml. del gas normal de peso molecular 1, considerado bajo las mismas condiciones.

Se obtiene, pues, el log del peso de a ml. del gas de peso molecular M, medido a t^0 y b Torr sumando

el log de a (leído en ml.)
el log correspondiente de la tabla VII
el log de M
el número (mantisa) 55240

El número 55240 es la diferencia entre 64948 y 09708, es decir, el log del peso del litro de gas normal (0,044615 g.) y de nitrógeno (1.2505 g.), el logaritmo que reduce el peso de un volumen de nitrógeno al peso de un mismo volumen de gas normal medido en iguales condiciones. Si se ha medido húmedo el gas, hay que restar de la presión barométrica la tensión del vapor de agua, tal como se dijo en las aclaraciones a la tabla VII.

Ejemplo: ¿Cuánto pesan 37,1 ml. de hidrógeno, medidos a 23° y 763 Torr, sobre agua?

En este caso particular $p = 763 - 21{,}1 - 2{,}9 = 739$ Torr, ya que la tensión del vapor de agua es 21,1 y la corrección de lectura barométrica es 2,9, o sea en conjunto 24 Torr, que se han de restar de la lectura barométrica. Tendremos, pues:

log a o 37,1	= 56 937
log de la tabla VII	= 04 973
log de M o 2,0162	= 30 453
Reducción a gas normal	= 55 240
	47 603

El número correspondiente a este logaritmo es 29925. La posición de la coma se deduce como sigue: Según la tabla IX, 1 ml. de gas normal pesa 0,044615 mg. y el hidrógeno ($M \approx 2$), aproximadamente el doble; luego 37 ml. de hidrógeno han de pesar 0,04.2.37, o sea 3 mg. en números redondos. El número resultante del logaritmo anterior sólo puede ser, en consecuencia, 2,99, y no 29,9 ó 0,299 mg. No se deben dar más de tres cifras, es decir, no se escribirá 2,9925 mg., porque el volumen leído sólo iba expresado con tres cifras y, además, la medida de la presión tampoco tiene garantía de más exactitud.

Casi con la misma facilidad se llega a idéntico resultado empleando la fórmula dada al pie de la tabla IX para el peso de 1 ml. de un gas ideal de peso molecular M.

$$\text{Peso} = M \,.\, 0{,}00016036 \,.\, \frac{p}{T} \text{ gramos}$$

Siendo a los ml. de gas, se han de sumar:

el log de a, o sea 37,1	= 56937
el log de M o 2,0162	= 30453
el log de 0,00016036	= 20509
el log de p, o 739	= 86864
1 — log de T, o 296,16	= 52847
	47610

La ligera diferencia entre el logaritmo final respecto del cálculo hecho anteriormente, es debida a que el coeficiente de dilatación del nitrógeno que sirve de base a los números de la tabla VII difiere algo del de un gas ideal, que fué el utilizado en el cálculo anterior (véase la nota al pie de la página 240). Si se quisiera proceder con sumo rigor, se habría de tener en cuenta en cada gas su coeficiente de dilatación individual y cuantos detalles le apartasen del comportamiento de un gas ideal. Pero estas complicaciones resultan innecesarias si se tiene en cuenta la magnitud del error de experimentación normal cuando se miden volúmenes gaseosos.

En cambio, en muchos de los más importantes gases medidos con frecuencia, difiere el volumen del mol — ya bajo condiciones normales — tan considerablemente del de un gas ideal, que el cálculo del peso, hecho partiendo del volumen tomando como base la ley de Avogadro. según acabamos de explicar, conduce a errores grandes. Por esta razón se han calculado para dichos gases ciertos factores partiendo de las "densidades empíricas", cuyos logaritmos se encuentran en la última columna de la tabla IX, los cuales se ponen en el lugar de los dos últimos logaritmos del cálculo anterior, tal como se indica en dicha tabla IX.

Ejemplo: ¿Cuánto pesan 43.7 ml. de nitrógeno medidos a 17° y 757 Torr recogidos sobre agua?

En este caso $p = 757 - 14{,}5 - 2{,}2 = 740$ Torr, ya que la tensión de vapor de agua es 14,5 Torr, y la corrección barométrica 2,2 Torr, o sea en conjunto 16,7, o bien 17 Torr en números redondos, cantidad ésta que se ha de restar de la lectura. Tendremos, pues:

log V (o sea 43,7 ml)	= 64048
log de la tabla IX	= 05923
log de la tabla VII	= 03009
	72980

El número correspondiente a este logaritmo es 5368 y, en consecuencia, el peso será 53,7 mg., ya que, según la tabla IX, 1 ml. del gas pesa en números redondos 1.3 mg., y 43 ml. han de pesar aproximadamente 50 mg.

Tabla X

Determinación volumétrica de substancias capaces de desprender gases

Cuando una substancia es capaz de desprender un gas según una relación estequiométrica determinada, se puede calcular el peso de la substancia que desprende el gas midiendo el volumen de gas producido. Este gas no se pesa, por lo general, sino que se determina su volumen en ml. a t^0 y p Torr, seco o húmedo. Luego se determina el peso valiéndose de las tablas VII y IX, y se multiplica este peso por la relación de equivalencia entre la substancia que produjo el gas y el gas producido. El log de la tabla IX y el log de la relación equivalente se determina de una vez para siempre en conjunto y se utiliza así como log de transformación. Algunos logaritmos de esta clase referentes a varios casos importantes se dan en la última columna de la tabla X.

De lo antedicho se deduce la introducción al uso de la tabla X dada en la página correspondiente.

Ejemplo: 1 : 0,250 gramos de polvo de cinc dieron 79,6 ml. de hidrógeno, medidos sobre agua a 20° y 742 Torr. ¿Qué tanto por ciento de cinc metálico contiene el polvo de cinc?

La corrección de humedad es 17,5 mm., la de la lectura barométrica 2,6 Torr, o sea $p = 742 - 17,5 - 2,6 = 722$ Torr. Para expresar el cinc hallado en tanto por ciento del polvo de cinc, hay que dividir por el peso del polvo de cinc empleado, es decir se ha de añadir al log encontrado el complemento a diez del log de 0,250. Tendremos:

log V_t (o 79,6 ml.)	= 90091
log de la tabla VII	= 04406
log de la tabla X	= 36757
1 — log 0,250	= 60206
	91460

El número correspondiente a este log es 82148. El polvo de cinc contiene, pues, 82,1 de cinc por 100 y no 8,22 por 100. El lugar de la coma se deduce de los datos de la tabla X, según los cuales 1 ml. de hidrógeno corresponde aproximadamente a 2,9 mg. de cinc, es decir, 80 ml. corresponderán a unos 0,23 g. Se han hallado, pues, en números redondos $100 \cdot \frac{0,23}{0,25} = 82,1$ por 100 y no 8,22 por 100 de cinc.

Ejemplo 2: 0,1487 g. de nitro de Chile dieron 37,1 ml. de óxido nítrico, medidos a 767 Torr y 13° sobre agua. ¿Qué tanto por ciento de nitrógeno contiene el nitrato sódico?

La presión es: $p = 767 - 11,2 - 1,7 = 754$ Torr. Tenemos, pues:

log 37,1	= 56937
log Tabla VII	= 07341
log Tabla X	= 69923
1 — log 0.1487	= 82769
	16970

El número correspondiente a este logaritmo es 1478. En consecuencia, el nitro de Chile contiene (según puede verse por un cálculo de tanteo) 14,8 por 100 de nitrógeno. El nitrato sódico químicamente puro ha de tener 16.48 por 100 de nitrógeno.

Los ejemplos que acabamos de aducir muestran con cuanta sencillez y comodidad se pueden hacer, utilizando las tablas VII y X, unos cálculos que de lo contrario resultarían muy pesados y largos.

Tabla XI

Transformación del vol. $^0/_{00}$ en mg/m^3 (y viceversa) en las mezclas de gases de peso molecular M comprendido entre 1 y 304. Utilizable para 0° C. y 760 Torr

Esta tabla permite calcular cómodamente uno de ambos datos conociendo el otro, transformación interesante en diversos sectores de la técnica, pero particularmente en el de la protección antigas. Los valores numéricos de ambas columnas en negro, que corresponden a los pesos moleculares indicados en rojo, se han tomado de manera que al final de cada número no haya ningún cero que pueda engañar sobre una supuesta mayor exactitud del mismo.

Con los siguientes ejemplos es como mejor queda aclarado el uso de la tabla XI.

1. Transformación de vol. por 1.000 en mg/m³.

El gas que interesa en la mezcla gaseosa dada es el "acetileno" ($M = 26$). Supongamos que en esta mezcla hay 3.5 vol. por 1.000 del mismo. ¿Cuántos mg. de acetileno están contenidos en un metro cúbico de mezcla?

Para $M = 26$, a 1 vol. por 1.000 corresponden $x = 1160$ mg/m Por consiguiente, la mezcla gaseosa contiene $3{,}5\ x = 3{,}5 \cdot 1160 = 4060$ mg/m³. o 4.06 g/m³.

Este resultado puede comprobarse con auxilio de la tabla IX, haciendo un cálculo de tanteo. 1 vol. por 1.000 de 1 m³ es 1 litro y un litro de acetileno pesa 1,1709 g. La diferencia a 1,160 g., o sea al número dado por la tabla XI, proviene sencillamente de que este número ha sido calculado para los gases perfectos, mientras que la tabla IX contiene los pesos por litro encontrados experimentalmente para los gases reales. Para fines prácticos esta diferencia carece en absoluto de importancia.

2. Transformación de mg/m³ en vol. por 1.000.

Una mezcla gaseosa contiene 680 mg/m³ de cloro ($M = 71$). ¿Cuántos vol. por 1.000 hay del mismo?

Según la tabla XI, para $M = 71$ $y = 0{,}000315$ vol. por 1.000. Este número multiplicado por 680 nos da el valor buscado, que es 0,214 vol. por 1.000.

La comprobación con la tabla IX nos da:

0,214 l. de Cl' pesan $0{,}214 \cdot 3{,}22$ g. = 690 mg. Esta concordancia es la que sólo cabe esperar de la comparación entre los gases reales y los gases perfectos.

3. Determinación del peso molecular de un gas con las relaciones entre su vol. por 1.000 y su peso en mg./m³.

Supongamos que se ha encontrado, verbigracia en la adsorción con carbón activo, que uno de los componentes de una mezcla gaseosa constituye el 1,2 por 1.000 en volumen y se halla en cantidad de 5,2 g. por m³, resultando, por tanto, que por 1 vol. por 1.000 hay $\frac{5{,}3}{1{,}2} = 4{,}42$ g./m³, o 4420 mg./m³. En la columna encabezada $x/100$ de la tabla XI buscaremos la centésima parte de este valor, o sea 44,2 mg./m³, encontrándose así para el peso molecular respectivo el valor $M = 99$. Este peso corresponde al gas fosgeno ($COCl_2$, $M = 98{,}924$).

Como es natural, los cálculos precedentes se ejecutan empleando logaritmos (siempre y cuando no puedan hacerse mentalmente).

Tabla XII

Determinación de pesos moleculares

I. Método de V. Meyer, desalojando el aire

B. Para poder utilizar la tabla VII de reducción de volumen de un gas, se ha referido el peso molecular buscado al del nitrógeno (28,016). Si el tubo de vaporización estaba lleno de un gas seco, hay que restar de la lectura barométrica la tensión de vapor de agua y la corrección barométrica. Si el tubo se encuentra lleno (como ocurre, por lo general) de aire ordinario, basta con restar la mitad del valor de la densidad del vapor de agua para que no resulte errónea la medida en relación con los errores restantes de este método.

Ejemplo: 0,0891 g. de acetamida dieron 37,3 ml. de aire, medidos sobre agua a 19° y 763 Torr. El tubo del aparato se encontraba lleno de aire ordinario, es decir, de aire a medio saturar de vapor de agua. ¿Cuál es el peso molecular de la acetamida?

En este caso $p = 763 - \frac{1}{2} \cdot 16.5 - 2,4 = 752,3$ Torr.

log 28,016	= 4474
log 0,0891	= 9499
1 — log 37,3	= 9365
1 — log de la tabla VII	= 4283
	7621

El número correspondiente a 7621 es 5782, es decir, el peso molecular $M = 57.8$ (no 57,82). La fórmula de la acetamida C_2H_5NO requiere $M = 59,05$. El cálculo se hizo con logaritmos de cuatro cifras, más que suficientes para este caso.

II. Por el descenso del punto de congelación o el aumento del punto de ebullición

La fórmula que hemos dado para deducir el peso molecular de substancias disueltas del desplazamiento del punto de congelación y del punto de ebullición debido a la presencia de dichas substancias es solamente válida para concentraciones suficientemente pequeñas. Si la concentración aumenta excediendo del límite permisible, esta transgresión se manifiesta por un viraje en los resultados.

En casos favorables es posible calcular con precisión pesos moleculares, prácticamente constantes, basándose en el descenso del punto de congelación, si se utiliza una fórmula más exacta, pero mucho más complicada (véase W. Prahl, Augen. Chem. **52**, 481 [1939]).

Tabla XIII

Determinación de la densidad (ρ_{t^o}) de un líquido por pesada en el aire

Siguen todavía considerándose y aplicándose como equivalentes los conceptos densidad y peso específico. En realidad ambos son completamente distintos, aunque sus valores numéricos son con frecuencia prácticamente (o exactamente iguales. Por este motivo es necesario aclarar su verdadera significación.

La "densidad" (o "masa específica") es la masa de la unidad de volumen de una substancia, es decir, la masa de la unidad legal de volumen, el mililitro (1 ml. = 1,000027 c. c.), expresada en gramos. Como que la masa es independiente del lugar de la Tierra (o del espacio sideral). también lo es la densidad de una determinada substancia en condiciones invariables de presión y temperatura. Por este motivo el concepto densidad solamente debería emplearse en el estricto sentido indicado, evitando modificar su condición de unívoca con atributos (real, aparente, absoluta, relativa) que pueden dar lugar a confusiones y equívocos. Cada substancia (homogénea) tiene sólo "una" densidad, dada por la relación $\frac{\text{masa}}{\text{volumen}}$, a una temperatura y una presión determinadas. La temperatura correspondiente a un determinado valor de la densidad se indica como subíndice a la derecha del símbolo ρ adoptado para la densidad; por tanto, la designación significa que la densidad se ha determinado a 20° Celsius. Es obvio indicar la presión en cualquier cuerpo líquido o sólido cuando discrepa poco de la presión atmosférica normal. Por el contrario, en los gases es preciso indicar también siempre la presión.

En general, la "masa" se determina midiendo el "peso" proporcional a la misma, es decir, la presión que un cuerpo ejerce sobre la base que lo sostiene. Esta presión depende de la fuerza de gravedad y de las fuerzas de empuje que se oponen a la misma; estas últimas aumentan con la densidad del medio que rodea al cuerpo y, en el caso de ser iguales las densidades del cuerpo y de dicho medio, contrarrestan completamente la acción de la gravedad, por lo que entonces el cuerpo ya no ejerce presión sobre una base, sino que, por el contrario, queda en suspensión sobre la misma (principio de Arquímedes). Como se sabe, los métodos de medición de la densidad por desalojamiento (métodos de inmersión, areometría), están fundados en estas relaciones.

De lo dicho se deduce que el peso de un cuerpo (en contraposición a su masa) depende de la magnitud de la fuerza de gravedad, que es distinta según el lugar en la Tierra — y en primer término en el espacio sideral —, así como de la densidad variable del medio circundante, y en general del aire, por lo que es también variable. Puede eliminarse la dependencia de lugar en la "determinación de masas" siguiendo el método usual de pesadas, puesto que el cuerpo que ha de pesarse y las pesas utilizadas para ello son afectados en igual medida por cualquier variación de la fuerza de gravedad. En cambio, en otros métodos, por ejemplo, al utilizar una báscula de resorte, las variaciones de dicha fuerza afectan solamente al cuerpo que se pesa.

Sin embargo, en todos los casos se hace sensible la influencia de las fuerzas de empuje cuando — como es lo corriente — la determinación del peso no se hace en el vacío, sino en el aire y el volumen desalojado por el cuerpo que se pesa (lo que sucede generalmente) es distinto del ocupado por las pesas utilizadas para pesarlo.

Al hacer la pesada en la balanza de brazos, un cuerpo, cuya densidad sea menor que la de las pesas, parece tanto más ligero, con relación a su peso en el vacío. cuanto más denso es el aire, es decir, cuanto mayor es la presión del aire, más baja es la temperatura y más seco está el aire.

Sólo en el estricto sentido de la palabra puede considerarse "numéricamente" igual a la masa del cuerpo pesado el valor de este peso una vez librado de la acción del empuje y reducido a un valor medio de la fuerza de gravedad. Hay que tener en cuenta esto al deducir la densidad de un cuerpo partiendo de los resultados de las pesadas del mismo en el aire.

En la terminología rigurosamente científica se llama "peso específico" al "peso de la unidad de volumen" (ml.) de un cuerpo, o sea la presión ejercida por un ml. del mismo sobre la base que lo sostiene. Por consiguiente, la magnitud del peso específico viene dada por la relación $\frac{\text{fuerza}}{\text{volumen}}$, es decir, $\frac{\text{peso}}{\text{volumen}}$, y se diferencia de la correspondiente a la densidad en el factor aceleración (fuerza $=$ masa $\times$ aceleración).[1])

[1]) En Alemania, la AEF (Ausschuss für Einheiten und Formelgrössen) ha recomendado emplear la palabra "Wichte" para designar el peso específico, vocablo que pone de manifiesto la analogía entre esta magnitud y la densidad ("Dichte"). Véase la quinta edición especial de la AEF, copiada del texto de la Elektrotechnischen Zeitschrift, página 15. Julius Springer, Berlín 1937; Normblat DIN 1306.

Lo que en la práctica de las mediciones técnico-científicas se determina como "peso específico", no es en realidad este peso, sino una "magnitud adimensional" (absoluta, abstracta) que nos indica la relación que hay entre el peso de un cuerpo dado y el peso del mismo volumen de un cuerpo de comparación (cuerpo de referencia). Como tal, sirve generalmente la substancia normal "agua", y como peso de comparación se toma el del agua a la misma temperatura a la que se ha pesado también el cuerpo, o bien el del agua con la máxima densidad, es decir, a 4° C. Así se tienen indicaciones tales como "peso específico a t^0, referido al agua a t^0": $d\frac{t^0}{t^0}$, o "peso específico a t^0 referido al agua a 4°": $d\frac{t^0}{t^0}$.

Con la indicación referido al agua a t^0 ($t^0 \gtrless 4$) se expresa que, por principio, no se trata del peso específico, es decir, de la magnitud correspondiente a la unidad de volumen, sino de un valor que, en general, está referido a otro volumen distinto del ml. (también 1 g. de agua a 4° ocupa, cuando se pesa en el aire, un volumen que es algo distinto de 1 ml).

Por consiguiente, es inexacto acompañar esa clase de indicaciones con la designación "peso específico, etc.". Es más correcto hacer resaltar claramente su condición de magnitud adimensional y darles la designación "relación de pesos por substitución"[1]) indicando las temperaturas del cuerpo dado y del cuerpo de comparación (agua) y empleando el símbolo τ Ha de quedar expresado de esta manera que se ha llegado a estas relaciones por pesadas hechas en el aire, lo que se indica añadiendo el índice *L*.

La relación de pesos por substitución para un líquido dado (que es el caso más corriente) se determina por lo regular estableciendo por pesada cuanto líquido y cuanta agua puede contener el mismo recipiente hueco (matraz aforado, picnómetro), por razones prácticas a la misma temperatura t^0 La cantidad de agua a 4° que la misma vasija podría contener se determina mediante la tabla XIV, basándose en las densidades del agua a t^0 y 4°.

Se emplea la siguiente notación:

---

[1]) El "peso por substitución" y el "peso" en el vacío, se diferencian entre sí en el "empuje".

Concepto	Símbolo de fórmula
Relación de pesos por substitución para $\frac{t^0}{t^0}$ (determinado en el aire)	$\tau_L \frac{t^0}{t^0}$
Relación de pesos por substitución para $\frac{t^0}{4^0}$ (determinado en el aire)	$\tau_L \frac{t^0}{4^0}$.

Por reducción al vacío, con la relación $\tau_L \frac{t^0}{4^0}$ puede calcularse la densidad del cuerpo investigado, o sea el valor ρt^0, (véase la tabla XIII).

La diferencia entre la densidad ρt^0 y la relación de pesos por substitución $\tau_L \frac{t^0}{4^0}$ sólo es importante en las mediciones muy exactas (a partir de la cuarta decimal). Para todas las determinaciones de la densidad menos precisas (hasta con tres decimales) puede prescindirse, sin cometer error sensible, de referir al vacío los valores de dicha relación y poner prácticamente $\tau_L \frac{t^0}{4^0} \rho = t^0$.

En esta obra no se emplea la designación "peso específico".

Tabla XIV

Densidad del agua (ρ_w) a distintas temperaturas (t^0 C), y logaritmos respectivos

Esta tabla contiene los valores que sirven de base para pasar, mediante la tabla XIII, de $\tau_L \frac{t^0}{t^0}$ a $\tau_L \frac{t^0}{4^0}$ y a las densidades ρt^0.

Tablas XV y XV *a*

Determinación gravimétrica de volúmenes

La tabla XV se emplea cuando se ha de determinar por pesada con agua o mercurio el volumen de picnómetros, pipetas, vasijas aforadas, o buretas.

Como unidad se emplea en estos casos el "litro verdadero". Todavía no se tiene un concepto bastante claro y definido de la significación de esta unidad en la práctica y vamos a explicarla. El litro verdadero es el espacio que ocupa 1 kg. de agua pura a 4° C, pesado en el vacío; es tan sólo algunas cienmilésimas mayor que el dm^3 ($=$ 1.000027 dm^3). En la misma relación es el mililitro

(1 ml. = 0,001 l.) mayor que el centímetro cúbico. En la práctica no se tienen en cuenta estas ligeras discrepancias y se dan como centímetros cúbicos lo que en rigor son mililitros, es decir, se hace 1 cm^3 = 0,001 l. (véase también la página 249). Esta diferencia no tiene importancia para la mayoría de los cálculos.

El litro verdadero, es decir, un espacio invariable de por sí, suele construirse en vasijas de vidrio para los fines físicos y químicos. Para hacer más cómoda la medida, no suele determinarse el volumen a 4°, temperatura ésta a la cual tiene el agua su máxima densidad, sino a temperaturas mayores, por ejemplo 15°. 17,5°, 20° ó 28°. Debido a la dilatación del vidrio, por la cual aumenta el volumen de una vasija de vidrio en $^1/_{40\,000}$ de su valor por cada grado que se eleva la temperatura, la marca en el cuello de la vasija aforada queda tanto más baja cuanto mayor es la temperatura en relación con la que sirvió para aforar dicha vasija.

La determinación del volumen se lleva a cabo pesando la vasija llena de agua o de mercurio, haciéndose la pesada en el aire en vez de efectuarla en el vacío, por razones de orden práctico. Por esta causa hay que considerar la corrección oportuna, porque el aire actúa en un platillo sobre la vasija y en otro sobre las pesas. Un cuerpo de peso G y densidad ρ_1 pesado en aire de densidad δ, sufre una disminución de peso de $\frac{G \cdot \delta}{\rho_1}$ gramos, mientras que para las pesas de densidad ρ_2 dicha disminución es $\frac{G \cdot \delta}{\rho_2}$ El cuerpo tiene, pues, al ser pesado en el aire. un peso menor en $G \cdot \delta \cdot \left(\frac{1}{\rho_1} - \frac{1}{\rho_2}\right)$ gramos.. Los valores de la tabla XV han sido calculados suponiendo que se pesa en aire de densidad 0,00120, con pesas de latón (ρ_2 = 8,4). En estas circunstancias, el producto de δ por la expresión del paréntesis da el valor = + 0,00106, cuando se pesa con agua (ρ_1 = 1,00); y si se pesa con mercurio resulta el valor — 0,00005. La acción del mercurio es, pues, contraria a la del agua en relación a las pesadas en el vacío, es decir, da una pesada mayor que la hecha en el vacío, si se utilizan (como es lo corriente) pesas de latón.

La densidad del aire 0,00120 tomada como base de la tabla XV se refiere al aire seco, a la presión de 760 Torr y la temperatura de 21°. Los valores de la tabla resultan disminuídos en una unidad de la última cifra decimal, cuando se pesa con agua, si la presión del aire aumenta en 7 Torr y quedan aumentados en la misma cantidad si la temperatura sube 3°, o también cuando el aire tiene una presión parcial de vapor de agua igual a 19 Torr, permaneciendo invariable la altura barométrica. Conocidos estos datos, es fácil darse cuenta de las correcciones que se han de introducir cuando las medidas se llevan a cabo fuera de las condiciones normales antedichas. Las variaciones debidas a estos factores son tan pequeñas cuando se pesa con mercurio, que prácticamente jamás se hace corrección ni aun en una unidad de la última cifra decimal.

Ejemplo: Una vasija aforada pesada llena de agua a 18,1° dió para ésta un peso de 67,3465 g. La presión atmosférica era 758 Torr, la temperatura del aire 20° y la tensión del vapor de agua 7 Torr. Las correcciones serán, en consecuencia: Presión = + 0.3. Temperatura = — 0,3. Humedad = + 0,4 (todo en unidades de la última cifra decimal). Tomando números redondos, queda la corrección total por debajo de una unidad y, por consiguiente, se puede despreciar. El volumen de la vasija a 18,1° será:

$$V_{18,1} = \frac{1000 \cdot 67,3465}{997,54} \text{ ml.} = 67,513 \text{ ml.}$$

En el ejemplo anterior hemos supuesto que la exactitud no ha de ser excesiva y pueden emplearse, por consiguiente, tablas de logaritmos de cinco cifras. De no ser así habría de recurrirse a una tabla de siete cifras, Los logaritmos de los valores de la tabla XV han sido dados en todos los casos con siete cifras y corresponden a números calculados hasta la tercera decimal (aquí no indicados).

A 15° en este ejemplo el volumen sería el siguiente:

$$V_{15} = V_{18,1}\left(1 + \frac{15 - 18,1}{40000}\right) = 67,513 \cdot \frac{39997}{40000} = 67,508 \text{ ml.}$$

La tabla XV*a* puede prestar buenos servicios en la verificación de utensilios de medición, tales como matraces, pipetas, etcétera, con capacidades expresadas en números redondeados (artículos comerciales). Permite calcular de una manera sencilla, con los resultados de las pesadas hechas con agua a la temperatura deseada, las diferencias entre el volumen real de la vasija y el volumen que debería tener a la temperatura normal (20° ó 28°). La tabla XV*a* nos da directamente el peso que debe tener el volumen de agua contenido a la temperatura normal en una vasija exacta al hacer la pesada (a la temperatura normal elegida). Del resultado de esta pesada se deduce entonces sencillísimamente el error del contenido de la vasija a la temperatura normal. Podríamos prescindir aquí de los logaritmos de los pesos por litro porque en tales casos se trata generalmente de valores redondeados, que pueden multiplicarse fácilmente por los pesos por litro sin recurrir a los logaritmos.

28° es la "temperatura normal en los trópicos".

Si la determinación del volumen ha de hacerse con una exactitud hasta de 0.00001 de su valor (correspondiente a una unidad de la segunda decimal de los números de las tablas XV y XV*a*), no solamente hay que tener en cuenta la variabilidad de la densidad del aire y la consiguiente variación del empuje, sino que también hay que verificar la "densidad de las pesas utilizadas". En general para las pesas de latón (doradas, platinadas o niqueladas) se toma la densidad 8,4. Al hacer la pesada con agua, el empuje debido al aire varía a causa de las oscilaciones de la densidad de las pesas, que son del orden de un 1 por 100 por cada 0,5 unidad de aumento de la densidad. A esta variación corresponde una disminución de los valores de w de las tablas XV y XV*a*, que es del orden de una unidad de la segunda decimal.

En las pesas de latón, las variaciones (hacia abajo) de la densidad pueden ser debidas a la existencia de huecos debajo del botón enroscado de aquéllas. Por este motivo solamente deben utilizarse juegos de pesas de procedencia garantizada y en ciertos casos provistas del sello de fiel contraste.

Tabla XVI

Correcciones de temperatura para el análisis volumétrico

En general, el agua y las soluciones acuosas se dilatan por el calor y se contraen al enfriarlas; en consecuencia, la concentración de una solución acuosa aumenta cuando se enfría y disminuye cuando se calienta. Los errores debidos a esta causa, que se cometen al valorar con soluciones a cualquier temperatura distinta de lo normal, quedan compensados, en una pequeña parte, por la capacidad de variación de temperatura del interior de las vasijas de vidrio.

En los análisis volumétricos exactos conviene saber el volumen que tendría una solución que se ha ajustado a la temperatura normal (20°), pero que se ha medido a otra temperatura distinta, cuando la vasija y la solución se hayan ajustado nuevamente a la temperatura normal. Para esto sirve la tabla XVI, la cual indica cuántos mililitros hay que añadir a un litro de solución (corrección positiva) o restar de un litro de solución (corrección negativa) para obtener este volumen a la temperatura normal.

Las correcciones que hay que hacer se deducen de los coeficientes de dilatación de los líquidos utilizados y del vidrio. Prácticamente las soluciones decimales tienen el mismo coeficiente de dilatación que el agua pura y, por tanto, pueden tomarse también para las mismas las correcciones de la tabla XV*a*.

Si, por ejemplo, se desea saber el volumen que ocuparían a 20°, 25,20 ml. de una solución 0,1 n. a 26°. basta ver en la tabla XV_a que un litro de agua a 20° pesa 997,17 g. y que a 26° pesa 995,90 g., o sea 1,27 g. menos, por lo que al calentarse 1000 ml. desde 20° a 26° en las vasijas de vidrio, se dilatan en 1,27 ml. en números redondos. Por consiguiente, los 25,20 ml. medidos a 26° se contraerían en $\frac{1,27 \cdot 25,2}{1000} = 00,3$ ml. al enfriarlos a 20° y ocuparían un volumen de 25,17 ml.

Tabla XVII

Densidad y contenido de las soluciones acuosas. (Preparación de soluciones normales partiendo de la densidad)

La tabla XVII da en siete tablillas parciales, la relación entre las densidades de las solucione más importantes y empleadas, a 20°, y su contenido (en tantos por ciento y en moles/litro).

Estas tablillas, calculadas sobre las bases más seguras, son suficientemente exactas para preparar con las mismas soluciones volumétricas. Para ello es necesario, manteniendo cuidadosamente constante la temperatura de 20°, determinar exactamente en una unidad de la cuarta decimal, la densidad de la solución. Este procedimiento da líquidos valorados que son exactos en 0,1 por 100 (Véase Chem.-Ztg. **26**, 1055 [1902]; Berichte **38**, 150 [1905]).

Ejemplo: Para un ácido clorhídrico se ha encontrado la densidad 1,0835. Según la tabla XVII, tablilla *b*, un ácido de densidad 1,0800 gml^{-1} es 4,878 m. y otro de densidad 1,0850 gml^{-1} es de 5,192 m. Interpolando encontramos para la densidad 1,0835 la molaridad

$$4,878 + \frac{35}{50} \cdot (5,192 - 4,878 = 4,878 + \frac{35}{50} \cdot 0,314 = 5,098 .$$

Por consiguiente, diluyendo un volumen de ácido hasta formar 5,098 volúmenes, tendremos una solución de molaridad exactamente $^1/_2$ n = 1 m.

Tabla XVIII

Temperatura y densidad del mercurio

La tabla XVIII no necesita aclaración.

Tabla XIX

Logaritmos de los valores de $\frac{n^2 - 1}{n^2 + 2}$

Esta tabla sirve para facilitar el cálculo de refracciones molares con los índices de refracción (n). Es suficiente para la mayor parte de fines de la química orgánica. En caso necesario hay que recurrir a tablas más extensas.

Tabla XX

Solubilidad a 20° de las substancias más importantes

La tabla da las solubilidades de las substancias más importantes, en particular las más usadas como reactivos en el laboratorio. En la columna encabezada con % se da el tanto por ciento de las soluciones acuosas saturadas a 20°, referido a la substancia cuya composición indica la fórmula correspondiente en la columna de la izquierda. Bajo la columna anh.° % se dan los tantos por ciento de la substancia anhidra. En la columna ρ_{20^0} se encuentran las densidades a 20° y en la mol/l. las normalidades moleculares de las soluciones. Los números en cuestión han sido obtenidos (salvo pocas excepciones) interpolando convenientemente los datos de las tablas correspondientes de la quinta edición de las tablas Landolt-Börnstein. Los números cursivos no valen para 20°, sino que todavía se refieren a 15°, porque para estas substancias no se tienen datos correspondientes a la temperatura normal.

Los valores marcados con un asterisco delante del nombre de la substancia son los resultados de nuevos y más profundos trabajos efectuados por Fr. Flöttmann (Zeitschr. f. anal. Chem. 73. 1 [1928]).

Tabla XXI

Puente de Wheatstone. Logaritmos de los valores de (a : (1000 — a) para a desde 1 a 999

Como que el empleo de logaritmos cuando se trabaja con el puente de Wheatstone ahorra mucho tiempo, en la tabla XXI no hemos dado los valores de a: (1000-a), según es lo corriente (véanse los tratados de Ostwald-Luther y de Kohlrausch), sino directamente los logaritmos de dichos valores. La tabla es válida para el hilo dividido como de ordinario, es decir, en 1000 unidades.

Tabla XXII

Electroquímica

A. Equivalentes electroquímicos. Elementos normales

Todavía sirve de norma para definir el culombio la cantidad de electricidad que separa 1.118 mg. de plata. Las investigaciones más modernas han confirmado exactamente este número. En cambio, el valor numérico del faradio resulta ser 96494 culombios (96494 $\pm$ 5 culombios internacionales) según el nuevo peso atómico de la plata. Pero como el culombímetro de yodo acusa para el faradio un valor algo más elevado (1 $F = 96512$), se toma el número redondeado 96500. Este número es el que ha sido tomado como base para calcular la tabla de "equivalentes electroquímicos". Al considerar los valores en relación al culombímetro de gas detonante, se ha de tener en cuenta que el volumen molar del hidrógeno es aproximadamente 0,2 por 100 mayor que el del oxígeno. También aquí van impresos en rojo los números, y en negro las mantisas de los logaritmos.

B. Potenciales

Este apartado sirve para facilitar la evaluación de fuerzas electromotrices y la elección del electrodo de referencia más adecuado. En la "tabla de potenciales" (*b*) se han reunido una serie de electrodos de referencia más usados. Pero la misma tabla contiene también algunos electrodos de medición que son utilizados para fines batmométricos (véase el apartado C). Para más pormenores véase dicho apartado C. El "diagrama de potenciales" permite conocer de una manera intuitiva las relaciones mutuas entre los potenciales de electrodo y es una guía para elegir convenientemente los electrodos (véase el apartado C).

C. BATMOMETRÍA

En estos últimos tiempos la medición de la actividad de los hidrogeniones ha ido adquiriendo una importancia creciente y hoy día esta clase de medición físico-química es la más frecuentemente empleada. Casi siempre se efectúa por vía colorimétrica (con ayuda de colorantes indicadores) y también, con mayor frecuencia todavía, por potenciometría. La relación que hay entre el potencial eléctrico y la actividad de los iones participantes es tal, que a iguales variaciones del potencial corresponden iguales valores múltiples de las actividades, por lo que el potencial es proporcional al logaritmo de la actividad iónica. Por esta razón — y también por otras razones de índole práctica — como resultado de la medición no se suele indicar la misma actividad iónica, sino su logaritmo afectado de signo negativo. Para esta dimensión se ha introducido el símbolo p_{H^+} ideado por S. P. L. Sörensen (1909) y la medición de la misma se designa casi de un modo general con el nombre de medición del p_{H^+} (medición del pe-hache). Esta costumbre pone de manifiesto que no tenemos ninguna designación generalmente admitida para dicho símbolo. La expresión de Sörensen "exponente de hidrógeno" (más correctamente: "exponente decimal de la concentración en hidrogeniones") ha tenido tan poca acogida como la designación inexpresiva "índice de hidrógeno".

Para ambos conceptos existe desde hace mucho tiempo una designación que aúna la concisión con la fácil traducción a todos los idiomas cultos. Es la designación "grado" (grado de acidez) utilizada por H. Friedenthal (Ztschr. f. Elektrochem. **10**, 114 [1904]): Así puede armonizarse la ventaja de un nombre breve y unívoco con la legitimidad histórica si se adapta nuevamente esta proposición casi olvidada y se habla de grados, décimas de grado, centésimas de grado, medición del grado, etc. (entendiendo siempre con eso y a falta de una palabra adicional especial, grados de acidez, pudiendo decirse también de una manera análoga, grados de basicidad, etcétera). Al mismo tiempo se tiene la posibilidad de formar un nombre corto y de uso internacional para la medición del grado, que es "batmometría" (de bathmós, que significa grado en griego). Las expresiones "medición del grado y "batmometría" no son más largas ni más difíciles de pronunciar que la de "medición del pe-hache). Sometemos, pues, dichas expresiones a la publicidad y las recomendamos para su uso general.

Al mismo tiempo, dado que a un grado menor (valor del p_{H^+}) corresponde una reacción ácida más intensa, proponemos designar con el calificativo "más alto" al grado de acidez "menor" y "más bajo" al grado de acidez "mayor".

Según lo que antecede, la relación entre grado y actividad hidrogeniónica, viene dada por la siguiente igualdad:

$$p_{H^+} = -\lg a_{H^+}.$$

Para pormenores, véase el apartado E.[1]

Para "fines prácticos", admitiendo de antemano que la concentración total de los iones en la solución investigada no es demasiado grande (lo mejor es que no exceda de 0,1 n.) pueden igualarse aproximadamente las actividades y las concentraciones. Si la concentración total en iones es mayor, la evaluación analítica de las mediciones del potencial conduce a resultados sensiblemente erróneos para las concentraciones iónicas que han de medirse.

Si se desea medir por vía electrométrica el grado de acidez (p_{H^+}) de una solución, es conveniente adquirir de antemano una idea aproximada de su situación, lo que puede hacerse utilizando hojas de indicadores (según P. Wulff) o papeles indicadores ("Lyphan", según G. Kloz).

Después, con ayuda del diagrama de potenciales (B. *a*) se busca un electrodo medidor adecuado para el fin propuesto (hidrógeno, quinhidrona, vidrio o antimonio), procurando que se encuentre dentro del curso rectilíneo de las líneas de potencial y de grados de acidez. Así pueden, por ejemplo, utilizarse los cuatro electrodos medidores antes citados para un grado de acidez $p_{H^+} = 6$ determinado aproximadamente; en cambio, para $p_{H^+} = 10$ únicamente puede emplearse un electrodo de hidrógeno.

El electrodo de comparación (electrodo normal) se elige luego de manera que la f. e. m. tenga un valor medido (ni demasiado

---

[1]) La expresión $p_{H^+} = -\lg a_{H^+}$ no es absolutamente correcta porque los fundamentos del sistema del p_{H^+} según Sörensen, Clark y otros, discrepan algo de los resultados obtenidos en las nuevas investigaciones sobre la actividad de los iones de hidrógeno. Las diferencias observadas en este respecto son del orden de algunas centésimas de grado; en estos últimos tiempos los cimientos de la batmometría eléctrica han sido muy removidos de nuevo por la inseguridad de la eliminación conveniente de los potenciales de difusión y se ha comenzado a buscar la manera de conseguir la supresión radical de todas las irregularidades.

grande ni demasiado pequeño) y se eviten potenciales de difusión considerables. Esto último se consigue procurando que en ambos electrodos de la pila haya grados de acidez lo menos diferentes posible.

El apartado C de la tabla XXII sirve para facilitar el cálculo de los grados de acidez con los resultados de las mediciones de potencial. Las mediciones efectuadas por H. Riehm (Ztschr. f. physik. Chem., Abt. A, **160**, 1 [1932]), junto con la demás bibliografía allí indicada, sirven de base para calcular las tablas reproducidas en el subapartado IV para los valores numéricos de las funciones de temperatura $H_{(t)}$ y $Ch_{(t)}$.

A los procedimientos II y III hay que hacer observar que dada la incertidumbre de las bases que para los mismos entran en consideración, es recomendable no emplear las fórmulas indicadas más que en el caso de que la temperatura no se aparta demasiado de la normal, o sea que está comprendida entre 15° y 25°.

Relativo a IV. Para los electrodos de medición caracterizados en el diagrama de potenciales por líneas rectas oblicuas pero de trazos (vidrio, Sb), la evaluación de la f. e. m. medida sólo puede hacerse para la temperatura de 20°. Si se ha utilizado otro electrodo de comparación, primeramente con ayuda de la tabla (B. *b*) se calcula qué magnitud tendrá la f. e. m. del electrodo de medición con respecto al electrodo de medición en acetato standard y si se designa por E_b (en milivoltios) el valor calculado de E se tiene:

$$p_H = \frac{-E_b}{58{,}1} + 4{,}62$$

En este caso hay que tener en cuenta la exactitud de medición del electrodo.

Ejempio: Se ha hecho la medición con el electrodo de antimonio con respecto al electrodo de hidrógeno en acetato standard. Sb tenía un voltaje positivo mayor en 150 mV. que el del H_2. Este último, según la tabla B. *b*. es más negativo (en 10 mV. que el de Sb en acetato standard. Se tiene pues:

$$E_b = +150 - 10 = +140 \text{ mV}$$

y

$$p_{H^+} = \frac{-140 \pm 5}{58{,}1} + 4{,}62 = -2{,}4 \pm 0{,}1 + 4{,}62 = 2{,}2 \pm 0{,}1 \,.$$

Los productos iónicos del agua a distintas temperaturas (subapartado VI) se han tomado de la quinta edición de las tablas de

Landolt-Börnstein y los tomos suplementarios, y en parte se han hecho coincidir mutuamente por compensación gráfica.

D. Mezclas reguladoras

Las tablas *a* hasta *i* indican cómo han de mezclarse las soluciones reguladoras para obtener líquidos con un determinado grado de acidez (p_{H^+}).

Todas las tablas son válidas para la temperatura de 20° C. Los valores indicados han sido en parte obtenidos por interpolación con los datos de S. P. L. Sörensen (Compt. rend. Carlsberg, 8, 1 [1909]; Biochem. Ztschr., **21**, 131 [1909]) válidos para 18° (curvas) y utilizando las correcciones de temperatura de L. E. Walbum (Biochem. Ztschr. **107**, 219 [1920]), y el resto se basa en los resultados de W. M. Clark válidos para 20° (The determination of hydrogen ions, tercera edición, página 200. Baltimore, 1928).

E. Actividad y coeficiente de actividad

1. La "actividad" (termodinámica) a_i de una especie de molécula *i* está definida, según G. N. Lewis, como una magnitud relativa que hay que introducir en lugar de la "concentración" c_i de la misma especie de molécula en las leyes termodinámicas válidas para los sistemas de "dilución ideal", para poder emplear también estas leyes en los sistemas "reales".

El "coeficiente de actividad" f_i liga como sigue a la actividad y la concentración:

$$a_i = f_i \cdot c_i \,. \qquad (1)$$

Es una función de la concentración de todas las especies de moléculas presentes y, en general, es también una función de la presión y la temperatura.

La actividad relativa, conforme a su definición, puede normarse eligiendo cualquier estado de referencia. Para las substancias disueltas esto suele hacerse convenientemente, de un modo casi general, poniendo la condición

$$\lim_{\Sigma c_i \to 0} a_i \to c_i \qquad (2)$$

En el límite para pequeñas concentraciones se hace la actividad igual a la concentración y el coeficiente de actividad igual a 1.

2. El coeficiente de actividad tiene una importancia especial para

las "soluciones de iones" porque ya no pueden despreciarse las fuerzas ejercidas entre partículas cargadas eléctricamente en concentraciones relativamente pequeñas. Entonces la "ley de la acción de masas" aplicada al equilibrio de disociación, de un electrólito binario

$$KA \rightleftarrows K^+ + A^-$$

dice que

$$\frac{a_{K^+} \cdot a_{A^-}}{a_{KA}} = K_a = \frac{c_{K^+} \cdot f_{K^+} \cdot c_{A^-} \cdot f_{A^-}}{c_{KA} \cdot f_{KA}} = K_c \cdot \frac{f_{K^+} \cdot f_{A^-}}{f_{KA}} \quad (3)$$

o también, si α representa el grado (verdadero) de disociación del productor de iones considerado de concentración bruta c

$$K_a = \frac{\alpha^2 \cdot c}{1 - \alpha} \cdot \frac{f_{K^+} \cdot f_{A^-}}{f_{KA}} \quad (3\ a)$$

Sólo para las soluciones "puras" (acuosas) de un electrólito "débil". a causa de las grandes diferencias iónicas que también existen en promedio en estas condiciones, pueden hacerse aproximadamente iguales a 1 los coeficientes de actividad para concentraciones medias y grandes. En este caso las relaciones (3) y (3 a) se transforman en la ley "clásica" más sencilla

$$K_a \approx K_c = \frac{c_K \cdot c_{A^-}}{c_{KA}} = \frac{\alpha^2 \cdot c}{1 - \alpha} \quad (4)$$

Aproximadamente muchas veces, aún en el caso de que participen electrólitos más fuertes, pero en concentraciones moderadas, puede admitirse prácticamente igual a 1 el coeficiente de actividad de las moléculas "neutras", por lo que las anteriores relaciones (3) y (3 a) se simplifican al omitir f_{KA}.

Sin incurrir en grave error, pueden considerarse, en general, como completamente disociados a los electrólitos fuertes en concentraciones moderadas, por lo que en este caso las concentraciones iónicas pueden determinarse de una manera más sencilla con la concentración bruta.

3. "Experimentalmente" pueden en principio determinarse las actividades con cualquier equilibrio termodinámico. En la práctica entran principalmente en consideración las mediciones de la presión de vapor del descenso del punto de solidificación, de la solubilidad y también de la f. e. m. de pilas galvánicas. Véase en este respecto la

bibliografía especial [1]. En general, todos estos métodos para electrólitos no dan las actividades individuales antes indicadas de las diversas especies de iones, sino un "valor promedio" que viene expresado por la siguiente igualdad para los electrólitos simples que dan dos especies de iones y que por molécula se desdoblan en z iones, de los cuales z_+ cationes y z_- aniones ($z = z_+ + z_-$)

$$a_{\pm} = \left(a_+^{z_+} \cdot a_-^{z_-}\right)^{1/z} \tag{5}$$

En su consecuencia, puede tomarse como "coeficiente de actividad medio" de los iones el valor

$$f_{\pm} = \frac{a_{\pm}}{c_{\pm}} = \left(\frac{a_+^{z_+} \cdot a_-^{z_-}}{c_+^{z_+} \cdot c_-^{z_-}}\right)^{1/z} = \left(f_+^{z_+} \cdot f_-^{z_-}\right)^{1/z} = \frac{1}{\alpha \cdot c}\left(\frac{a_+^{z_+} \cdot a_-^{z_-}}{z_+^{z_+} \cdot z_-^{z_-}}\right)^{1/z}. \tag{6}$$

En todos los casos en que no se conozcan con suficiente seguridad el grado de disociación α, las concentraciones individuales de los iones o su valor medio $c_{\pm}$, hay que contar con los "coeficientes de actividad estequiométricos" $\gamma_{\pm}$, que son los cocientes de la actividad por la concentración "estequiométrica" m:

$$\gamma_i = \alpha \cdot f_i = \frac{a_i}{m_i}\ ; \tag{7}$$

$$\left.\begin{aligned} \gamma_{\pm} &= \alpha \cdot f_{\pm} = \frac{a_{\pm}}{m_{\pm}} = \left(\gamma_+^{z_+} \cdot \gamma_-^{z_-}\right)^{1/z} \\ &= \left(\frac{a_+^{z_+} \cdot a_-^{z_-}}{m_+^{z_+} \cdot m_-^{z_-}}\right)^{1/z} = \frac{1}{m}\left(\frac{a_+^{z_+} \cdot a_-^{z_-}}{z_+^{z_+} \cdot z_-^{z_-}}\right)^{1/z}. \end{aligned}\right\} \tag{8}$$

en lugar de los coeficientes de actividad verdaderos f.

4. Para los electrólitos fuertes, Lewis admite arbitrariamente que

$$\frac{a_+^{z_+} \cdot z_-^{z_-}}{a_m} = K_a = 1\ , \tag{9}$$

en donde a_m es la actividad del productor en iones no disociado Con esta hipótesis el "coeficiente de actividad estequiométrico del electrólito no disociado, puede definirse como sigue:

[1]) G. N. Lewis y M. Randa., Thermodynamik und die freie Energie chemische Substanzen, al alemán por O. Redlich. Berlin 1927. — K. Jellinek, Lehrbuch der Physikalischen Chemie, tomo 3. Stuttgart 1931. — H. Falkenhagen, Elektrolyte. Leipzig, 1932.

$$\gamma_{\bar{s}i} = \gamma_{\pm} = \frac{1}{m}\left(\frac{a_m}{z_+^{z_+} \cdot z_-^{z_-}}\right)^{1/z} . \qquad (10)$$

Es idéntico a los coeficientes de actividad estequiométricos medios de los iones y representa "abreviadamente" los coeficientes de actividad estequiométricos de los "electrólitos".

Este artificio puede aplicarse también en principio a los electrólitos débiles y permite tratar termodinámicamente de una manera extraordinariamente elegante cualquier solución de electrólito. Sin embargo, claro es que el coeficiente de actividad definido por la igualdad arbitraria (9) no puede utilizarse para hacer ninguna predicción sobre el "estado molecular" de las soluciones consideradas. Para detalles véase la bibliografía especial . Valores numéricos de γ en Landolf-Börnstein Roth, Phys. chem. Tabellen, quinta edición, segundo tomo suplementario, página 1111. Berlín, 1931.

5. Aunque las "actividades iónicas individuales" (y con ello también los coeficientes de actividad iónica) únicamente son magnitudes numéricas sin significación física inmediata (porque nunca es posible hacer entrar en reacción una especie aislada de ion con indepedencia de las otras especies de iones) muchas veces tiene interés su utilización para simplificar la exposición, tanto más cuanto es posible determinar experimentalmente, de un "modo aproximado", las actividades iónicas con la máxima sencillez partiendo de los valores obtenidos en la medición de pilas de "concentraciones" iónicas con transporte. La f. e. m. de una pila galvánica

$$\mathrm{Pt, H_2} \mid \underset{c_2}{\mathrm{HCl}} \parallel \underset{c_1}{\mathrm{HCl}} \mid \mathrm{H_2, Pt}$$

después de eliminar por el cálculo o experimentalmente el potencial de difusión en el límite de ambos líquidos, viene dada por la siguiente expresión:

$$E = \frac{R\,T}{F} \cdot \ln \frac{(a_{H^+})_2}{(a_{H^+})_1} . \qquad (11)$$

Por consiguiente, esta medición da inmediatamente la relación de las actividades de los iones de hidrógeno en ambas soluciones de ácido clorhídrico, y también la misma actividad iónica $(a_{H^+})_2$, en el caso de que con una solución suficientemente grande $(a_{H^+})_1$, pueda calcularse de antemano teóricamente (véase el apartado 6) o pueda igualarse a la concentración $(c_{H^+})_1$, o a la concentración bruta $(c)_1$ del ácido clorhídrico. Esta incertidumbre que, en general, no es muy considerable y va ligada a la eliminación, por el cálculo o experimental, de los potenciales de difusión (véase la tabla XXII C, VIII), no sería un impedimento fundamental para el empleo del sencillo concepto de la actividad iónica, así es que en el apartado C de la tabla XXII (junto con las aclaraciones) se ha hecho un uso grande de este concepto.

6. Debye y Hückel han logrado calcular teóricamente los coeficientes de actividad de los iones en las soluciones muy diluídas. Después de resumir las constantes que aparecen, se tiene para un electrólito que contenga las especies de iones 1, 2,... *i*... *s* con las valencias $n_1, n_2, \ldots n_i \ldots n_s$ en las concentraciones $c_1, c_2, \ldots c_i \ldots c_s$;

$$\lg f_i = - h \cdot n_i^2 \cdot \sqrt{\Sigma c_i \cdot n_i^2} \qquad (12)$$

igualdad que expresa la "ley límite" para los coeficientes de actividad de la especie de ion *i* con una dilución grande h todavía depende de la temperatura y de la constante dieléctrica del disolvente. Para el agua como disolvente se tiene $h_{0^\circ} = 0{,}344$; $h_{18^\circ} = 0{,}353$ y $h_{25^\circ} = 0{,}357$.

Para los fines prácticos del químico apenas entra en consideración el empleo inmediato de esta ley límite (excepto para fines de extrapolación, véase el apartado 5), porque ya para concentraciones iónicas de

$$\Gamma = \Sigma c_i n_i^2 \gtreqqless 0{,}01 \text{ mol/litro}$$

hay sensibles discrepancias numéricas. Con estas concentraciones las propiedades iónicas individuales que no son abarcadas por la ley límite juegan un papel que ya no puede despreciarse.

7. Se ha visto empíricamente que también con grandes concentraciones (para las que la ley límite falla numéricamente) el coeficiente de actividad de una especie dada de ion, que se encuentre hasta en una concentración pequeña con relación a Γ (véase 6) tiene un valor que en primera aproximación viene condicionado por la concentración iónica total Γ, sin tener en consideración las propiedades iónicas individuales. Esta condición se verifica frecuentemente hasta para valores de Γ de algunas décimas de mol/litro; y con una aproximación suficiente se verifica también a menudo para valores mayores. La proporcionalidad entre $\lg f_i$ y $\sqrt{\Gamma}$ subsiste, en iguales circunstancias, generalmente hasta mucho más allá del dominio de la ley límite. Por último, en idénticas condiciones los $\lg f_i$ de las

distintas especies de iones siendo constante Γ son aproximadamente proporcionales al cuadrado de las valencias de las especies de iones consideradas, que es lo que exige también rigurosamente para las grandes diluciones la ley límite.

Tabla XXIII

Indicadores, Batmometría óptica, Colorimetría

La tabla XXIII contiene ya en gran parte los datos aclaratorios necesarios.

Al apartado C (Batmometría redox e Indicadores redox) hay que hacer observar lo siguiente:

El paso de potenciales redox o de las circunstancias de viraje a valores p_{rH}— (grados redox) está basado en la relación entre la presión de gas hidrógeno y el potencial del electrodo de hidrógeno: por cada potencia de diez de la presión, el potencial (a 20°) varía en $\frac{0,0581}{2} = 0,03$ voltios, en números redondos. Si la presión gaseosa disminuye, el potencial es más puro (s), en correspondencia al desplazamiento red → ox. Si $+ \Delta E$ (voltios) representa la diferencia de potencial de un electrodo redox con relación a un electrodo de hidrógeno ($p = 1$ atm.) en una solución del mismo grado de acidez (p_{H+}), la presión de H_2 (p_{ae}) [1]) potenciométrica equivalente vale

$$p_{ae} = 10^{\frac{-\Delta E}{0,03}} \text{ atmósferas}$$

y

$$p_{rH} = -\lg p_{ae} = \frac{+\Delta E}{00,3}.$$

Tabla XXIV

Termoquímica

Los datos del apartado A provienen de una publicación de F. Auerbach, Ztschr. f. angew. Chem. **38**, 449 (1925); véase también la Reichsminist.-Bl. **1924**, página 335 y Ann: d: Phys. [4] 75. 853 (1924). Los valores del apartado B se han sacado de las tablas de Landolt-Börnstein, quinta edición y los tomos suplementarios. Los

---

En parte son sólo valores de cálculo.

apartados A y B no necesitan ninguna otra aclaración, y menos todavía el apartado C.

D. CÁLCULOS DE EQUILIBRIOS QUÍMICOS CON LOS DATOS TERMOQUÍMICOS

Cada día se hace más imperiosa la necesidad de calcular la situación, aunque sólo sea por tanteo, de los equilibrios químicos, especialmente en los procesos técnicos. Para ir a su encuentro, y particularmente para familiarizarse con la ejecución de esta clase de cálculos ha sido confeccionada la tabla XXIV D. Esta tabla sirve, en su nueva forma, [1]) como sustituto del cálculo de grosera aproximación para el mismo fin. Los ejemplos que siguen aclararán perfectamente el empleo del contenido de dicha tabla.

EJEMPLOS DE CÁLCULO

Ejemplo 1: $H_2O \rightleftarrows H_2 + {}^1/_2\, O_2$, $H_{298}\ \mathfrak{H} + 57812$ cal Según la igualdad (2) se tiene:

$$\mathfrak{S}_{298} = - s_{H_2O} + s_{H_2} + {}^1/_2\, s_{O_2} = - 45{,}10 + 31{,}23 + 24{,}51$$
$$= + 10{,}64 \text{ Cl } ^2).$$

Cálculo de K_p para 2000° K según la igualdad (1).

1.ª aproximación:

$$\lg K_p = - \frac{57812}{4{,}573 \cdot 2000} + \frac{10{,}64}{4{,}573} = - 6{,}32 + 2{,}33 = - \mathbf{3{,}99}.$$

2.ª aproximación:

Para la temperatura ambiente (300° K) se tiene según la igualdad (3)

$$\Sigma \nu c = - c_{H_2O} + c_{H_2} + {}^1/_2\, c_{O_2} = - 8{,}002 + 6{,}896 + 3{,}509$$
$$= - 2{,}403 \text{ cal/grado.}$$

Después se tiene, según la igualdad (1) y la tabla de la página 184.

$$\lg K_p = - 6{,}32 + 2{,}33 + \underbrace{2{,}403 \cdot 0{,}230}_{0{,}55} = - \mathbf{3{,}44}.$$

3.ª aproximación:

Para 450° K se tiene:

$$\Sigma \nu c = - 8{,}260 - 6{,}986 + 3{,}654 = + 2{,}380 \text{ cal/grado.}$$

y para 900° K

$$\Sigma \nu c = - 9{,}497 + 7{,}141 + 4{,}108 = + 1{,}752 \text{ cal/grado.}$$

[1]) Procedimiento de cálculo de H. Ulich l. c. (página 278).
[2]) 1 Cl (Clausius) = 1 cal/grado.

Tendremos, pues:

$$\overline{\Sigma\,\nu\,c}^{300,600} = +\,2{,}380 \text{ cal/grado.}$$

$$\overline{\Sigma\,\nu\,c}^{600,900} = +\,1{,}752 \text{ cal/grado.}$$

Y según (4) se tiene:

$$a_{300,1200} = {}^{1}/_{2}\cdot(2{,}380 + 1{,}752) = 2{,}066 \text{ cal/grado.}$$

y según (1):

$$\lg K_p = -\,6{,}23 + 2{,}33 + \underbrace{2{,}066\cdot 0{,}230}_{0{,}48} = -\,\mathbf{3{,}51.}$$

(Valor más exacto: — **3,528**)

Ejemplo 2: C (grafito) $+ 2\,H_2 \rightleftharpoons CH_4$.

$\mathfrak{H}_{298} = -\,18256$ cal.

$\mathfrak{S}_{298} = -\,s_C - 2\,s_{H_2} - s_{CH_4} = -\,1{,}39 - 62{,}46 + 44{,}46$

$= -\,19{,}39$ Cl.

Cálculo de K_p para 1200° K:

1.ª aproximación:

$$K_p = +\,\frac{18256}{4{,}573\cdot 1200} - \frac{19{,}39}{4{,}573} = +\,3{,}33 - 4{,}24 = -\,\mathbf{0{,}91.}$$

2.ª aproximación:

Para 300° K se tiene:

$$\Sigma\,\nu\,c = -c_C - 2\,c_{H_2} + c_{CH_4} = -\,2{,}09 - 13{,}79 + 8{,}54$$

$$= -\,7{,}34 \text{ cal/grados.}$$

Por tanto, según la tabla de la página 184.

$$\lg K_p = +\,3{,}33 - 4{,}24 - \underbrace{7{,}34\cdot 0{,}140}_{1{,}03} = -\,\mathbf{1{,}94.}$$

3.ª aproximación:

Para 450° K se tiene:

$$\Sigma\,\nu\,c = -\,3{,}28 - 13{,}97 + 10{,}38 = -\,6{,}87 \text{ cal/grado.}$$

y para 900° K:

$$\Sigma\,\nu\,c = -\,4{,}89 - 14{,}28 + 15{,}90 = -\,3{,}27 \text{ cal/grado.}$$

Haciendo

$$\overline{\Sigma\,\nu\,c}^{300,600} = -\,6{,}87 \text{ y } \overline{\Sigma\,\nu\,c}^{600,1200} = -\,3{,}27 \text{ cal/grado.}$$

se tiene

$$a_{300,600} = \overline{\Sigma\,\nu\,c}^{300,600} = -\,6{,}87 \text{ cal/grado.}$$

y

$$a_{300,1200} = {}^{1}/_{2}\,(-\,6{,}87 - 3{,}27) = -\,5{,}07 \text{ cal/grado.}$$

y además el valor promedio de ambos:

$${}^{1}/_{2}\,(-\,6{,}87 - 5{,}07) = -\,5{,}97 \text{ cal/grado.}$$

Por tanto, resulta que:

$$\lg K_p = +3{,}33 - 4{,}24 - \underbrace{5{,}98 \cdot 0{,}140}_{0{,}84} = -\underline{1{,}75}.$$

(Valor más exacto: — **1,76**)

Entre otros, en H. Ulich y K. Cruse, Kurzes Lehrbuch der physikalischen Chemie, Dresden u. Leipzig, 1938. se encuentran otros ejemplos y referencias bibliográficas.

H. Ulich, Ztschr. f. Elektrochemie **45**, 521 (1939).

Tabla XXV

Símbolos y fórmulas de unidades

La tabla XXV se refiere esencialmente a la publicación compendiada de J. Wallot "A E F, Verhandlungen des Ausschusses für Einheiten und Formelgrössen in den Jahren 1907 bis 1927" (Berlín, Springer, 1928) y el suplemento (provisional) a la misma (Elektrotechn. Ztschr. **53**, 114; 138 [1932]). Como complemento han sido publicadas las hojas D I S 1304, 1306, 1314, 1345 y 1348, así como el prospecto de una nueva hoja de normas (adquiribles por mediación de la Beuth-Vertrieb. La tabla XXV tiene por finalidad propagar las designaciones establecidas por la A E F. En este respecto citaremos todavía especialmente las hojas de normas y las tablas murales publicadas por la A E F (Beuth-Vertrieb GmbH, Berlín SW 68, Dresdener Strasse 97); no podemos hacer otra cosa que recomendar eficazmente el uso de las mismas en los laboratorios y salas de conferencias.

Tabla XXVI

Unidades, constantes y otras magnitudes empleadas con frecuencia

Hemos tomado los valores más recientes, entresacados de la quinta edición de las tablas de Landolt-Börnstein, y los tomos suplementarios. Además, nos hemos servido también de la Hoja de normas D I N 1348.

El símbolo para el electrón (e—) se diferencia por el tipo de letra del símbolo adoptado para la carga electrónica (*e*).

Los valores más recientes de las constantes atomísticas se han tomado del informe compendiado de F. Kirchner. "Ergebnisse der exakten Naturwissenshaften **18**, 26 (1939).

Tabla XXVII

Unidades antiguas

En esta tabla se ha reproducido la "tabla areométrica" publicada en anteriores ediciones. Al hacerlo nos ha guiado únicamente el deseo de que el lector que consulte la bibliografía antigua encuentre también en la presente obra esta reminiscencia de aquellos tiempos y que hoy día sólo tiene un interés histórico.

Lo mismo decimos sobre las unidades de medida antiguas para longitudes, superficies, volúmenes y pesos. En Alemania el sistema decimal fué adoptado el año 1872 y actualmente este sistema es el que prevalece en casi todas las demás naciones (en Rusia desde 1924). Sólo están al margen del mismo todavía las naciones anglosajonas, las cuales conservan sus unidades de medida antiguas y pintorescas, a pesar de ser miembros de la Convención del Sistema Métrico; sin embargo, hace ya tiempo que también vienen empleando el sistema decimal en sus obras científicas. Por lo tanto, los datos de la tabla XXVII tienen asimismo solamente un interés histórico.

Tabla XXVIII

La nueva nomenclatura de las combinaciones inorgánicas

La "Internationale Union für Chemie", a la que debemos también los pesos atómicos internacionales, ha propuesto una nueva nomenclatura de las combinaciones inorgánicas sobre la cual en otro lugar (Berichte, **72**, Abt. A. página 53) se ha publicado una extensa comunicación.

En la tabla XXVIII están recopiladas las designaciones más importantes que se diferencian esencialmente de las hasta ahora usuales, con el fin de ayudar al químico a habituarse a esta novedad todavía insólita y fomentar la más rápida propagación de la nueva nomenclatura.

Tabla XXIX

Cálculo de errores

Ejemplo:

La densidad de un líquido fué medida en 10 ensayos cuyos resultados se indican en la columna m.

Nr.		m	M	f	$10^8\cdot f^2$	f_m	F_m	f_w	F_w
$n=10$	1	1,1534	$\frac{11,5401}{10} = 1,1540$	— 0,0006	36	$\sqrt{\frac{355\cdot10^{-8}}{10-1}} = \frac{18,8\cdot10^{-4}}{3} = 0,00063$	$\sqrt{\frac{355\cdot10^{-8}}{10(10-1)}} = \frac{18,8\cdot10^{-4}}{9,5} = 0,00020$	$^2/_3\cdot 0,00063 = 0,00042$	$^2/_3\cdot 0,00020 = 0,00013$
	2	1,1539		— 0,0001	1				
	3	1,1537		— 0,0003	9				
	4	1,1542		+ 0,0002	4				
	5	1,1548		+ 0,0008	64				
	6	1,1545		+ 0,0005	25				
	7	1,1550		+ 0,0010	100				
	8	1,1536		— 0,0004	16				
	9	1,1530		— 0,0010	100				
	10	1,1540		± 0,0000	0				

Suma: 11,5401 $\qquad 10^8\cdot\Sigma\,(f^2) = 355$

Así pues: $E_m = 1,1540 \pm 0,000\,20$

$E_w = 1,1540 \pm 0,000\,13$

Cuando en alguna medida resulta un peso (p) muy diferente, se tiene un conjunto como el que sigue:

Nr.	p	m	$p\cdot m$	M	f	$10^8\cdot f^2$	$10^8\cdot p\cdot f^2$	f_m	F_m
1	1	1,1534	1,1534	$\frac{13,5595}{11,75} = 1,1540$	— 0,0006	36	36	$\sqrt{\frac{311,5\cdot10^{-8}}{(10-1)\cdot p}} = \frac{17,6\cdot10^{-4}}{3} = 0,00059$ (para $p=1$)	$\sqrt{\frac{311,5\cdot10^{-8}}{(10-1)11,75}} = \frac{17,6\cdot10^{-4}}{10,28} = 0,000\,17$
2	2	1,1539	2,3078		— 0,0001	1	2		
3	$^1/_2$	1,1537	0,5769		— 0,0003	9	4,5		
4	3	1,1542	3,4626		+ 0,0002	4	12		
5	$^1/_4$	1,1548	0,2887		+ 0,0008	64	16		
6	1	1,1545	1,1545		+ 0,0005	25	25		
7	1	1,1550	1,1550		+ 0,0010	100	100		
8	1	1,1536	1,1536		— 0,0004	16	16		
9	1	1,1530	1,1530		— 0,0010	100	100		
10	1	1,1540	1,1540		± 0,0000	0	0		

$\Sigma\,(p) = 11^3/_4;\ \Sigma\,(p\cdot m) = 13,5595;\ 18^8\cdot\Sigma\,(p\cdot f^2) = 311,5$

Así pues, $E_m = 1,1540 \pm 0,000\,17$ (y análogamente E_w).

Tabla XXX

Cálculo por igualación

Ejemplo (según investigaciones del Dr. G. Bruhns): Se determinó con tiosulfato en 6 ensayos la cantidad de cobre separado del reactivo Fehling por sacarosa con distintas cantidades de invertosa. De esos datos se ha de deducir una igualdad que permita calcular cualquier contenido en invertosa, tomando como dato la cantidad de tiosulfato consumido. Designemos por x las cantidades (en números enteros) conocidas de invertosa, y por y los centímetros cúbicos de tiosulfato consumido.

Igualdad: $y = a + b\,x + c\,x^2$. $n = 6$.

y	x	x^2	x^3	x^4	xy	x^2y
0,81	0	0	0	0	0	0
3,12	1	1	1	1	3,12	3,12
5,37	2	4	8	16	10,74	21,48
9,41	4	16	64	256	37,64	150,56
13,34	6	36	216	1296	80,04	480,24
16,96	8	64	512	4096	135,68	1085,44
49,01 $= \Sigma y$	21 $= \Sigma x$	121 $= \Sigma x^2$	801 $= \Sigma x^3$	5665 $= \Sigma x^4$	267,22 $= \Sigma xy$	1740,84 $= \Sigma x^2y$

Igualdades:

$$49{,}01 = 6\,a + 21\,b + 121\,c \quad \text{(I)}$$
$$267{,}22 = 21\,a + 121\,b + 801\,c \quad \text{(II)}$$
$$1740{,}84 = 121\,a + 801\,b + 5665\,c \quad \text{(III)}.$$

De I y II: $95\,b + 755\,c = 191{,}37$ (IV)

de I y III: $2265\,b + 19349\,c = 4514{,}83$ (V)

de IV y V: $128080\,c = -4544{,}20$

$$c = -0{,}03548.$$

Sustituyendo en IV este valor, tendremos:

$$95\,b = 218{,}1574; \qquad b = 2{,}2964$$

Finalmente, poniendo en I los valores de c y b, tendremos

$$6\,a = 5{,}07868; \qquad a = 0{,}8464.$$

La ecuación buscada será, pues:

$$y = 0{,}8464 + 2{,}2964\,x - 0{,}03548\,x^2$$

y da, en comparación con los valores observados, los siguientes:

% invertosa (x)	cm³ de tiosulfato (y) calculado	cm³ de tiosulfato (y) encontrado
0	0,85	0,81
1	3,11	3,12
2	5,30	5,37
4	9,46	9,41
6	13,35	13,34
8	16,95	16,96

Tabla XXXI

Métodos auxiliares de cálculo

En la misma tabla XXXI hay todo cuanto es necesario para su comprensión.

Tabla XXXII

Evaluación de las radiografías

Esta tabla confeccionada por el Dr. Fr. Weibke (†), de Stuttgart, y puesta por el mismo a nuestra disposición, ya contiene todo cuanto es necesario para la determinación de estructuras mediante las radiografías.

MANTISAS DE CINCO CIFRAS DE LOS LOGARITMOS DECIMALES

DE TODOS LOS NUMEROS DE CUATRO CIFRAS COMPRENDIDOS ENTRE 1000 Y 9999, CON LAS PARTES PROPORCIONALES CORRESPONDIENTES.

N.	L.	0	1	2	3	4	5	6	7	8	9
100	00	000	043	087	130	173	217	260	303	346	389
101		432	475	518	561	604	647	689	732	775	817
102		860	903	945	988	*030	*072	*115	*157	*199	*242
103	01	284	326	368	410	452	494	536	578	620	662
104		703	745	787	828	870	912	953	995	*036	*078
105	02	119	160	202	243	284	325	366	407	449	490
106		531	572	612	653	694	735	776	816	857	898
107		938	979	*019	*060	*100	*141	*181	*222	*262	*302
108	03	342	383	423	463	503	543	583	623	663	703
109		743	782	822	862	902	941	981	*021	*060	*100
110	04	139	179	218	258	297	336	376	415	454	493
111		532	571	610	650	689	727	766	805	844	883
112		922	961	999	*038	*077	*115	*154	*192	*231	*269
113	05	308	346	385	423	461	500	538	576	614	652
114		690	729	767	805	843	881	918	956	994	*032
115	06	070	108	145	183	221	258	296	333	371	408
116		446	483	521	558	595	633	670	707	744	781
117		819	856	893	930	967	*004	*041	*078	*115	*151
118	07	188	225	262	298	335	372	408	445	482	518
119		555	591	628	664	700	737	773	809	846	882
120		918	954	990	*027	*063	*099	*135	*171	*207	*243
121	08	279	314	350	386	422	458	493	529	565	600
122		636	672	707	743	778	814	849	884	920	955
123		991	*026	*061	*096	*132	*167	*202	*237	*272	*307
124	09	342	377	412	447	482	517	552	587	621	656
125		691	726	760	795	830	864	899	934	968	*003
126	10	037	072	106	140	175	209	243	278	312	346
127		380	415	449	483	517	551	585	619	653	687
128		721	755	789	823	857	890	924	958	992	*025
129	11	059	093	126	160	193	227	261	294	327	361
130		394	428	461	494	528	561	594	628	661	694
131		727	760	793	826	860	893	926	959	992	*024
132	12	057	090	123	156	189	222	254	287	320	352
133		385	418	450	483	516	548	581	613	646	678
134		710	743	775	808	840	872	905	937	969	*001
N.	L.	0	1	2	3	4	5	6	7	8	9

P. P.

	44	43	42	41	40	39	38	37	36	35	34	33
1	4,4	4,3	4,2	4,1	4,0	3,9	3,8	3,7	3,6	3,5	3,4	3,3
2	8,8	8,6	8,4	8,2	8,0	7,8	7,6	7,4	7,2	7,0	6,8	6,6
3	13,2	12,9	12,6	12,3	12,0	11,7	11,4	11,1	10,8	10,5	10,2	9,9
4	17,6	17,2	16,8	16,4	16,0	15,6	15,2	14,8	14,4	14,0	13,6	13,2
5	22,0	21,5	21,0	20,5	20,0	19,5	19,0	18,5	18,0	17,5	17,0	16,5
6	26,4	25,8	25,2	24,6	24,0	23,4	22,8	22,2	21,6	21,0	20,4	19,8
7	30,8	30,1	29,4	28,7	28,0	27,3	26,6	25,9	25,2	24,5	23,8	23,1
8	35,2	34,4	33,6	32,8	32,0	31,2	30,4	29,6	28,8	28,0	27,2	26,4
9	39,6	38,7	37,8	36,9	36,0	35,1	34,2	33,3	32,4	31,5	30,6	29,7

N.	L. 0	1	2	3	4	5	6	7	8	9
135	13 033	066	098	130	162	194	226	258	290	322
136	354	386	418	450	481	513	545	577	609	640
137	672	704	735	767	799	830	862	893	925	956
138	988	*019	*051	*082	*114	*145	*176	*208	*239	*270
139	14 301	333	364	395	426	457	489	520	551	582
140	613	644	675	706	737	768	799	829	860	891
141	922	953	983	*014	*045	*076	*106	*137	*168	*198
142	15 229	259	290	320	351	381	412	442	473	503
143	534	564	594	625	655	685	715	746	776	806
144	836	866	897	927	957	987	*017	*047	*077	*107
145	16 137	167	197	227	256	286	316	346	376	406
146	435	465	495	524	554	584	613	643	673	702
147	732	761	791	820	850	879	909	938	967	997
148	17 026	056	085	114	143	173	202	231	260	289
149	319	348	377	406	435	464	493	522	551	580
150	609	638	667	696	725	754	782	811	840	869
151	898	926	955	984	*013	*041	*070	*099	*127	*156
152	18 184	213	241	270	298	327	355	384	412	441
153	469	498	526	554	583	611	639	667	696	724
154	752	780	808	837	865	893	921	949	977	*005
155	19 033	061	089	117	145	173	201	229	257	285
156	312	340	368	396	424	451	479	507	535	562
157	590	618	645	673	700	728	756	783	811	838
158	866	893	921	948	976	*003	*030	*058	*085	*112
159	20 140	167	194	222	249	276	303	330	358	385
160	412	439	466	493	520	548	575	602	629	656
161	683	710	737	763	790	817	844	871	898	925
162	952	978	*005	*032	*059	*085	*112	*139	*165	*192
163	21 219	245	272	299	325	352	378	405	431	458
164	484	511	537	564	590	617	643	669	696	722
165	748	775	801	827	854	880	906	932	958	985
166	22 011	037	063	089	115	141	167	194	220	246
167	272	298	324	350	376	401	427	453	479	505
168	531	557	583	608	634	660	686	712	737	763
169	789	814	840	866	891	917	943	968	994	*019
N.	L. 0	1	2	3	4	5	6	7	8	9

P. P.

	32	31	30	29	28	27	26
1	3,2	3,1	3,0	2,9	2,8	2,7	2,6
2	6,4	6,2	6,0	5,8	5,6	5,4	5,2
3	9,6	9,3	9,0	8,7	8,4	8,1	7,8
4	12,8	12,4	12,0	11,6	11,2	10,8	10,4
5	16,0	15,5	15,0	14,5	14,0	13,5	13,0
6	19,2	18,6	18,0	17,4	16,8	16,2	15,6
7	22,4	21,7	21,0	20,3	19,6	18,9	18,2
8	25,6	24,8	24,0	23,2	22,4	21,6	20,8
9	28,8	27,9	27,0	26,1	25,2	24,3	23,4

N.	L. 0	1	2	3	4	5	6	7	8	9
170	23 045	070	096	121	147	172	198	223	249	274
171	300	325	350	376	401	426	452	477	502	528
172	553	578	603	629	654	679	704	729	754	779
173	805	830	855	880	905	930	955	980	*005	*030
174	24 055	080	105	130	155	180	204	229	254	279
175	304	329	353	378	403	428	452	477	502	527
176	551	576	601	625	650	674	699	724	748	773
177	797	822	846	871	895	920	944	969	993	*018
178	25 042	066	091	115	139	164	188	212	237	261
179	285	310	334	358	382	406	431	455	479	503
180	527	551	575	600	624	648	672	696	720	744
181	768	792	816	840	864	888	912	935	959	983
182	26 007	031	055	079	102	126	150	174	198	221
183	245	269	293	316	340	364	387	411	435	458
184	482	505	529	553	576	600	623	647	670	694
185	717	741	764	788	811	834	858	881	905	928
186	951	975	998	*021	*045	*068	*091	*114	*138	*161
187	27 184	207	231	254	277	300	323	346	370	393
188	416	439	462	485	508	531	554	577	600	623
189	646	669	692	715	738	761	784	807	830	852
190	875	898	921	944	967	989	*012	*035	*058	*081
191	28 103	126	149	171	194	217	240	262	285	307
192	330	353	375	398	421	443	466	488	511	533
193	556	578	601	623	646	668	691	713	735	758
194	780	803	825	847	870	892	914	937	959	981
195	29 003	026	048	070	092	115	137	159	181	203
196	226	248	270	292	314	336	358	380	403	425
197	447	469	491	513	535	557	579	601	623	645
198	667	688	710	732	754	776	798	820	842	863
199	885	907	929	951	973	994	*016	*038	*060	*081
200	30 103	125	146	168	190	211	233	255	276	298
201	320	341	363	384	406	428	449	471	492	514
202	535	557	578	600	621	643	664	685	707	728
203	750	771	792	814	835	856	878	899	920	942
204	963	984	*006	*027	*048	*069	*091	*112	*133	*154
N.	L. 0	1	2	3	4	5	6	7	8	9

P. P.

	26	25
1	2,6	2,5
2	5,2	5,0
3	7,8	7,5
4	10,4	10,0
5	13,0	12,5
6	15,6	15,0
7	18,2	17,5
8	20,8	20,0
9	23,4	22,5

	24	23
1	2,4	2,3
2	4,8	4,6
3	7,2	6,9
4	9,6	9,2
5	12,0	11,5
6	14,4	13,8
7	16,8	16,1
8	19,2	18,4
9	21,6	20,7

	22	21
1	2,2	2,1
2	4,4	4,2
3	6,6	6,3
4	8,8	8,4
5	11,0	10,5
6	13,2	12,6
7	15,4	14,7
8	17,6	16,8
9	19,8	18,9

P. P.

N.	L. 0	1	2	3	4	5	6	7	8	9
205	31 175	197	218	239	260	281	302	323	345	366
206	387	408	429	450	471	492	513	534	555	576
207	597	618	639	660	681	702	723	744	765	785
208	806	827	848	869	890	911	931	952	973	994
209	32 015	035	056	077	098	118	139	160	181	201
210	222	243	263	284	305	325	346	366	387	408
211	428	449	469	490	510	531	552	572	593	613
212	634	654	675	695	715	736	756	777	797	818
213	838	858	879	899	919	940	960	980	*001	*021
214	33 041	062	082	102	122	143	163	183	203	224
215	244	264	284	304	325	345	365	385	405	425
216	445	465	486	506	526	546	566	586	606	626
217	646	666	686	706	726	746	766	786	806	826
218	846	866	885	905	925	945	965	985	*005	*025
219	34 044	064	084	104	124	143	163	183	203	223
220	242	262	282	301	321	341	361	380	400	420
221	439	459	479	498	518	537	557	577	596	616
222	635	655	674	694	713	733	753	772	792	811
223	830	850	869	889	908	928	947	967	986	*005
224	35 025	044	064	083	102	122	141	160	180	199
225	218	238	257	276	295	315	334	353	372	392
226	411	430	449	468	488	507	526	545	564	583
227	603	622	641	660	679	698	717	736	755	774
228	793	813	832	851	870	889	908	927	946	965
229	984	*003	*021	*040	*059	*078	*097	*116	*135	*154
230	36 173	192	211	229	248	267	286	305	324	342
231	361	380	399	418	436	455	474	493	511	530
232	549	568	586	605	624	642	661	680	698	717
233	736	754	773	791	810	829	847	866	884	903
234	922	940	959	977	996	*014	*033	*051	*070	*088
235	37 107	125	144	162	181	199	218	236	254	273
236	291	310	328	346	365	383	401	420	438	457
237	475	493	511	530	548	566	585	603	621	639
238	658	676	694	712	731	749	767	785	803	822
239	840	858	876	894	912	931	949	967	985	*003
N.	L. 0	1	2	3	4	5	6	7	8	9

P. P.	21	20	19	18
1	2,1	2,0	1,9	1,8
2	4,2	4,0	3,8	3,6
3	6,3	6,0	5,7	5,4
4	8,4	8,0	7,6	7,2
5	10,5	10,0	9,5	9,0
6	12,6	12,0	11,4	10,8
7	14,7	14,0	13,3	12,6
8	16,8	16,0	15,2	14,4
9	18,9	18,0	17,1	16,2

N.	L. 0	1	2	3	4	5	6	7	8	9
240	38 021	039	057	075	093	112	130	148	166	184
241	202	220	238	256	274	292	310	328	346	364
242	382	399	417	435	453	471	489	507	525	543
243	561	578	596	614	632	650	668	686	703	721
244	739	757	775	792	810	828	846	863	881	899
245	917	934	952	970	987	*005	*023	*041	*058	*076
246	39 094	111	129	146	164	182	199	217	235	252
247	270	287	305	322	340	358	375	393	410	428
248	445	463	480	498	515	533	550	568	585	602
249	620	637	655	672	690	707	724	742	759	777
250	794	811	829	846	863	881	898	915	933	950
251	967	985	*002	*019	*037	*054	*071	*088	*106	*123
252	40 140	157	175	192	209	226	243	261	278	295
253	312	329	346	364	381	398	415	432	449	466
254	483	500	518	535	552	569	586	603	620	637
255	654	671	688	705	722	739	756	773	790	807
256	824	841	858	875	892	909	926	943	960	976
257	993	*010	*027	*044	*061	*078	*095	*111	*128	*145
258	41 162	179	196	212	229	246	263	280	296	313
259	330	347	363	380	397	414	430	447	464	481
260	497	514	531	547	564	581	597	614	631	647
261	664	681	697	714	731	747	764	780	797	814
262	830	847	863	880	896	913	929	946	963	979
263	996	*012	*029	*045	*062	*078	*095	*111	*127	*144
264	42 160	177	193	210	226	243	259	275	292	308
265	325	341	357	374	390	406	423	439	455	472
266	488	504	521	537	553	570	586	602	619	635
267	651	667	684	700	716	732	749	765	781	797
268	813	830	846	862	878	894	911	927	943	959
269	975	991	*008	*024	*040	*056	*072	*088	*104	*120
270	43 136	152	169	185	201	217	233	249	265	281
271	297	313	329	345	361	377	393	409	425	441
272	457	473	489	505	521	537	553	569	584	600
273	616	632	648	664	680	696	712	727	743	759
274	775	791	807	823	838	854	870	886	902	917
N.	L. 0	1	2	3	4	5	6	7	8	9

P. P.	19	18	17	16
1	1,9	1,8	1,7	1,6
2	3,8	3,6	3,4	3,2
3	5,7	5,4	5,1	4,8
4	7,6	7,2	6,8	6,4
5	9,5	9,0	8,5	8,0
6	11,4	10,8	10,2	9,6
7	13,3	12,6	11,9	11,2
8	15,2	14,4	13,6	12,8
9	17,1	16,2	15,3	14,4

N.	L. 0	1	2	3	4	5	6	7	8	9
275	43 933	949	965	981	996	*012	*028	*044	*059	*075
276	44 091	107	122	138	154	170	185	201	217	232
277	248	264	279	295	311	326	342	358	373	389
278	404	420	436	451	467	483	498	514	529	545
279	560	576	592	607	623	638	654	669	685	700
280	716	731	747	762	778	793	809	824	840	855
281	871	886	902	917	932	948	963	979	994	*010
282	45 025	040	056	071	086	102	117	133	148	163
283	179	194	209	225	240	255	271	286	301	317
284	332	347	362	378	393	408	423	439	454	469
285	484	500	515	530	545	561	576	591	606	621
286	637	652	667	682	697	712	728	743	758	773
287	788	803	818	834	849	864	879	894	909	924
288	939	954	969	984	*000	*015	*030	*045	*060	*075
289	46 090	105	120	135	150	165	180	195	210	225
290	240	255	270	285	300	315	330	345	359	374
291	389	404	419	434	449	464	479	494	509	523
292	538	553	568	583	598	613	627	642	657	672
293	687	702	716	731	746	761	776	790	805	820
294	835	850	864	879	894	909	923	938	953	967
295	982	997	*012	*026	*041	*056	*070	*085	*100	*114
296	47 129	144	159	173	188	202	217	232	246	261
297	276	290	305	319	334	349	363	378	392	407
298	422	436	451	465	480	494	509	524	538	553
299	567	582	596	611	625	640	654	669	683	698
300	712	727	741	756	770	784	799	813	828	842
301	857	871	885	900	914	929	943	958	972	986
302	48 001	015	029	044	058	073	087	101	116	130
303	144	159	173	187	202	216	230	244	259	273
304	287	302	316	330	344	359	373	387	401	416
305	430	444	458	473	487	501	515	530	544	558
306	572	586	601	615	629	643	657	671	686	700
307	714	728	742	756	770	785	799	813	827	841
308	855	869	883	897	911	926	940	954	968	982
309	996	*010	*024	*038	*052	*066	*080	*094	*108	*122
N.	L. 0	1	2	3	4	5	6	7	8	9

P. P.

	16	15	14
1	1,6	1,5	1,4
2	3,2	3,0	2,8
3	4,8	4,5	4,2
4	6,4	6,0	5,6
5	8,0	7,5	7,0
6	9,6	9,0	8,4
7	11,2	10,5	9,8
8	12,8	12,0	11,2
9	14,4	13,5	12,6

309
48

N.	L. 0	1	2	3	4	5	6	7	8	9	P. P.
310	49 136	150	164	178	192	206	220	234	248	262	
311	276	290	304	318	332	346	360	374	388	402	
312	415	429	443	457	471	485	499	513	527	541	
313	554	568	582	596	610	624	638	651	665	679	
314	693	707	721	734	748	762	776	790	803	817	
315	831	845	859	872	886	900	914	927	941	955	
316	969	982	996	*010	*024	*037	*051	*065	*079	*092	14
317	50 106	120	133	147	161	174	188	202	215	229	1 | 1,4
318	243	256	270	284	297	311	325	338	352	365	2 | 2,8
319	379	393	406	420	433	447	461	474	488	501	3 | 4,2
320	515	529	542	556	569	583	596	610	623	637	4 | 5,6
321	651	664	678	691	705	718	732	745	759	772	5 | 7,0 6 | 8,4
322	786	799	813	826	840	853	866	880	893	907	7 | 9,8
323	920	934	947	961	974	987	*001	*014	*028	*041	8 | 11,2
324	51 055	068	081	095	108	121	135	148	162	175	9 | 12,6
325	188	202	215	228	242	255	268	282	295	308	
326	322	335	348	362	375	388	402	415	428	441	
327	455	468	481	495	508	521	534	548	561	574	
328	587	601	614	627	640	654	667	680	693	706	
329	720	733	746	759	772	786	799	812	825	838	
330	851	865	878	891	904	917	930	943	957	970	
331	983	996	*009	*022	*035	*048	*061	*075	*088	*101	13
332	52 114	127	140	153	166	179	192	205	218	231	1 | 1,3
333	244	257	270	284	297	310	323	336	349	362	2 | 2,6
334	375	388	401	414	427	440	453	466	479	492	3 | 3,9 4 | 5,2
335	504	517	530	543	556	569	582	595	608	621	5 | 6,5 6 | 7,8
336	634	647	660	673	686	699	711	724	737	750	7 | 9,1
337	763	776	789	802	815	827	840	853	866	879	8 | 10,4
338	892	905	917	930	943	956	969	982	994	*007	9 | 11,7
339	53 020	033	046	058	071	084	097	110	122	135	
340	148	161	173	186	199	212	224	237	250	263	
341	275	288	301	314	326	339	352	364	377	390	
342	403	415	428	441	453	466	479	491	504	517	
343	529	542	555	567	580	593	605	618	631	643	
344	656	668	681	694	706	719	732	744	757	769	
N.	L. 0	1	2	3	4	5	6	7	8	9	P. P.

N.	L. 0	1	2	3	4	5	6	7	8	9
345	53 782	794	807	820	832	845	857	870	882	895
346	908	920	933	945	958	970	983	995	*008	*020
347	54 033	045	058	070	083	095	108	120	133	145
348	158	170	183	195	208	220	233	245	258	270
349	283	295	307	320	332	345	357	370	382	394
350	407	419	432	444	456	469	481	494	506	518
351	531	543	555	568	580	593	605	617	630	642
352	654	667	679	691	704	716	728	741	753	765
353	777	790	802	814	827	839	851	864	876	888
354	900	913	925	937	949	962	974	986	998	*011
355	55 023	035	047	060	072	084	096	108	121	133
356	145	157	169	182	194	206	218	230	242	255
357	267	279	291	303	315	328	340	352	364	376
358	388	400	413	425	437	449	461	473	485	497
359	509	522	534	546	558	570	582	594	606	618
360	630	642	654	666	678	691	703	715	727	739
361	751	763	775	787	799	811	823	835	847	859
362	871	883	895	907	919	931	943	955	967	979
363	991	*003	*015	*027	*038	*050	*062	*074	*086	*098
364	56 110	122	134	146	158	170	182	194	205	217
365	229	241	253	265	277	289	301	312	324	336
366	348	360	372	384	396	407	419	431	443	455
367	467	478	490	502	514	526	538	549	561	573
368	585	597	608	620	632	644	656	667	679	691
369	703	714	726	738	750	761	773	785	797	808
370	820	832	844	855	867	879	891	902	914	926
371	937	949	961	972	984	996	*008	*019	*031	*043
372	57 054	066	078	089	101	113	124	136	148	159
373	171	183	194	206	217	229	241	252	264	276
374	287	299	310	322	334	345	357	368	380	392
375	403	415	426	438	449	461	473	484	496	507
376	519	530	542	553	565	576	588	600	611	623
377	634	646	657	669	680	692	703	715	726	738
378	749	761	772	784	795	807	818	830	841	852
379	864	875	887	898	910	921	933	944	955	967
N.	L. 0	1	2	3	4	5	6	7	8	9

P. P.

	13	12	11
1	1,3	1,2	1,1
2	2,6	2,4	2,2
3	3,9	3,6	3,3
4	5,2	4,8	4,4
5	6,5	6,0	5,5
6	7,8	7,2	6,6
7	9,1	8,4	7,7
8	10,4	9,6	8,8
9	11,7	10,8	9,9

379
57

N.	L.	0	1	2	3	4	5	6	7	8	9	P. P.
380	57	978	990	*001	*013	*024	*035	*047	*058	*070	*081	
381	58	092	104	115	127	138	149	161	172	184	195	
382		206	218	229	240	252	263	274	286	297	309	
383		320	331	343	354	365	377	388	399	410	422	
384		433	444	456	467	478	490	501	512	524	535	
385		546	557	569	580	591	602	614	625	636	647	
386		659	670	681	692	704	715	726	737	749	760	12
387		771	782	794	805	816	827	838	850	861	872	1 1,2
388		883	894	906	917	928	939	950	961	973	984	2 2,4
389		995	*006	*017	*028	*040	*051	*062	*073	*084	*095	3 3,6
390	59	106	118	129	140	151	162	173	184	195	207	4 4,8
391		218	229	240	251	262	273	284	295	306	318	5 6,0
392		329	340	351	362	373	384	395	406	417	428	6 7,2
393		439	450	461	472	483	494	506	517	528	539	7 8,4
394		550	561	572	583	594	605	616	627	638	649	8 9,6
395		660	671	682	693	704	715	726	737	748	759	9 10,8
396		770	780	791	802	813	824	835	846	857	868	
397		879	890	901	912	923	934	945	956	966	977	
398		988	999	*010	*021	*032	*043	*054	*065	*076	*086	
399	60	097	108	119	130	141	152	163	173	184	195	
400		206	217	228	239	249	260	271	282	293	304	
401		314	325	336	347	358	369	379	390	401	412	11
402		423	433	444	455	466	477	487	498	509	520	1 1,1
403		531	541	552	563	574	584	595	606	617	627	2 2,2
404		638	649	660	670	681	692	703	713	724	735	3 3,3
405		746	756	767	778	788	799	810	821	831	842	4 4,4
406		853	863	874	885	895	906	917	927	938	949	5 5,5
407		959	970	981	991	*002	*013	*023	*034	*045	*055	6 6,6
408	61	066	077	087	098	109	119	130	140	151	162	7 7,7
409		172	183	194	204	215	225	236	247	257	268	8 8,8
410		278	289	300	310	321	331	342	352	363	374	9 9,9
411		384	395	405	416	426	437	448	458	469	479	
412		490	500	511	521	532	542	553	563	574	584	
413		595	606	616	627	637	648	658	669	679	690	
414		700	711	721	731	742	752	763	773	784	794	
N.	L.	0	1	2	3	4	5	6	7	8	9	P. P.

N.	L.	0	1	2	3	4	5	6	7	8	9
415	61	805	815	826	836	847	857	868	878	888	899
416		909	920	930	941	951	962	972	982	993	*003
417	62	014	024	034	045	055	066	076	086	097	107
418		118	128	138	149	159	170	180	190	201	211
419		221	232	242	252	263	273	284	294	304	315
420		325	335	346	356	366	377	387	397	408	418
421		428	439	449	459	469	480	490	500	511	521
422		531	542	552	562	572	583	593	603	613	624
423		634	644	655	665	675	685	696	706	716	726
424		737	747	757	767	778	788	798	808	818	829
425		839	849	859	870	880	890	900	910	921	931
426		941	951	961	972	982	992	*002	*012	*022	*033
427	63	043	053	063	073	083	094	104	114	124	134
428		144	155	165	175	185	195	205	215	225	236
429		246	256	266	276	286	296	306	317	327	337
430		347	357	367	377	387	397	407	417	428	438
431		448	458	468	478	488	498	508	518	528	538
432		548	558	568	579	589	599	609	619	629	639
433		649	659	669	679	689	699	709	719	729	739
434		749	759	769	779	789	799	809	819	829	839
435		849	859	869	879	889	899	909	919	929	939
436		949	959	969	979	988	998	*008	*018	*028	*038
437	64	048	058	068	078	088	098	108	118	128	137
438		147	157	167	177	187	197	207	217	227	237
439		246	256	266	276	286	296	306	316	326	335
440		345	355	365	375	385	395	404	414	424	434
441		444	454	464	473	483	493	503	513	523	532
442		542	552	562	572	582	591	601	611	621	631
443		640	650	660	670	680	689	699	709	719	729
444		738	748	758	768	777	787	797	807	816	826
445		836	846	856	865	875	885	895	904	914	924
446		933	943	953	963	972	982	992	*002	*011	*021
447	65	031	040	050	060	070	079	089	099	108	118
448		128	137	147	157	167	176	186	196	205	215
449		225	234	244	254	263	273	283	292	302	312
N.	L.	0	1	2	3	4	5	6	7	8	9

P. P.

	11	10	9
1	1,1	1,0	0,9
2	2,2	2,0	1,8
3	3,3	3,0	2,7
4	4,4	4,0	3,6
5	5,5	5,0	4,5
6	6,6	6,0	5,4
7	7,7	7,0	6,3
8	8,8	8,0	7,2
9	9,9	9,0	8,1

449
65

N.	L. 0	1	2	3	4	5	6	7	8	9
450	65 321	331	341	350	360	369	379	389	398	408
451	418	427	437	447	456	466	475	485	495	504
452	514	523	533	543	552	562	571	581	591	600
453	610	619	629	639	648	658	667	677	686	696
454	706	715	725	734	744	753	763	772	782	792
455	801	811	820	830	839	849	858	868	877	887
456	896	906	916	925	935	944	954	963	973	982
457	992	*001	*011	*020	*030	*039	*049	*058	*068	*077
458	66 087	096	106	115	124	134	143	153	162	172
459	181	191	200	210	219	229	238	247	257	266
460	276	285	295	304	314	323	332	342	351	361
461	370	380	389	398	408	417	427	436	445	455
462	464	474	483	492	502	511	521	530	539	549
463	558	567	577	586	596	605	614	624	633	642
464	652	661	671	680	689	699	708	717	727	736
465	745	755	764	773	783	792	801	811	820	829
466	839	848	857	867	876	885	894	904	913	922
467	932	941	950	960	969	978	987	997	*006	*015
468	67 025	034	043	052	062	071	080	089	099	108
469	117	127	136	145	154	164	173	182	191	201
470	210	219	228	237	247	256	265	274	284	293
471	302	311	321	330	339	348	357	367	376	385
472	394	403	413	422	431	440	449	459	468	477
473	486	495	504	514	523	532	541	550	560	569
474	578	587	596	605	614	624	633	642	651	660
475	669	679	688	697	706	715	724	733	742	752
476	761	770	779	788	797	806	815	825	834	843
477	852	861	870	879	888	897	906	916	925	934
478	943	952	961	970	979	988	997	*006	*015	*024
479	68 034	043	052	061	070	079	088	097	106	115
480	124	133	142	151	160	169	178	187	196	205
481	215	224	233	242	251	260	269	278	287	296
482	305	314	323	332	341	350	359	368	377	386
483	395	404	413	422	431	440	449	458	467	476
484	485	494	502	511	520	529	538	547	556	565
N.	L. 0	1	2	3	4	5	6	7	8	9

P. P.

	10
1	1,0
2	2,0
3	3,0
4	4,0
5	5,0
6	6,0
7	7,0
8	8,0
9	9,0

	9
1	0,9
2	1,8
3	2,7
4	3,6
5	4,5
6	5,4
7	6,3
8	7,2
9	8,1

N.	L. 0	1	2	3	4	5	6	7	8	9	P. P.
485	68 574	583	592	601	610	619	628	637	646	655	
486	664	673	681	690	699	708	717	726	735	744	
487	753	762	771	780	789	797	806	815	824	833	
488	842	851	860	869	878	886	895	904	913	922	
489	931	940	949	958	966	975	984	993	*002	*011	
490	69 020	028	037	046	055	064	073	082	090	099	
491	108	117	126	135	144	152	161	170	179	188	9
492	197	205	214	223	232	241	249	258	267	276	1 | 0,9
493	285	294	302	311	320	329	338	346	355	364	2 | 1,8
494	373	381	390	399	408	417	425	434	443	452	3 | 2,7
495	461	469	478	487	496	504	513	522	531	539	4 | 3,6 5 | 4,5
496	548	557	566	574	583	592	601	609	618	627	6 | 5,4
497	636	644	653	662	671	679	688	697	705	714	7 | 6,3
498	723	732	740	749	758	767	775	784	793	801	8 | 7,2
499	810	819	827	836	845	854	862	871	880	888	9 | 8,1
500	897	906	914	923	932	940	949	958	966	975	
501	984	992	*001	*010	*018	*027	*036	*044	*053	*062	
502	70 070	079	088	096	105	114	122	131	140	148	
503	157	165	174	183	191	200	209	217	226	234	
504	243	252	260	269	278	286	295	303	312	321	
505	329	338	346	355	364	372	381	389	398	406	
506	415	424	432	441	449	458	467	475	484	492	8
507	501	509	518	526	535	544	552	561	569	578	1 | 0,8
508	586	595	603	612	621	629	638	646	655	663	2 | 1,6
509	672	680	689	697	706	714	723	731	740	749	3 | 2,4 4 | 3,2
510	757	766	774	783	791	800	808	817	825	834	5 | 4,0
511	842	851	859	868	876	885	893	902	910	919	6 | 4,8 7 | 5,6
512	927	935	944	952	961	969	978	986	995	*003	8 | 6,4
513	71 012	020	029	037	046	054	063	071	079	088	9 | 7,2
514	096	105	113	122	130	139	147	155	164	172	
515	181	189	198	206	214	223	231	240	248	257	
516	265	273	282	290	299	307	315	324	332	341	
517	349	357	366	374	383	391	399	408	416	425	
518	433	441	450	458	466	475	483	492	500	508	
519	517	525	533	542	550	559	567	575	584	592	
N.	L. 0	1	2	3	4	5	6	7	8	9	P. P.

519
71

N.	L. 0	1	2	3	4	5	6	7	8	9	P. P.
520	71 600	609	617	625	634	642	650	659	667	675	
521	684	692	700	709	717	725	734	742	750	759	
522	767	775	784	792	800	809	817	825	834	842	
523	850	858	867	875	883	892	900	908	917	925	
524	933	941	950	958	966	975	983	991	999	*008	
525	72 016	024	032	041	049	057	066	074	082	090	
526	099	107	115	123	132	140	148	156	165	173	9
527	181	189	198	206	214	222	230	239	247	255	1 0,9
528	263	272	280	288	296	304	313	321	329	337	2 1,8
529	346	354	362	370	378	387	395	403	411	419	3 2,7
530	428	436	444	452	460	469	477	485	493	501	4 3,6 5 4,5
531	509	518	526	534	542	550	558	567	575	583	6 5,4
532	591	599	607	616	624	632	640	648	656	665	7 6,3
533	673	681	689	697	705	713	722	730	738	746	8 7,2
534	754	762	770	779	787	795	803	811	819	827	9 8,1
535	835	843	852	860	868	876	884	892	900	908	
536	916	925	933	941	949	957	965	973	981	989	
537	997	*006	*014	*022	*030	*038	*046	*054	*062	*070	
538	73 078	086	094	102	111	119	127	135	143	151	
539	159	167	175	183	191	199	207	215	223	231	
540	239	247	255	263	272	280	288	296	304	312	
541	320	328	336	344	352	360	368	376	384	392	8
542	400	408	416	424	432	440	448	456	464	472	1 0,8 2 1,6
543	480	488	496	504	512	520	528	536	544	552	3 2,4
544	560	568	576	584	592	600	608	616	624	632	4 3,2
545	640	648	656	664	672	679	687	695	703	711	5 4,0 6 4,8
546	719	727	735	743	751	759	767	775	783	791	7 5,6
547	799	807	815	823	830	838	846	854	862	870	8 6,4
548	878	886	894	902	910	918	926	933	941	949	9 7,2
549	957	965	973	981	989	997	*005	*013	*020	*028	
550	74 036	044	052	060	068	076	084	092	099	107	
551	115	123	131	139	147	155	162	170	178	186	
552	194	202	210	218	225	233	241	249	257	265	
553	273	280	288	296	304	312	320	327	335	343	
554	351	359	367	374	382	390	398	406	414	421	
N.	L. 0	1	2	3	4	5	6	7	8	9	P. P.

N.	L.	0	1	2	3	4	5	6	7	8	9
555	74	429	437	445	453	461	468	476	484	492	500
556		507	515	523	531	539	547	554	562	570	578
557		586	593	601	609	617	624	632	640	648	656
558		663	671	679	687	695	702	710	718	726	733
559		741	749	757	764	772	780	788	796	803	811
560		819	827	834	842	850	858	865	873	881	889
561		896	904	912	920	927	935	943	950	958	966
562		974	981	989	997	*005	*012	*020	*028	*035	*043
563	75	051	059	066	074	082	089	097	105	113	120
564		128	136	143	151	159	166	174	182	189	197
565		205	213	220	228	236	243	251	259	266	274
566		282	289	297	305	312	320	328	335	343	351
567		358	366	374	381	389	397	404	412	420	427
568		435	442	450	458	465	473	481	488	496	504
569		511	519	526	534	542	549	557	565	572	580
570		587	595	603	610	618	626	633	641	648	656
571		664	671	679	686	694	702	709	717	724	732
572		740	747	755	762	770	778	785	793	800	808
573		815	823	831	838	846	853	861	868	876	884
574		891	899	906	914	921	929	937	944	952	959
575		967	974	982	989	997	*005	*012	*020	*027	*035
576	76	042	050	057	065	072	080	087	095	103	110
577		118	125	133	140	148	155	163	170	178	185
578		193	200	208	215	223	230	238	245	253	260
579		268	275	283	290	298	305	313	320	328	335
580		343	350	358	365	373	380	388	395	403	410
581		418	425	433	440	448	455	462	470	477	485
582		492	500	507	515	522	530	537	545	552	559
583		567	574	582	589	597	604	612	619	626	634
584		641	649	656	664	671	678	686	693	701	708
585		716	723	730	738	745	753	760	768	775	782
586		790	797	805	812	819	827	834	842	849	856
587		864	871	879	886	893	901	908	916	923	930
588		938	945	953	960	967	975	982	989	997	*004
589	77	012	019	026	034	041	048	056	063	070	078
N.	L.	0	1	2	3	4	5	6	7	8	9

P. P.

	8
1	0,8
2	1,6
3	2,4
4	3,2
5	4,0
6	4,8
7	5,6
8	6,4
9	7,2

	7
1	0,7
2	1,4
3	2,1
4	2,8
5	3,5
6	4,2
7	4,9
8	5,6
9	6,3

P. P.

N.	L. 0	1	2	3	4	5	6	7	8	9
590	77 085	093	100	107	115	122	129	137	144	151
591	159	166	173	181	188	195	203	210	217	225
592	232	240	247	254	262	269	276	283	291	298
593	305	313	320	327	335	342	349	357	364	371
594	379	386	393	401	408	415	422	430	437	444
595	452	459	466	474	481	488	495	503	510	517
596	525	532	539	546	554	561	568	576	583	590
597	597	605	612	619	627	634	641	648	656	663
598	670	677	685	692	699	706	714	721	728	735
599	743	750	757	764	772	779	786	793	801	808
600	815	822	830	837	844	851	859	866	873	880
601	887	895	902	909	916	924	931	938	945	952
602	960	967	974	981	988	996	*003	*010	*017	*025
603	78 032	039	046	053	061	068	075	082	089	097
604	104	111	118	125	132	140	147	154	161	168
605	176	183	190	197	204	211	219	226	233	240
606	247	254	262	269	276	283	290	297	305	312
607	319	326	333	340	347	355	362	369	376	383
608	390	398	405	412	419	426	433	440	447	455
609	462	469	476	483	490	497	504	512	519	526
610	533	540	547	554	561	569	576	583	590	597
611	604	611	618	625	633	640	647	654	661	668
612	675	682	689	696	704	711	718	725	732	739
613	746	753	760	767	774	781	789	796	803	810
614	817	824	831	838	845	852	859	866	873	880
615	888	895	902	909	916	923	930	937	944	951
616	958	965	972	979	986	993	*000	*007	*014	*021
617	79 029	036	043	050	057	064	071	078	085	092
618	099	106	113	120	127	134	141	148	155	162
619	169	176	183	190	197	204	211	218	225	232
620	239	246	253	260	267	274	281	288	295	302
621	309	316	323	330	337	344	351	358	365	372
622	379	386	393	400	407	414	421	428	435	442
623	449	456	463	470	477	484	491	498	505	511
624	518	525	532	539	546	553	560	567	574	581
N.	L. 0	1	2	3	4	5	6	7	8	9

P. P.

	8
1	0,8
2	1,6
3	2,4
4	3,2
5	4,0
6	4,8
7	5,6
8	6,4
9	7,2

	7
1	0,7
2	1,4
3	2,1
4	2,8
5	3,5
6	4,2
7	4,9
8	5,6
9	6,3

N.	L.	0	1	2	3	4	5	6	7	8	9	P. P.
625	79	588	595	602	609	616	623	630	637	644	650	
626		657	664	671	678	685	692	699	706	713	720	
627		727	734	741	748	754	761	768	775	782	789	
628		796	803	810	817	824	831	837	844	851	858	
629		865	872	879	886	893	900	906	913	920	927	
630		934	941	948	955	962	969	975	982	989	996	
631	80	003	010	017	024	030	037	044	051	058	065	
632		072	079	085	092	099	106	113	120	127	134	
633		140	147	154	161	168	175	182	188	195	202	
634		209	216	223	229	236	243	250	257	264	271	
635		277	284	291	298	305	312	318	325	332	339	
636		346	353	359	366	373	380	387	393	400	407	
637		414	421	428	434	441	448	455	462	468	475	
638		482	489	496	502	509	516	523	530	536	543	
639		550	557	564	570	577	584	591	598	604	611	
640		618	625	632	638	645	652	659	665	672	679	
641		686	693	699	706	713	720	726	733	740	747	
642		754	760	767	774	781	787	794	801	808	814	
643		821	828	835	841	848	855	862	868	875	882	
644		889	895	902	909	916	922	929	936	943	949	
645		956	963	969	976	983	990	996	*003	*010	*017	
646	81	023	030	037	043	050	057	064	070	077	084	
647		090	097	104	111	117	124	131	137	144	151	
648		158	164	171	178	184	191	198	204	211	218	
649		224	231	238	245	251	258	265	271	278	285	
650		291	298	305	311	318	325	331	338	345	351	
651		358	365	371	378	385	391	398	405	411	418	
652		425	431	438	445	451	458	465	471	478	485	
653		491	498	505	511	518	525	531	538	544	551	
654		558	564	571	578	584	591	598	604	611	617	
655		624	631	637	644	651	657	664	671	677	684	
656		690	697	704	710	717	723	730	737	743	750	
657		757	763	770	776	783	790	796	803	809	816	
658		823	829	836	842	849	856	862	869	875	882	
659		889	895	902	908	915	921	928	935	941	948	
N.	L.	0	1	2	3	4	5	6	7	8	9	P. P.

P. P.

	7
1	0,7
2	1,4
3	2,1
4	2,8
5	3,5
6	4,2
7	4,9
8	5,6
9	6,3

	6
1	0,6
2	1,2
3	1,8
4	2,4
5	3,0
6	3,6
7	4,2
8	4,8
9	5,4

N.	L. 0	1	2	3	4	5	6	7	8	9
660	81 954	961	968	974	981	987	994	*000	*007	*014
661	82 020	027	033	040	046	053	060	066	073	079
662	086	092	099	105	112	119	125	132	138	145
663	151	158	164	171	178	184	191	197	204	210
664	217	223	230	236	243	249	256	263	269	276
665	282	289	295	302	308	315	321	328	334	341
666	347	354	360	367	373	380	387	393	400	406
667	413	419	426	432	439	445	452	458	465	471
668	478	484	491	497	504	510	517	523	530	536
669	543	549	556	562	569	575	582	588	595	601
670	607	614	620	627	633	640	646	653	659	666
671	672	679	685	692	698	705	711	718	724	730
672	737	743	750	756	763	769	776	782	789	795
673	802	808	814	821	827	834	840	847	853	860
674	866	872	879	885	892	898	905	911	918	924
675	930	937	943	950	956	963	969	975	982	988
676	995	*001	*008	*014	*020	*027	*033	*040	*046	*052
677	83 059	065	072	078	085	091	097	104	110	117
678	123	129	136	142	149	155	161	168	174	181
679	187	193	200	206	213	219	225	232	238	245
680	251	257	264	270	276	283	289	296	302	308
681	315	321	327	334	340	347	353	359	366	372
682	378	385	391	398	404	410	417	423	429	436
683	442	448	455	461	467	474	480	487	493	499
684	506	512	518	525	531	537	544	550	556	563
685	569	575	582	588	594	601	607	613	620	626
686	632	639	645	651	658	664	670	677	683	689
687	696	702	708	715	721	727	734	740	746	753
688	759	765	771	778	784	790	797	803	809	816
689	822	828	835	841	847	853	860	866	872	879
690	885	891	897	904	910	916	923	929	935	942
691	948	954	960	967	973	979	985	992	998	*004
692	84 011	017	023	029	036	042	048	055	061	067
693	073	080	086	092	098	105	111	117	123	130
694	136	142	148	155	161	167	173	180	186	192
N.	L. 0	1	2	3	4	5	6	7	8	9

P. P.

	7
1	0,7
2	1,4
3	2,1
4	2,8
5	3,5
6	4,2
7	4,9
8	5,6
9	6,3

	6
1	0,6
2	1,2
3	1,8
4	2,4
5	3,0
6	3,6
7	4,2
8	4,8
9	5,4

P. P.

N.	L. 0	1	2	3	4	5	6	7	8	9	P. P.
695	84 198	205	211	217	223	230	236	242	248	255	
696	261	267	273	280	286	292	298	305	311	317	
697	323	330	336	342	348	354	361	367	373	379	
698	386	392	398	404	410	417	423	429	435	442	
699	448	454	460	466	473	479	485	491	497	504	
700	510	516	522	528	535	541	547	553	559	566	
701	572	578	584	590	597	603	609	615	621	628	**6**
702	634	640	646	652	658	665	671	677	683	689	1 | 0,6
703	696	702	708	714	720	726	733	739	745	751	2 | 1,2
704	757	763	770	776	782	788	794	800	807	813	3 | 1,8
705	819	825	831	837	844	850	856	862	868	874	4 | 2,4
706	880	887	893	899	905	911	917	924	930	936	5 | 3,0
707	942	948	954	960	967	973	979	985	991	997	6 | 3,6
708	85 003	009	016	022	028	034	040	046	052	058	7 | 4,2
709	065	071	077	083	089	095	101	107	114	120	8 | 4,8
710	126	132	138	144	150	156	163	169	175	181	9 | 5,4
711	187	193	199	205	211	217	224	230	236	242	
712	248	254	260	266	272	278	285	291	297	303	
713	309	315	321	327	333	339	345	352	358	364	
714	370	376	382	388	394	400	406	412	418	425	
715	431	437	443	449	455	461	467	473	479	485	
716	491	497	503	509	516	522	528	534	540	546	**5**
717	552	558	564	570	576	582	588	594	600	606	1 | 0,5
718	612	618	625	631	637	643	649	655	661	667	2 | 1,0
719	673	679	685	691	697	703	709	715	721	727	3 | 1,5
720	733	739	745	751	757	763	769	775	781	788	4 | 2,0
721	794	800	806	812	818	824	830	836	842	848	5 | 2,5
722	854	860	866	872	878	884	890	896	902	908	6 | 3,0
723	914	920	926	932	938	944	950	956	962	968	7 | 3,5
724	974	980	986	992	998	*004	*010	*016	*022	*028	8 | 4,0
725	86 034	040	046	052	058	064	070	076	082	088	9 | 4,5
726	094	100	106	112	118	124	130	136	141	147	
727	153	159	165	171	177	183	189	195	201	207	
728	213	219	225	231	237	243	249	255	261	267	
729	273	279	285	291	297	303	308	314	320	326	
N.	L. 0	1	2	3	4	5	6	7	8	9	P. P.

729
86_3

N.	L. 0	1	2	3	4	5	6	7	8	9
730	86 332	338	344	350	356	362	368	374	380	386
731	392	398	404	410	415	421	427	433	439	445
732	451	457	463	469	475	481	487	493	499	504
733	510	516	522	528	534	540	546	552	558	564
734	570	576	581	587	593	599	605	611	617	623
735	629	635	641	646	652	658	664	670	676	682
736	688	694	700	705	711	717	723	729	735	741
737	747	753	759	764	770	776	782	788	794	800
738	806	812	817	823	829	835	841	847	853	859
739	864	870	876	882	888	894	900	906	911	917
740	923	929	935	941	947	953	958	964	970	976
741	982	988	994	999	*005	*011	*017	*023	*029	*035
742	87 040	046	052	058	064	070	075	081	087	093
743	099	105	111	116	122	128	134	140	146	151
744	157	163	169	175	181	186	192	198	204	210
745	216	221	227	233	239	245	251	256	262	268
746	274	280	286	291	297	303	309	315	320	326
747	332	338	344	349	355	361	367	373	379	384
748	390	396	402	408	413	419	425	431	437	442
749	448	454	460	466	471	477	483	489	495	500
750	506	512	518	523	529	535	541	547	552	558
751	564	570	576	581	587	593	599	604	610	616
752	622	628	633	639	645	651	656	662	668	674
753	679	685	691	697	703	708	714	720	726	731
754	737	743	749	754	760	766	772	777	783	789
755	795	800	806	812	818	823	829	835	841	846
756	852	858	864	869	875	881	887	892	898	904
757	910	915	921	927	933	938	944	950	955	961
758	967	973	978	984	990	996	*001	*007	*013	*018
759	88 024	030	036	041	047	053	058	064	070	076
760	081	087	093	098	104	110	116	121	127	133
761	138	144	150	156	161	167	173	178	184	190
762	195	201	207	213	218	224	230	235	241	247
763	252	258	264	270	275	281	287	292	298	304
764	309	315	321	326	332	338	343	349	355	360
N.	L. 0	1	2	3	4	5	6	7	8	9

P. P.

	6
1	0,6
2	1,2
3	1,8
4	2,4
5	3,0
6	3,6
7	4,2
8	4,8
9	5,4

	5
1	0,5
2	1,0
3	1,5
4	2,0
5	2,5
6	3,0
7	3,5
8	4,0
9	4,5

N.	L. 0	1	2	3	4	5	6	7	8	9
765	88 366	372	377	383	389	395	400	406	412	417
766	423	429	434	440	446	451	457	463	468	474
767	480	485	491	497	502	508	513	519	525	530
768	536	542	547	553	559	564	570	576	581	587
769	593	598	604	610	615	621	627	632	638	643
770	649	655	660	666	672	677	683	689	694	700
771	705	711	717	722	728	734	739	745	750	756
772	762	767	773	779	784	790	795	801	807	812
773	818	824	829	835	840	846	852	857	863	868
774	874	880	885	891	897	902	908	913	919	925
775	930	936	941	947	953	958	964	969	975	981
776	986	992	997	*003	*009	*014	*020	*025	*031	*037
777	89 042	048	053	059	064	070	076	081	087	092
778	098	104	109	115	120	126	131	137	143	148
779	154	159	165	170	176	182	187	193	198	204
780	209	215	221	226	232	237	243	248	254	260
781	265	271	276	282	287	293	298	304	310	315
782	321	326	332	337	343	348	354	360	365	371
783	376	382	387	393	398	404	409	415	421	426
784	432	437	443	448	454	459	465	470	476	481
785	487	492	498	504	509	515	520	526	531	537
786	542	548	553	559	564	570	575	581	586	592
787	597	603	609	614	620	625	631	636	642	647
788	653	658	664	669	675	680	686	691	697	702
789	708	713	719	724	730	735	741	746	752	757
790	763	768	774	779	785	790	796	801	807	812
791	818	823	829	834	840	845	851	856	862	867
792	873	878	883	889	894	900	905	911	916	922
793	927	933	938	944	949	955	960	966	971	977
794	982	988	993	998	*004	*009	*015	*020	*026	*031
795	90 037	042	048	053	059	064	069	075	080	086
796	091	097	102	108	113	119	124	129	135	140
797	146	151	157	162	168	173	179	184	189	195
798	200	206	211	217	222	227	233	238	244	249
799	255	260	266	271	276	282	287	293	298	304
N.	L. 0	1	2	3	4	5	6	7	8	9

P. P.

	6
1	0,6
2	1,2
3	1,8
4	2,4
5	3,0
6	3,6
7	4,2
8	4,8
9	5,4

	5
1	0,5
2	1,0
3	1,5
4	2,0
5	2,5
6	3,0
7	3,5
8	4,0
9	4,5

799
90_3

N.	L. 0	1	2	3	4	5	6	7	8	9
800	90 309	314	320	325	331	336	342	347	352	358
801	363	369	374	380	385	390	396	401	407	412
802	417	423	428	434	439	445	450	455	461	466
803	472	477	482	488	493	499	504	509	515	520
804	526	531	536	542	547	553	558	563	569	574
805	580	585	590	596	601	607	612	617	623	628
806	634	639	644	650	655	660	666	671	677	682
807	687	693	698	703	709	714	720	725	730	736
808	741	747	752	757	763	768	773	779	784	789
809	795	800	806	811	816	822	827	832	838	843
810	849	854	859	865	870	875	881	886	891	897
811	902	907	913	918	924	929	934	940	945	950
812	956	961	966	972	977	982	988	993	998	*004
813	91 009	014	020	025	030	036	041	046	052	057
814	062	068	073	078	084	089	094	100	105	110
815	116	121	126	132	137	142	148	153	158	164
816	169	174	180	185	190	196	201	206	212	217
817	222	228	233	238	243	249	254	259	265	270
818	275	281	286	291	297	302	307	312	318	323
819	328	334	339	344	350	355	360	365	371	376
820	381	387	392	397	403	408	413	418	424	429
821	434	440	445	450	455	461	466	471	477	482
822	487	492	498	503	508	514	519	524	529	535
823	540	545	551	556	561	566	572	577	582	587
824	593	598	603	609	614	619	624	630	635	640
825	645	651	656	661	666	672	677	682	687	693
826	698	703	709	714	719	724	730	735	740	745
827	751	756	761	766	772	777	782	787	793	798
828	803	808	814	819	824	829	834	840	845	850
829	855	861	866	871	876	882	887	892	897	903
830	908	913	918	924	929	934	939	944	950	955
831	960	965	971	976	981	986	991	997	*002	*007
832	92 012	018	023	028	033	038	044	049	054	059
833	065	070	075	080	085	091	096	101	106	111
834	117	122	127	132	137	143	148	153	158	163
N.	L. 0	1	2	3	4	5	6	7	8	9

P. P.

	6
1	0,6
2	1,2
3	1,8
4	2,4
5	3,0
6	3,6
7	4,2
8	4,8
9	5,4

	5
1	0,5
2	1,0
3	1,5
4	2,0
5	2,5
6	3,0
7	3,5
8	4,0
9	4,5

N.	L. 0	1	2	3	4	5	6	7	8	9	P. P.
835	92 169	174	179	184	189	195	200	205	210	215	
836	221	226	231	236	241	247	252	257	262	267	
837	273	278	283	288	293	298	304	309	314	319	
838	324	330	335	340	345	350	355	361	366	371	
839	376	381	387	392	397	402	407	412	418	423	
840	428	433	438	443	449	454	459	464	469	474	
841	480	485	490	495	500	505	511	516	521	526	
842	531	536	542	547	552	557	562	567	572	578	
843	583	588	593	598	603	609	614	619	624	629	
844	634	639	645	650	655	660	665	670	675	681	
845	686	691	696	701	706	711	716	722	727	732	
846	737	742	747	752	758	763	768	773	778	783	
847	788	793	799	804	809	814	819	824	829	834	
848	840	845	850	855	860	865	870	875	881	886	
849	891	896	901	906	911	916	921	927	932	937	
850	942	947	952	957	962	967	973	978	983	988	
851	993	998	*003	*008	*013	*018	*024	*029	*034	*039	
852	93 044	049	054	059	064	069	075	080	085	090	
853	095	100	105	110	115	120	125	131	136	141	
854	146	151	156	161	166	171	176	181	186	192	
855	197	202	207	212	217	222	227	232	237	242	
856	247	252	258	263	268	273	278	283	288	293	
857	298	303	308	313	318	323	328	334	339	344	
858	349	354	359	364	369	374	379	384	389	394	
859	399	404	409	414	420	425	430	435	440	445	
860	450	455	460	465	470	475	480	485	490	495	
861	500	505	510	515	520	526	531	536	541	546	
862	551	556	561	566	571	576	581	586	591	596	
863	601	606	611	616	621	626	631	636	641	646	
864	651	656	661	666	671	676	682	687	692	697	
865	702	707	712	717	722	727	732	737	742	747	
866	752	757	762	767	772	777	782	787	792	797	
867	802	807	812	817	822	827	832	837	842	847	
868	852	857	862	867	872	877	882	887	892	897	
869	902	907	912	917	922	927	932	937	942	947	
N.	L. 0	1	2	3	4	5	6	7	8	9	P P.

P. P.

	6
1	0.6
2	1,2
3	1,8
4	2,4
5	3,0
6	3,6
7	4,2
8	4,8
9	5,4

	5
1	0,5
2	1,0
3	1,5
4	2,0
5	2,5
6	3,0
7	3,5
8	4,0
9	4,5

869
93

N.	L. 0	1	2	3	4	5	6	7	8	9
870	93 952	957	962	967	972	977	982	987	992	997
871	94 002	007	012	017	022	027	032	037	042	047
872	052	057	062	067	072	077	082	086	091	096
873	101	106	111	116	121	126	131	136	141	146
874	151	156	161	166	171	176	181	186	191	196
875	201	206	211	216	221	226	231	236	240	245
876	250	255	260	265	270	275	280	285	290	295
877	300	305	310	315	320	325	330	335	340	345
878	349	354	359	364	369	374	379	384	389	394
879	399	404	409	414	419	424	429	433	438	443
880	448	453	458	463	468	473	478	483	488	493
881	498	503	507	512	517	522	527	532	537	542
882	547	552	557	562	567	571	576	581	586	591
883	596	601	606	611	616	621	626	630	635	640
884	645	650	655	660	665	670	675	680	685	689
885	694	699	704	709	714	719	724	729	734	738
886	743	748	753	758	763	768	773	778	783	787
887	792	797	802	807	812	817	822	827	832	836
888	841	846	851	856	861	866	871	876	880	885
889	890	895	900	905	910	915	919	924	929	934
890	939	944	949	954	959	963	968	973	978	983
891	988	993	998	*002	*007	*012	*017	*022	*027	*032
892	95 036	041	046	051	056	061	066	071	075	080
893	085	090	095	100	105	109	114	119	124	129
894	134	139	143	148	153	158	163	168	173	177
895	182	187	192	197	202	207	211	216	221	226
896	231	236	240	245	250	255	260	265	270	274
897	279	284	289	294	299	303	308	313	318	323
898	328	332	337	342	347	352	357	361	366	371
899	376	381	386	390	395	400	405	410	415	419
900	424	429	434	439	444	448	453	458	463	468
901	472	477	482	487	492	497	501	506	511	516
902	521	525	530	535	540	545	550	554	559	564
903	569	574	578	583	588	593	598	602	607	612
904	617	622	626	631	636	641	646	650	655	660
N.	L. 0	1	2	3	4	5	6	7	8	9

P. P.

	5
1	0,5
2	1,0
3	1,5
4	2,0
5	2,5
6	3,0
7	3,5
8	4,0
9	4,5

	4
1	0,4
2	0,8
3	1,2
4	1,6
5	2,0
6	2,4
7	2,8
8	3,2
9	3,6

N.	L. 0	1	2	3	4	5	6	7	8	9	P. P.
905	95 665	670	674	679	684	689	694	698	703	708	
906	713	718	722	727	732	737	742	746	751	756	
907	761	766	770	775	780	785	789	794	799	804	
908	809	813	818	823	828	832	837	842	847	852	
909	856	861	866	871	875	880	885	890	895	899	
910	904	909	914	918	923	928	933	938	942	947	
911	952	957	961	966	971	976	980	985	990	995	
912	999	*004	*009	*014	*019	*023	*028	*033	*038	*042	
913	96 047	052	057	061	066	071	076	080	085	090	
914	095	099	104	109	114	118	123	128	133	137	
915	142	147	152	156	161	166	171	175	180	185	
916	190	194	199	204	209	213	218	223	227	232	
917	237	242	246	251	256	261	265	270	275	280	
918	284	289	294	298	303	308	313	317	322	327	
919	332	336	341	346	350	355	360	365	369	374	
920	379	384	388	393	398	402	407	412	417	421	
921	426	431	435	440	445	450	454	459	464	468	
922	473	478	483	487	492	497	501	506	511	515	
923	520	525	530	534	539	544	548	553	558	562	
924	567	572	577	581	586	591	595	600	605	609	
925	614	619	624	628	633	638	642	647	652	656	
926	661	666	670	675	680	685	689	694	699	703	
927	708	713	717	722	727	731	736	741	745	750	
928	755	759	764	769	774	778	783	788	792	797	
929	802	806	811	816	820	825	830	834	839	844	
930	848	853	858	862	867	872	876	881	886	890	
931	895	900	904	909	914	918	923	928	932	937	
932	942	946	951	956	960	965	970	974	979	984	
933	988	993	997	*002	*007	*011	*016	*021	*025	*030	
934	97 035	039	044	049	053	058	063	067	072	077	
935	081	086	090	095	100	104	109	114	118	123	
936	128	132	137	142	146	151	155	160	165	169	
937	174	179	183	188	192	197	202	206	211	216	
938	220	225	230	234	239	243	248	253	257	262	
939	267	271	276	280	285	290	294	299	304	308	
N.	L. 0	1	2	3	4	5	6	7	8	9	P. P.

	5
1	0,5
2	1,0
3	1,5
4	2,0
5	2,5
6	3,0
7	3,5
8	4,0
9	4,5

	4
1	0,4
2	0,8
3	1,2
4	1,6
5	2,0
6	2,4
7	2,8
8	3,2
9	3,6

939
97_3

N.	L.	0	1	2	3	4	5	6	7	8	9
940	97	313	317	322	327	331	336	340	345	350	354
941		359	364	368	373	377	382	387	391	396	400
942		405	410	414	419	424	428	433	437	442	447
943		451	456	460	465	470	474	479	483	488	493
944		497	502	506	511	516	520	525	529	534	539
945		543	548	552	557	562	566	571	575	580	585
946		589	594	598	603	607	612	617	621	626	630
947		635	640	644	649	653	658	663	667	672	676
948		681	685	690	695	699	704	708	713	717	722
949		727	731	736	740	745	749	754	759	763	768
950		772	777	782	786	791	795	800	804	809	813
951		818	823	827	832	836	841	845	850	855	859
952		864	868	873	877	882	886	891	896	900	905
953		909	914	918	923	928	932	937	941	946	950
954		955	959	964	968	973	978	982	987	991	996
955	98	000	005	009	014	019	023	028	032	037	041
956		046	050	055	059	064	068	073	078	082	087
957		091	096	100	105	109	114	118	123	127	132
958		137	141	146	150	155	159	164	168	173	177
959		182	186	191	195	200	204	209	214	218	223
960		227	232	236	241	245	250	254	259	263	268
961		272	277	281	286	290	295	299	304	308	313
962		318	322	327	331	336	340	345	349	354	358
963		363	367	372	376	381	385	390	394	399	403
964		408	412	417	421	426	430	435	439	444	448
965		453	457	462	466	471	475	480	484	489	493
966		498	502	507	511	516	520	525	529	534	538
967		543	547	552	556	561	565	570	574	579	583
968		588	592	597	601	605	610	614	619	623	628
969		632	637	641	646	650	655	659	664	668	673
970		677	682	686	691	695	700	704	709	713	717
971		722	726	731	735	740	744	749	753	758	762
972		767	771	776	780	784	789	793	798	802	807
973		811	816	820	825	829	834	838	843	847	851
974		856	860	865	869	874	878	883	887	892	896
N.	L.	0	1	2	3	4	5	6	7	8	9

P. P.

	5
1	0,5
2	1,0
3	1,5
4	2,0
5	2,5
6	3,0
7	3,5
8	4,0
9	4,5

	4
1	0,4
2	0,8
3	1,2
4	1,6
5	2,0
6	2,4
7	2,8
8	3,2
9	3,6

P. P.

N.	L. 0	1	2	3	4	5	6	7	8	9	P. P.
975	98 900	905	909	914	918	923	927	932	936	941	5
976	945	949	954	958	963	967	972	976	981	985	1 | 0,5
977	989	994	998	*003	*007	*012	*016	*021	*025	*029	2 | 1,0
978	99 034	038	043	047	052	056	061	065	069	074	3 | 1,5
979	078	083	087	092	096	100	105	109	114	118	4 | 2,0
980	123	127	131	136	140	145	149	154	158	162	5 | 2,5
981	167	171	176	180	185	189	193	198	202	207	6 | 3,0
982	211	216	220	224	229	233	238	242	247	251	7 | 3,5
983	255	260	264	269	273	277	282	286	291	295	8 | 4,0
984	300	304	308	313	317	322	326	330	335	339	9 | 4,5
985	344	348	352	357	361	366	370	374	379	383	
986	388	392	396	401	405	410	414	419	423	427	
987	432	436	441	445	449	454	458	463	467	471	4
988	476	480	484	489	493	498	502	506	511	515	1 | 0,4
989	520	524	528	533	537	542	546	550	555	559	2 | 0,8
990	564	568	572	577	581	585	590	594	599	603	3 | 1,2
991	607	612	616	621	625	629	634	638	642	647	4 | 1,6
992	651	656	660	664	669	673	677	682	686	691	5 | 2,0
993	695	699	704	708	712	717	721	726	730	734	6 | 2,4
994	739	743	747	752	756	760	765	769	774	778	7 | 2,8
995	782	787	791	795	800	804	808	813	817	822	8 | 3,2
996	826	830	835	839	843	848	852	856	861	865	9 | 3,6
997	870	874	878	883	887	891	896	900	904	909	
998	913	917	922	926	930	935	939	944	948	952	
999	957	961	965	970	974	978	983	987	991	996	
N.	L. 0	1	2	3	4	5	6	7	8	9	P. P.

999
99 9

N.	0	1	2	3	4	5	6	7	8	9	1	2	3	4	5	6	7	8	9
10	0000	0043	0086	0128	0170	0212	0253	0294	0334	0374	4	8	12	17	21	25	29	33	37
11	0414	0453	0492	0531	0569	0607	0645	0682	0719	0755	4	8	11	15	19	23	27	30	34
12	0792	0828	0864	0899	0934	0969	1004	1038	1072	1106	3	7	10	14	17	21	24	28	31
13	1139	1173	1206	1239	1271	1303	1335	1367	1399	1430	3	6	10	13	16	19	23	26	29
14	1461	1492	1523	1553	1584	1614	1644	1673	1703	1732	3	6	9	12	15	18	21	24	27
15	1761	1790	1818	1847	1875	1903	1931	1959	1987	2014	3	6	8	11	14	17	20	22	25
16	2041	2068	2095	2122	2148	2175	2201	2227	2253	2279	3	5	8	11	13	16	18	21	24
17	2304	2330	2355	2380	2405	2430	2455	2480	2504	2529	2	5	7	10	12	15	17	20	22
18	2553	2577	2601	2625	2648	2672	2695	2718	2742	2765	2	5	7	9	12	14	16	19	21
19	2788	2810	2833	2856	2878	2900	2923	2945	2967	2989	2	4	7	9	11	13	16	18	20
20	3010	3032	3054	3075	3096	3118	3139	3160	3181	3201	2	4	6	8	11	13	15	17	19
21	3222	3243	3263	3284	3304	3324	3345	3365	3385	3404	2	4	6	8	10	12	14	16	18
22	3424	3444	3464	3483	3502	3522	3541	3560	3579	3598	2	4	6	8	10	12	14	15	17
23	3617	3636	3655	3674	3692	3711	3729	3747	3766	3784	2	4	6	7	9	11	13	15	17
24	3802	3820	3838	3856	3874	3892	3909	3927	3945	3962	2	4	5	7	9	11	12	14	16
25	3979	3997	4014	4031	4048	4065	4082	4099	4116	4133	2	3	5	7	9	10	12	14	15
26	4150	4166	4183	4200	4216	4232	4249	4265	4281	4298	2	3	5	7	8	10	11	13	15
27	4314	4330	4346	4362	4378	4393	4409	4425	4440	4456	2	3	5	6	8	9	11	13	14
28	4472	4487	4502	4518	4533	4548	4564	4579	4594	4609	2	3	5	6	8	9	11	12	14
29	4624	4639	4654	4669	4683	4698	4713	4728	4742	4757	1	3	4	6	7	9	10	12	13
30	4771	4786	4800	4814	4829	4843	4857	4871	4886	4900	1	3	4	6	7	9	10	11	13
31	4914	4928	4942	4955	4969	4983	4997	5011	5024	5038	1	3	4	6	7	8	10	11	12
32	5051	5065	5079	5092	5105	5119	5132	5145	5159	5172	1	3	4	5	7	8	9	11	12
33	5185	5198	5211	5224	5237	5250	5263	5276	5289	5302	1	3	4	5	6	8	9	10	12
34	5315	5328	5340	5353	5366	5378	5391	5403	5416	5428	1	3	4	5	6	8	9	10	11
35	5441	5453	5465	5478	5490	5502	5514	5527	5539	5551	1	2	4	5	6	7	9	10	11
36	5563	5575	5587	5599	5611	5623	5635	5647	5658	5670	1	2	4	5	6	7	8	10	11
37	5682	5694	5705	5717	5729	5740	5752	5763	5775	5786	1	2	3	5	6	7	8	9	10
38	5798	5809	5821	5832	5843	5855	5866	5877	5888	5899	1	2	3	5	6	7	8	9	10
39	5911	5922	5933	5944	5955	5966	5977	5988	5999	6010	1	2	3	4	5	7	8	9	10
40	6021	6031	6042	6053	6064	6075	6085	6096	6107	6117	1	2	3	4	5	6	8	9	10
41	6128	6138	6149	6160	6170	6180	6191	6201	6212	6222	1	2	3	4	5	6	7	8	9
42	6232	6243	6253	6263	6274	6284	6294	6304	6314	6325	1	2	3	4	5	6	7	8	9
43	6335	6345	6355	6365	6375	6385	6395	6405	6415	6425	1	2	3	4	5	6	7	8	9
44	6435	6444	6454	6464	6474	6484	6493	6503	6513	6522	1	2	3	4	5	6	7	8	9
45	6532	6542	6551	6561	6571	6580	6590	6599	6609	6618	1	2	3	4	5	6	7	8	9
46	6628	6637	6646	6656	6665	6675	6684	6693	6702	6712	1	2	3	4	5	6	7	7	8
47	6721	6730	6739	6749	6758	6767	6776	6785	6794	6803	1	2	3	4	5	5	6	7	8
48	6812	6821	6830	6839	6848	6857	6866	6875	6884	6893	1	2	3	4	4	5	6	7	8
49	6902	6911	6920	6928	6937	6946	6955	6964	6972	6981	1	2	3	4	4	5	6	7	8
50	6990	6998	7007	7016	7024	7033	7042	7050	7059	7067	1	2	3	3	4	5	6	7	8
51	7076	7084	7093	7101	7110	7118	7126	7135	7143	7152	1	2	3	3	4	5	6	7	8
52	7160	7168	7177	7185	7193	7202	7210	7218	7226	7235	1	2	2	3	4	5	6	7	7
53	7243	7251	7259	7267	7275	7284	7292	7300	7308	7316	1	2	2	3	4	5	6	6	7
54	7324	7332	7340	7348	7356	7364	7372	7380	7388	7396	1	2	2	3	4	5	6	6	7
55	7404	7412	7419	7427	7435	7443	7451	7459	7466	7474	1	2	2	3	4	5	5	6	7
56	7482	7490	7497	7505	7513	7520	7528	7536	7543	7551	1	2	2	3	4	5	5	6	7
57	7559	7566	7574	7582	7589	7597	7604	7612	7619	7627	1	2	2	3	4	5	5	6	7
58	7634	7642	7649	7657	7664	7672	7679	7686	7694	7701	1	1	2	3	4	4	5	6	7
59	7709	7716	7723	7731	7738	7745	7752	7760	7767	7774	1	1	2	3	4	4	5	6	7
60	7782	7789	7796	7803	7810	7818	7825	7832	7839	7846	1	1	2	3	4	4	5	6	6
N.	0	1	2	3	4	5	6	7	8	9	1	2	3	4	5	6	7	8	9

0	1	2	3	4	5	6	7	8	9	1	2	3	4	5	6	7	8	9
7782	7789	7796	7803	7810	7818	7825	7832	7839	7846	1	1	2	3	4	4	5	6	6
7853	7860	7868	7875	7882	7889	7896	7903	7910	7917	1	1	2	3	4	4	5	6	6
7924	7931	7938	7945	7952	7959	7966	7973	7980	7987	1	1	2	3	3	4	5	6	6
7993	8000	8007	8014	8021	8028	8035	8041	8048	8055	1	1	2	3	3	4	5	5	6
8062	8069	8075	8082	8089	8096	8102	8109	8116	8122	1	1	2	3	3	4	5	5	6
8129	8136	8142	8149	8156	8162	8169	8176	8182	8189	1	1	2	3	3	4	5	5	6
8195	8202	8209	8215	8222	8228	8235	8241	8248	8254	1	1	2	3	3	4	5	5	6
8261	8267	8274	8280	8287	8293	8299	8306	8312	8319	1	1	2	3	3	4	5	5	6
8325	8331	8338	8344	8351	8357	8363	8370	8376	8382	1	1	2	3	3	4	4	5	6
8388	8395	8401	8407	8414	8420	8426	8432	8439	8445	1	1	2	2	3	4	4	5	6
8451	8457	8463	8470	8476	8482	8488	8494	8500	8506	1	1	2	2	3	4	4	5	6
8513	8519	8525	8531	8537	8543	8549	8555	8561	8567	1	1	2	2	3	4	4	5	5
8573	8579	8585	8591	8597	8603	8609	8615	8621	8627	1	1	2	2	3	4	4	5	5
8633	8639	8645	8651	8657	8663	8669	8675	8681	8686	1	1	2	2	3	4	4	5	5
8692	8698	8704	8710	8716	8722	8727	8733	8739	8745	1	1	2	2	3	4	4	5	5
8751	8756	8762	8768	8774	8779	8785	8791	8797	8802	1	1	2	2	3	3	4	5	5
8808	8814	8820	8825	8831	8837	8842	8848	8854	8859	1	1	2	2	3	3	4	5	5
8865	8871	8876	8882	8887	8893	8899	8904	8910	8915	1	1	2	2	3	3	4	4	5
8921	8927	8932	8938	8943	8949	8954	8960	8965	8971	1	1	2	2	3	3	4	4	5
8976	8982	8987	8993	8998	9004	9009	9015	9020	9025	1	1	2	2	3	3	4	4	5
9031	9036	9042	9047	9053	9058	9063	9069	9074	9079	1	1	2	2	3	3	4	4	5
9085	9090	9096	9101	9106	9112	9117	9122	9128	9133	1	1	2	2	3	3	4	4	5
9138	9143	9149	9154	9159	9165	9170	9175	9180	9186	1	1	2	2	3	3	4	4	5
9191	9196	9201	9206	9212	9217	9222	9227	9232	9238	1	1	2	2	3	3	4	4	5
9243	9248	9253	9258	9263	9269	9274	9279	9284	9289	1	1	2	2	3	3	4	4	5
9294	9299	9304	9309	9315	9320	9325	9330	9335	9340	1	1	2	2	3	3	4	4	5
9345	9350	9355	9360	9365	9370	9375	9380	9385	9390	1	1	2	2	3	3	4	4	5
9395	9400	9405	9410	9415	9420	9425	9430	9435	9440	0	1	1	2	2	3	3	4	4
9445	9450	9455	9460	9465	9469	9474	9479	9484	9489	0	1	1	2	2	3	3	4	4
9494	9499	9504	9509	9513	9518	9523	9528	9533	9538	0	1	1	2	2	3	3	4	4
9542	9547	9552	9557	9562	9566	9571	9576	9581	9586	0	1	1	2	2	3	3	4	4
9590	9595	9600	9605	9609	9614	9619	9624	9628	9633	0	1	1	2	2	3	3	4	4
9638	9643	9647	9652	9657	9661	9666	9671	9675	9680	0	1	1	2	2	3	3	4	4
9685	9689	9694	9699	9703	9708	9713	9717	9722	9727	0	1	1	2	2	3	3	4	4
9731	9736	9741	9745	9750	9754	9759	9763	9768	9773	0	1	1	2	2	3	3	4	4
9777	9782	9786	9791	9795	9800	9805	9809	9814	9818	0	1	1	2	2	3	3	4	4
9823	9827	9832	9836	9841	9845	9850	9854	9859	9863	0	1	1	2	2	3	3	4	4
9868	9872	9877	9881	9886	9890	9894	9899	9903	9908	0	1	1	2	2	3	3	4	4
9912	9917	9921	9926	9930	9934	9939	9943	9948	9952	0	1	1	2	2	3	3	4	4
9956	9961	9965	9969	9974	9978	9983	9987	9991	9996	0	1	1	2	2	3	3	3	4
00000	00043	00087	00130	00173	00217	00260	00303	00346	00389	4	9	13	17	22	26	30	35	39
00432	00475	00518	00561	00604	00647	00689	00732	00775	00817	4	9	13	17	22	26	30	34	39
00860	00903	00945	00988	01030	01072	01115	01157	01199	01242	4	8	13	17	21	25	30	34	38
01284	01326	01368	01410	01452	01494	01536	01578	01620	01662	4	8	13	17	21	25	29	34	38
01703	01745	01787	01828	01870	01912	01953	01995	02036	02078	4	8	12	17	21	25	29	33	37
02119	02160	02202	02243	02284	02325	02366	02407	02449	02490	4	8	12	16	21	25	29	33	37
02531	02572	02612	02653	02694	02735	02776	02816	02857	02898	4	8	12	16	20	24	28	32	36
02938	02979	03019	03060	03100	03141	03181	03222	03262	03302	4	8	12	16	20	24	28	32	36
03342	03383	03423	03463	03503	03543	03583	03623	03663	03703	4	8	12	16	20	24	28	32	36
03743	03782	03822	03862	03902	03941	03981	04021	04060	04100	4	8	12	16	20	24	28	31	36
04139	04179	04218	04258	04297	04336	04376	04415	04454	04493	4	8	12	16	20	24	28	31	36
0	1	2	3	4	5	6	7	8	9	1	2	3	4	5	6	7	8	9

N.	L.	0	1	2	3	4	5	6	7	8	9	1	2	3	4	5	6	7	8	9
100	00	000	043	087	130	173	217	260	303	346	389	4	9	13	17	22	26	30	35	39
101		432	475	518	561	604	647	689	732	775	817	4	9	13	17	21	26	30	34	39
102		860	903	945	988	*030	*072	*115	*157	*199	*242	4	9	13	17	21	26	30	34	39
103	01	284	326	368	410	452	494	536	578	620	662	4	8	13	17	21	25	29	34	38
104		703	745	787	828	870	912	953	995	*036	*078	4	8	13	17	21	25	29	33	38
105	02	119	160	202	243	284	325	366	407	449	490	4	8	12	16	21	25	29	33	37
106		531	572	612	653	694	735	776	816	857	898	4	8	12	16	20	24	28	32	36
107		938	979	*019	*060	*100	*141	*181	*222	*262	*302	4	8	12	16	20	24	28	32	36
108	03	342	383	423	463	503	543	583	623	663	703	4	8	12	16	20	24	28	32	36
109		743	782	822	862	902	941	981	*021	*060	*100	4	8	12	16	20	24	28	32	36
110	04	139	179	218	258	297	336	376	415	454	493	4	8	12	16	20	24	28	31	36
111		532	571	610	650	689	727	766	805	844	883	4	8	12	16	20	23	27	31	35
112		922	961	999	*038	*077	*115	*154	*192	*231	*269	4	8	12	15	19	23	27	31	35
113	05	308	346	385	423	461	500	538	576	614	652	4	8	11	15	19	23	27	30	34
114		690	729	767	805	843	881	918	956	994	*032	4	8	11	15	19	23	27	30	34
115	06	070	108	145	183	221	258	296	333	371	408	4	8	11	15	19	23	26	30	34
116		446	483	521	558	595	633	670	707	744	781	4	7	11	15	19	22	26	30	34
117		819	856	893	930	967	*004	*041	*078	*115	*151	4	7	11	15	18	22	26	30	33
118	07	188	225	262	298	335	372	408	445	482	518	4	7	11	15	18	22	26	29	33
119		555	591	628	664	700	737	773	809	846	882	4	7	11	14	18	22	25	29	33
120		918	954	990	*027	*063	*099	*135	*171	*207	*243	4	7	11	14	18	22	25	29	32
121	08	279	314	350	386	422	458	493	529	565	600	4	7	11	14	18	22	25	29	32
122		636	672	707	743	778	814	849	884	920	955	4	7	11	14	18	21	25	28	32
123		991	*026	*061	*096	*132	*167	*202	*237	*272	*307	4	7	11	14	18	21	25	28	32
124	09	342	377	412	447	482	517	552	587	621	656	3	7	10	14	17	21	24	28	31
125		691	726	760	795	830	864	899	934	968	*003	3	7	10	14	17	21	24	28	31
126	10	037	072	106	140	175	209	243	278	312	346	3	7	10	14	17	21	24	27	31
127		380	415	449	483	517	551	585	619	653	687	3	7	10	14	17	20	24	27	31
128		721	755	789	823	857	890	924	958	992	*025	3	7	10	14	17	20	24	27	31
129	11	059	093	126	160	193	227	261	294	327	361	3	7	10	13	17	20	23	27	30
130		394	428	461	494	528	561	594	628	661	694	3	7	10	13	17	20	23	27	30
131		727	760	793	826	860	893	926	959	992	*024	3	7	10	13	17	20	23	26	30
132	12	057	090	123	156	189	222	254	287	320	352	3	7	10	13	16	20	23	26	30
133		385	418	450	483	516	548	581	613	646	678	3	7	10	13	16	20	23	26	30
134		710	743	775	808	840	872	905	937	969	*001	3	6	10	13	16	19	23	26	29
135	13	033	066	098	130	162	194	226	258	290	322	3	6	10	13	16	19	22	26	29
136		354	386	418	450	481	513	545	577	609	640	3	6	10	13	16	19	22	26	29
137		672	704	735	767	799	830	862	893	925	956	3	6	9	13	16	19	22	25	28
138		988	*019	*051	*082	*114	*145	*176	*208	*239	*270	3	6	9	13	16	19	22	25	28
139	14	301	333	364	395	426	457	489	520	551	582	3	6	9	12	16	19	22	25	28
140		613	644	675	706	737	768	799	829	860	891	3	6	9	12	15	19	22	25	28
141		922	953	983	*014	*045	*076	*106	*137	*168	*198	3	6	9	12	15	18	22	25	28
142	15	229	259	290	320	351	381	412	442	473	503	3	6	9	12	15	18	21	24	27
143		534	564	594	625	655	685	715	746	776	806	3	6	9	12	15	18	21	24	27
144		836	866	897	927	957	987	*017	*047	*077	*107	3	6	9	12	15	18	21	24	27
145	16	137	167	197	227	256	286	316	346	376	406	3	6	9	12	15	18	21	24	27
146		435	465	495	524	554	584	613	643	673	702	3	6	9	12	15	18	21	24	27
147		732	761	791	820	850	879	909	938	967	997	3	6	9	12	15	18	21	24	27
148	17	026	056	085	114	143	173	202	231	260	289	3	6	9	12	15	17	20	23	26
149		319	348	377	406	435	464	493	522	551	580	3	6	9	12	15	17	20	23	26
150	•	609	638	667	696	725	754	782	811	840	869	3	6	9	12	14	17	20	23	26
N.	L.	0	1	2	3	4	5	6	7	8	9	1	2	3	4	5	6	7	8	9

N.	L. 0	1	2	3	4	5	6	7	8	9	1	2	3	4	5	6	7	8	9
150	609	638	667	696	725	754	782	811	840	869	3	6	9	12	14	17	20	23	26
151	898	926	955	984	*013	*041	*070	*099	*127	*156	3	6	9	11	14	17	20	23	26
152	18 184	213	241	270	298	327	355	384	412	441	3	6	8	11	14	17	20	23	25
153	469	498	526	554	583	611	639	667	696	724	3	6	8	11	14	17	20	23	25
154	752	780	808	837	865	893	921	949	977	*005	3	6	8	11	14	17	20	23	25
155	19 033	061	089	117	145	173	201	229	257	285	3	6	8	11	14	17	20	22	25
156	312	340	368	396	424	451	479	507	535	562	3	6	8	11	14	17	19	22	25
157	590	618	645	673	700	728	756	783	811	838	3	6	8	11	14	17	19	22	25
158	866	893	921	948	976	*003	*030	*058	*085	*112	3	5	8	11	14	16	19	22	25
159	20 140	167	194	222	249	276	303	330	358	385	3	5	8	11	14	16	19	22	25
160	412	439	466	493	520	548	575	602	629	656	3	5	8	11	14	16	19	22	24
161	683	710	737	763	790	817	844	871	898	925	3	5	8	11	13	16	19	22	24
162	952	978	*005	*032	*059	*085	*112	*139	*165	*192	3	5	8	11	13	16	19	21	24
163	21 219	245	272	299	325	352	378	405	431	458	3	5	8	11	13	16	19	21	24
164	484	511	537	564	590	617	643	669	696	722	3	5	8	11	13	16	19	21	24
165	748	775	801	827	854	880	906	932	958	985	3	5	8	11	13	16	18	21	24
166	22 011	037	063	089	115	141	167	194	220	246	3	5	8	10	13	16	18	21	23
167	272	298	324	350	376	401	427	453	479	505	3	5	8	10	13	16	18	21	23
168	531	557	583	608	634	660	686	712	737	763	3	5	8	10	13	15	18	21	23
169	789	814	840	866	891	917	943	968	994	*019	3	5	8	10	13	15	18	20	23
170	23 045	070	096	121	147	172	198	223	249	274	3	5	8	10	13	15	18	20	23
171	300	325	350	376	401	426	452	477	502	528	3	5	8	10	13	15	18	20	23
172	553	578	603	629	654	679	704	729	754	779	3	5	8	10	13	15	18	20	23
173	805	830	855	880	905	930	955	980	*005	*030	3	5	8	10	13	15	18	20	23
174	24 055	080	105	130	155	180	204	229	254	279	2	5	7	10	12	15	17	20	22
175	304	329	353	378	403	428	452	477	502	527	2	5	7	10	12	15	17	20	22
176	551	576	601	625	650	674	699	724	748	773	2	5	7	10	12	15	17	20	22
177	797	822	846	871	895	920	944	969	993	*018	2	5	7	10	12	15	17	20	22
178	25 042	066	091	115	139	164	188	212	237	261	2	5	7	10	12	15	17	20	22
179	285	310	334	358	382	406	431	455	479	503	2	5	7	10	12	15	17	20	22
180	527	551	575	600	624	648	672	696	720	744	2	5	7	10	12	14	17	19	22
181	768	792	816	840	864	888	912	935	959	983	2	5	7	10	12	14	17	19	22
182	26 007	031	055	079	102	126	150	174	198	221	2	5	7	10	12	14	17	19	21
183	245	269	293	316	340	364	387	411	435	458	2	5	7	9	12	14	17	19	21
184	482	505	529	553	576	600	623	647	670	694	2	5	7	9	12	14	16	19	21
185	717	741	764	788	811	834	858	881	905	928	2	5	7	9	12	14	16	19	21
186	951	975	998	*021	*045	*068	*091	*114	*138	*161	2	5	7	9	12	14	16	19	21
187	27 184	207	231	254	277	300	323	346	370	393	2	5	7	9	12	14	16	18	21
188	416	439	462	485	508	531	554	577	600	623	2	5	7	9	12	14	16	18	21
189	646	669	692	715	738	761	784	807	830	852	2	5	7	9	11	14	16	18	21
190	875	898	921	944	967	989	*012	*035	*058	*081	2	5	7	9	11	14	16	18	21
191	28 103	126	149	171	194	217	240	262	285	307	2	5	7	9	11	14	16	18	20
192	330	353	375	398	421	443	466	488	511	533	2	5	7	9	11	14	16	18	20
193	556	578	601	623	646	668	691	713	735	758	2	4	7	9	11	13	16	18	20
194	780	803	825	847	870	892	914	937	959	981	2	4	7	9	11	13	16	18	20
195	29 003	026	048	070	092	115	137	159	181	203	2	4	7	9	11	13	16	18	20
196	226	248	270	292	314	336	358	380	403	425	2	4	7	9	11	13	15	18	20
197	447	469	491	513	535	557	579	601	623	645	2	4	7	9	11	13	15	18	20
198	667	688	710	732	754	776	798	820	842	863	2	4	7	9	11	13	15	18	20
199	885	907	929	951	973	994	*016	*038	*060	*081	2	4	7	9	11	13	15	17	20
200	30 103	125	146	168	190	211	233	255	276	298	2	4	7	9	11	13	15	17	20
N.	L. 0	1	2	3	4	5	6	7	8	9	1	2	3	4	5	6	7	8	9

ÍNDICE ALFABÉTICO

Acidez, Grados de (Cálculo de los), 145-148.
Actividad, 162, 163.
Actividad, Coeficiente de, 162, 163
Actividad y [H +], 150.
Agua, Densidad del, 123.
Agua, Densidad y temperatura del. 123.
Agua, Múltiplos superiores del peso molecular del, 41.
Agua, Producto iónico del, 149.
Análisis, indirecto, 86, 87.
Análisis indirecto, crioscópico, 88. 89.
Análisis indirecto, Exactitud del, 238.
Astronómicos, Datos, 192.
Atmósfera, 192.
Atomística, 194.

Barométrica, Corrección, 114.
Batmometría, eléctrica, 145-152.
Batmometría, óptica, 167-169.
Batmometría, redox, 170-173.
Baumé, Grados. Conversión de, 196.

Calor latente, 187, 193.
Calor, Equivalente mecánico del, 193.
Capa equivalente, 175-176.
Carat, 192.
Carga equivalente, eléctrica, 142.
Centímetro cúbico y ml., 249, 251.
Cifras decimales, en los pesos atómicos y moleculares, 226, 227.
Colores espectrales, 194.
Colorimetría, 175.
Colorimetría absoluta, 175.
Combinaciones inorgánicas, Nomenclatura de las, 198-201.
Composición, de las combinaciones (Cálculo de la), 231-235.
Concentración iónica. 162, 163.
Constantes, 192-195.
Conversión de mg/m³ en vol. ‰ y viceversa, 119, 120.
Conversión del mol-% en peso %, 206.
Conversión de vol. ‰ en mg/m³ 119, 120.
Corrección de capilaridad, en los termómetros de mercurio, 178-180.
Corrección de temperatura, para el análisis volumétrico, 129.
Corrección por el empuje del aire, 50.
Crioscopía, 121.
Cuadrados mínimos, Método de los, 204.
Cuadráticas, Ecuaciones (Resoluciones de las), 210.
Cuánticas, Magnitudes, 194, 195.
Cúbicas, Ecuaciones, 210.

Datos geográficos, 192.
Densidad, Definición, 249.
Densidad de líquidos, Determinación de la, 122.
Densidad de los gases, Determinación según v. Mayer, 121.
Densidad, de los gases ideales, 117.
Densidad, de los gases reales, 117.
Densidad, de las pesas (Influencia de la), 255.
Determinación gravimétrica de volúmenes, 124-128.
Diferencia, Método por, 207.

e, Número, 210.
Ebullioscopía, 121.
Ecuaciones cuadráticas, 210.
Ecuaciones cúbicas, 210.
Electrodo de antimonio, 143, 144, 146.

Electrodos de hidrógeno, 143-146.
Electrodos de quinhidrona, 143-148.
Electrodos de referencia, 143, 144.
Electrodos de vidrio, 143, 144, 146.
Empuje del aire, Eliminación del, 50.
Equivalente electroquímico, 142.
Equilibrios químicos, Cálculo con los datos termoquímicos, 183-185.
Equivalente, electroquímico, 142.
Equivalente mecánico del calor, 193.
Error medio, 202.
Error probable, 202.
Errores, Cálculo de, 202, 203.
Específico, Peso, 249, 251.
Espectrales, Colores, 194.
Espectrales, Líneas, ópticas, 193.
Espectrales, Líneas, Röntgen, 211.

Factor, de un líquido valorado, 231.
Factores analíticos, 52-85.
Fórmula, de una combinación orgánica, 232.
Frecuencia, de los elementos, 18, 19.

Gases, Constante de los, 193.
Gases, Determinación volumétrica de, 117.
Gases, Tabla de transformación, 119, 120.
Geográficos, Datos, 192.
Goniométricas, Tablas (Röntgen), 212-221
Grados Baumé, Conversión de, 196.
Grados de acidez, Cálculo de los, 145-147.
Grados de acidez y actividad de los H+ 150, 151.
Grados de acidez, Medición eléctrica de los, 145-152.
Grados de acidez, Medición óptica de los, 166-169.
Grados Fahrenheit, Conversión de, 181, 182.

Hidrógeno, Electrodo de, 143-146.

Igualación, Cálculo por, 207.
Igualación, Método de, 207.
Incertidumbre de los datos numéricos, 226, 228.
Indicadores, acidimétricos, 164-166.
Indicadores, redox, 174.
Indices cristalográficos, 211.
Intensidad iónica, 162, 163.

Litro verdadero, 253.
Logaritmos, Cálculo con, 225, 231-235.
Logaritmos naturales, Conversión a, 210.

Magnitudes de conversión, 192.
Magnitudes específicas, 186, 187.
Mercurio, Densidad del, 136.
Mercurio, Densidad y temperatura del, 136.
Mercurio, Termómetros (Corrección de capilaridad en los), 178-180.
Método por diferencia, 207.
Métodos auxiliares de cálculo, 206, 210.
Mezclas, Regla de, 206.
Mezclas reguladoras, 153-161.
Mililitros y centímetros cúbicos, 249.
Moleculares, Magnitudes, 194.

Nitrógeno, Coeficiente de dilatación del, 240.
Nitrógeno, Densidad del, 239.
Nitrógeno, Desecación del, 240.
Nitrógeno, Determinación volumétrica del, 90-113.
Nitrógeno, Determinación volumétrica del (Redondeamiento de los valores), 115.
Nitrógeno, Tablas, 90-113.

Nomenclatura de las combinaciones inorgánicas, 198-201.
Normal, Estado, 12.
Normal, Temperaturas en los trópicos, 255.
Normales, Elementos, 142.
Normales, Electrodos, 143, 144.
Normales, Soluciones (Preparación de las), con la densidad, 130-136.
Normas, Hojas de, 270.
Números ordinales de los elementos, 18, 19.

Onda (Longitudes de), de los colores del espectro, 194.
Onda (Longitudes de) de las líneas espectrales ópticas, 193.
Onda (Longitudes de), de las líneas espectrales Röntgen, 211

p_H+ (Véase Grados de acidez).
p_{rH} (Véase Grados redox).
π. Valor numérico, 210.
Peso atómico físico, Conversión en el peso atómico químico, 195.
Pesos atómicos de los elementos, 18, 19.
Pesos atómicos de los elementos, Múltiplos de los, 20-39.
Pesos atómicos de los elementos, Múltiplos superiores de los, 40, 41.
Peso molecular, Determinación del, 121.
Peso molecular (Determinación del) por el ascenso del punto de ebullición, 121.
Peso molecular (Determinación del) por el descenso del punto de solidificación, 121.
Peso molecular (Determinación del), por desplazamiento del aire, 121.
Peso molecular del agua, Múltiplos superiores del, 41.
Pesos en el aire de algunas substancias, 51.
Pesos equivalentes y múltiplos, 20-39.
Pesos equivalentes volumétricos, 42-49.
Pesos moleculares y múltiplos, 20-39.
Poder refringente, Tabla auxiliar, 137.
Porcentajes molares (Conversión de los) en porcentajes ponderales, 206.
Potencial de difusión. Desconexión del, 151-152.
Potenciales, Diagrama de, 143.
Potenciales, Tabla de, 142.
Potenciales de difusión, Desconexión de, 151, 152.
Prefijos para designar múltiplos y fracciones de unidades, 191.
Presión (Corrección de la) para temperaturas redondeadas, 115-116.
Presión, Unidades de, 192.
Producto iónico del agua, 149.
Puente de Wheatstone, 140, 141.
Puntos fijos, termométricos, 177.

r_H 173.
Radiografías, Evaluación de las, 211-223.
Redondeamiento, en la determinación del nitrógeno, 115.
Redondeamiento, Proporción de, 115.
Redox, Grados, 173.
Redox, Indicadores, 174.
Refractrométrica, Tabla, 137.
Regla conjunta, 208, 209.
Relación ponderal, 122.
Rendimiento, Cálculo del, 227.
Resultados del análisis, Representación de los, 9.

Signos matemáticos, 189, 190.
Símbolos de fórmulas, 186-188.
Solubilidad, Tabla de, 138, 139.
Soluciones acuosas, Densidad y concentración, 130-136.

Substancias que desprenden gases, Determinación volumétrica de, 118.

Tabla de conversión, para unidades energéticas, 195.
Temperatura, Corrección volumétrica de la, 129.
Temperatura (Redondeamiento de la) al hacer las correcciones de presión, 115, 116.
Temperatura normal, en los trópicos, 255.
Termométricos, Puntos fijos, 177.
Termómetros (Corrección de capilaridad en los) de mercurio, 178-180.
Termoquímicos, Datos (Cálculo de equilibrios químicos con los), 183-185.

Unidades, 192-195.
Unidades de medida, 191.
Unidades eléctricas, 194.
Unidades de energía, Tabla de conversión, 195.
Unidades de medida anticuadas, 196.
Unidades y magnitudes, Escritura de las, 12.

Vacío, Corrección al, 50.
Vacío (Pesos en el) de las substancias, 50.
Valor promedio, 202.
Vol. $^0/_{00}$, Conversión en mg/m³ 119, 120.
Volúmenes, Determinación gravimétrica de), 124-128.

Wheatstone, Puente de, 140, 141.

FE DE ERRATAS

Página	DICE	DEBE DECIR
86 (Tabla)	Parte de la mezcla. Tanto por ciento de la parte y en la mezcla.	Partes de la mezcla. Tanto por ciento de la parte *y* en la mezcla.
88 (Ejemplo)	Si se tiene una mezcla.	Se tiene una mezcla.
121	$\lg M = 79491 =$ $= \lg G + \ldots$	$\lg M = 79491 +$ $+ \lg G + \ldots$
192	Unidades constantes y magnitudes.,.	Unidades, constantes y magnitudes...
249 (línea 4)	prácticamente o (exactamente iguales.	prácticamente o (exactamente) iguales.

Bei Fragen zur Produktsicherheit wenden Sie sich bitte an:
If you have any questions regarding product safety,
please contact:

Walter de Gruyter GmbH
Genthiner Straße 13
10785 Berlin
productsafety@degruyterbrill.com